# 低压高速电力线载波与高速无线双模通信测试用例

祝恩国 / 主编

U0242289

中国纺织出版社有限公司

## 内 容 提 要

本书系统地阐述了低压高速电力线载波与高速无线双模通信测试用例，提供了一套全新且完整的低压高速电力线载波与高速无线双模通信检测方法，可定量和定性地分析双模通信设备的信号质量、组网性能等，实现了测试结果的稳定性、可靠性和可重复性，满足了国家电网公司企业标准对性能测试、协议一致性测试、互操作性测试等的要求。本书所述系统适用于实验室认证测试和通信组网性能标量评价，并可用于国家电网公司要求的招标前入网许可测试和到货抽检测试。

本书适用于从事电力通信系统研究和开发的技术人员，也可以作为高等院校信息与通信专业师生的参考书。

**图书在版编目（CIP）数据**

低压高速电力线载波与高速无线双模通信测试用例 / 祝恩国主编. -- 北京 ： 中国纺织出版社有限公司，2025. 3. -- ISBN 978-7-5229-2509-7

Ⅰ. TN924

中国国家版本馆 CIP 数据核字第 2025VN6440 号

---

责任编辑：郭 婷　　责任校对：王蕙莹　　责任印制：储志伟

---

中国纺织出版社有限公司出版发行

地址：北京市朝阳区百子湾东里A407号楼　邮政编码：100124

销售电话：010—67004422　传真：010—87155801

http://www.c-textilep.com

中国纺织出版社天猫旗舰店

官方微博 http://weibo.com/2119887771

河北延风印务有限公司印刷　各地新华书店经销

2025年3月第1版第1次印刷

开本：787×1092　1/16　印张：17

字数：335千字　定价：99.00元

---

# 本书编委会

# 前　言

随着能源互联网和新基建的深入推进，以及各领域新技术的快速发展，智能电网在发展建设过程中面临着新的挑战和机遇。除了在用户用电侧需要进一步深化应用外，在配电自动化、分布式能源接入、充电桩有序充电管理等业务领域都需要稳定、可靠且高速的先进通信技术的支撑。

电力线通信由于具有无须重新布线的先天性优势，因此有着广阔的应用前景，但在某些情况下也会出现通信瓶颈和盲点。比如在配电侧，拓扑结构通常是由一条母线连接多条配电出线。母线分流效应和配电保护装置对中高频信号有衰减作用，使得部署于同一个母线支路上的载波模块之间的通信距离、通信质量和通信速率都受到了严重影响。高速无线通信技术可以弥补这些不足，无线通信不依赖于电网的线路和用电负载匹配度，可以有效地解决载波孤岛等问题。然而，高速无线通信的性能受障碍物遮挡等因素影响较大，节点间的金属屏蔽箱或建筑混凝土层对信号的屏蔽衰减导致网络通信覆盖能力受限。将高速载波和高速无线通信技术有效结合起来并扬长避短，可以克服单模技术存在的通信瓶颈。其中，高速载波沿用了高速电力线通信（High-Speed Power Line Communication, HPLC）规范，扩展了与无线融合的链路层方案，并大幅提升了抗噪声能力。高速无线通信技术区别于国家电网现有标准高斯频移键控（Gauss Frequency Shift Keying, GFSK）调制方式微功率无线技术，它采用的是正交频分复用（Orthogonal Frequency Division Multiplexing, OFDM）无线技术。工作频段范围在470～510MHz，采用 OFDM 技术，相比于 GFSK 调制方式有更高的频带利用率、抗干扰能力和通信速率。

中国电科院根据我国电力线信道的特点，结合了最新发展的技术，吸收了国内科研院所和企业的研究和调试经验，以自主知识产权为核心，借鉴了国外标准的优秀经验，最终制定了《双模通信互联互通技术规范》。该规范为我国高速电力线通信产业的发展和提升奠定了坚实的基础，有力地保障了整个行业未来的健康发展。《双模通信互联互通技术规范》大量使用自主创新技术，提出以 OFDM、双二元 Turbo 编码、时频分集拷贝为核心的物理层通信技术规范，以及以信道时序优化、树形组网、多台区网络协调为代表的数据链路层技术规范。该标准的发布填补了双模通信在智能电网领域标准的空白，提升了我国在物联网领域的国际影响力和话语权。

为了保证低压高速电力线载波与高速无线双模通信系统的互联互通，并促进实际电力应用的推广，因此非常有必要根据《双模通信互联互通技术规范》设计一套完整且可靠的低压高速电力线载波与高速无线双模通信互联互通测试系统。目前常见的测试系统可测终端数量少且通信路径损耗具有不确定性，导致测试环境无法标定；若采用现场测试的方式，由于实际使用环境的噪声、阻抗变化的随机性和诸多不确定因素的存在，导致无法准确定量评价载波通信设备的性能。本书提供了一套全新的高速电力线载波与高速无线双模通信互联互通检测系统，采用工频与载波通信信号分离的方式，不仅能够解决外部环境的干扰问题，还可以定量和定性地分析高速载波设备的信号质量、组网性能，实现测试结果的稳定、可靠及可重复性，满足国家电网公司企业标准对性能测试、协议一致性测试、互操作性测试等的要求；适用于实验室认证测试和通信组网性能标量评价，可用于国家电网公司要求的招标前入网许可测试和到货抽检测试。

本书在《双模通信互联互通技术规范》的基础上，对低压高速电力线载波与高速无线双模产品测试系统及测试用例进行了讨论和研究。本书介绍的低压高速电力线载波与高速无线双模通信互联互通检测系统，主要包括性能测试、协议一致性测试、互操作性测试等三部分。其中，性能测试主要测试低压高速电力线载波与高速无线双模通信单元物理层的通信性能；协议一致性测试主要检查低压高速电力线载波与高速无线双模通信单元在数据链路层和应用层的一致性要求；互操作性测试主要测试低压电力线高速载波通信低压高速电力线载波与高速无线双模通信单元的通信组网、业务流程及多网络协调等功能。

本书采用的设计方案可以有效实现信号的屏蔽和隔离，使得性能测试数据精确，网络拓扑可控可调，并且测试结果稳定、可靠、可重复，具备很高的实用性和推广价值，适用于对低压高速电力线载波与高速无线双模通信的定量分析和检测认证。

本书章节内容安排如下：第1章背景及概述。第2章对双模通信互联互通测试系统进行概述，并介绍了双模通信性能测试、协议一致性测试、互操作性测试的方法。第3章介绍了双模通信互联互通测试软件，包括软件模块划分、软件基础接口等内容。

第 4 章介绍了低压电力线高速载波通信性能测试用例，包括工作频段及功率谱密度测试用例、抗白噪声性能测试用例等。第 5 章介绍了高速无线通信性能测试用例，包括工作频段与功率谱密度测试、最大输入电平性能测试等。第 6 章介绍了高速无线通信协议一致性测试用例，包括物理层与数据链路层通信协议。第 7 章介绍了互操作性测试用例，包括互操作性测试的网络拓扑、全网组网测试用例等。第 8 章介绍了双模通信测试常见问题和解决办法。附录归纳和总结了名词术语、缩略语、测试报文等。

由于作者学识有限，书中错误在所难免，希望读者不吝赐教。

主编

2024 年 11 月

# 目  录

# 第 1 章　背景及概述

## 1.1　低压电力线高速双模通信概述

低压电力线高速双模通信（High Speed Dual Mode Communication, HDC）是一种集成了高速载波、高速微功率无线通信于一体的双模融合通信技术。它通过低压电力线和空间辐射两条路径协同工作，实现了低压电力用户用电信息及其他用能客户用能信息的汇聚、传输和交互。HDC 中高速电力线通信（High-Speed Power Line Communication, HPLC）是指利用电力线作为通信介质进行数据传输的一种通信技术，它是将所要传输的信息数据调制在适于电力线介质传输的低频或高频载波信号上，并沿着电力线传输，接收端通过解调载波信号来恢复原始信息数据。HPLC 主要采用正交频分复用技术，频段使用 $1.953 \sim 11.962 \mathrm{MHz}$、$2.441 \sim 5.615 \mathrm{MHz}$、$0.781 \sim 2.930 \mathrm{MHz}$、$1.758 \sim 2.930 \mathrm{MHz}$ 中 的 一种，子频点应符合国家电网公司企业标准 Q/GDW 11612.41 的规定。高速微功率无线（High-Speed Radio Frequency Dual-Mode Communication, HRF）是实现低压电力用户用电信息及其他用能客户用能信息的汇聚、传输、交互的通信网络。其覆盖范围有限，发射功率受到国家无线电管理的严格限制，子节点位置固定，通信链路相对稳定。HRF 主要采用正交频分复用技术，频段使用 $470 \sim 510 \mathrm{MHz}$，发射功率低于 50 毫瓦。HDC 作为支撑国家电网公司新一代用电信息采集系统的本地通信技术，可有效解决仅使用单种通信技术时可能存在的通信"孤岛"问题。双信道同时进行收发拓展了通信带宽，大幅度提升了网络的稳定性和通信的实时性，为本地通信提供了更优的解决方案。

HDC 集成了 HPLC 和 HRF 两个独立的物理层，将 HPLC 信号沿 A/B/C 三相电力线传播的线状通信拓扑与 HRF 信号沿空间辐射通信拓扑相叠加，形成高效互补、深度融合的通信拓扑。网络各节点均具备载波和无线通信能力，双网都存在时可根据网络质量自行选择进行组网。网络触发组网需求后，主节点分别在 HPLC 信道和 HRF 高速无线信道组网，节点采用白名单机制进行入网，节点间自适应优选 HPLC 信道、HRF 信道或 HPLC+HRF 双通道通信方式。双模双发双收机制相较于单模单发单收机制具有一定优势，台区内允许站点（Station, STA）节点双信道同时发送，即物理层具有 HPLC 和 HRF 两套独立的收发机制，两个信道在同一时间段允许同时发送和接收。在一个信道发送数据过程中，另一个信道在任意时刻有发送需求时可以直接发送，无须等待，降低了设备接入和数据传输的时延。HDC 数据链路层具有双模通道时隙独立控制和数据过滤处理的机制，利用两个信道同时发送，可以提高信道的可靠性并增加信道带宽，从而提高通信的效率。HDC 主要技术优势包括：

（1）提升通信覆盖度和可靠性。融合两种技术优势，有效解决仅用单种通信技术时可能存在的通信"孤岛"问题。

（2）提升网络通信速率和稳健性。实现双发双收机制，可在 HPLC 和 HRF 信道发送相同的业务报文（双备份发送）和发送不同的业务报文（提高带宽）。

（3）提升业务场景的支撑能力。更好地支持并实现高频采集、停电主动上报、时钟精准管理、相位拓扑识别、台区自动识别、ID 统一标识管理、档案自动同步、通信性能监测和网络优化八大高级应用功能，为配电业务提供带宽支持，进一步支撑了分布式光伏、充电桩有序接入、智慧城市以及家庭智慧用能业务开展。

## 1.2 低压电力线高速双模通信应用现状

为了解决电力线通信在极端恶劣通信条件下可能存在的通信盲点问题，提高中低压接入网的网络冗余能力，增强在故障情况下的快速自愈能力，国内外都开始研发面向配电自动化的电力线通信与无线融合通信技术。

国外方面，双模融合通信中电力线通信主要采用开放式电力线通信欧洲研究联盟（Open PLC European Research Alliance, OPERA）、Home Plug 和 G3-PLC 等技术，无线通信则主要考虑 WiFi、全球微波接入互操作性（World Interoperability for Microwave Access, WiMAX）、IEEE 802.15.4 和 ZigBee 等。例如近几年来，宽带电力线通信（Power Line Communication, PLC）和 WiFi 的集成越来越多地被用作宽带接入网在室内进行延伸，通过 PLC 与无线在室内的混合组网，提高网络的覆盖性能。2014 年 7 月，美国半导体制造商 EnVerv 推出了一款 PLC 加无线 SoC 单芯片 EV8600，采用了 EnVerv 公司行业领先的 10～500kHz 电力线通信技术以及一个以 142～1050MHz 频率范围运行的无线射频调制解调器，结合了 PLC 与无线通信的双重优势，满足了智能电网中高级量测体系（AMI）、工业自动化及家居自动化的多样化需求。

国内方面，低压配电网通信系统应用环境复杂、业务承载需求多样、传输可靠性要求高、终端分布区域广、测量监控点多、易受用电网扩容和城建影响，单独采用任何一种通信方式都不能完全满足低压用配电网通信系统的要求。例如，电力线载波通信受阻抗匹配、线路分支、脉冲噪声、窄带干扰、有色背景噪声等因素的影响，通信可靠性较差，存在部分台区节点接入率低的问题。微功率无线通信受发送功率、建筑物遮挡等因素的影响，存在部分隐蔽、末端节点无法接入的现象。截至 2023 年 6 月，智能电能表安装应用超过 5.8 亿只，部分地区暴露出停电报送不及时、低压用户缴费不便捷、分布式光伏接入等问题。

因此，国内厂商相继推出了各具特色的双模融合通信芯片。华为海思半导体有限公司先后研发了基于 IEEE 1905.1 标准的载波与无线融合通信芯片 Hi 5630 和 Hi 5631；青岛东软载波科技股份有限公司推出了采用低压电力线窄带高速 PLC 与微功率无线（Sub 1GHz）的双模芯片 SSC1658；深圳市力合微电子股份有限公司推出了窄带高速 PLC 与微功率无线双模芯片 LME 2981 等。

截止到目前，各省公司累计到货双模通信单元 6209.51 万只，累计安装运行 3341.59 万只。高速双模通信有效地将 HRF 与 HPLC 技术进行互补，能够双通道融合组网，优化本地通信网络架构，实现了通信业务的双链路保护，使得通信速率、组网能力、兼容性等方面都有了全面的提升，在高频数据采集、停电事件主动上报、购电下发、分布式光伏监测等方面有了显著的成效。

在典型电力集抄场景中，HDC 网络路由更加稳定、可靠，采集频度由 HPLC 的 15 分钟每次，提升至 1 分钟每次，支撑了一般工商业用户电力现货市场化交易。在新能源应用场景中，HDC 可以稳定、高效地实现终端和分布式光伏设备、充电桩设备之间的数据传输，提升了双向交互的能力，支撑了分布式光伏分层分级调控和充电桩地有序接入。在停电事件上报场景中，当电表停电时，双模采用 HPLC 和 HRF 双信道广播方式上报停电信息，能够显著提升停电上报的成功率。相比单一的通信方式，双模通信促使停电上报功能成功率由 90% 提升到 98% 以上，支撑了客户侧停电故障抢修，提升了供电服务质量。此外，在一些实时性不高、数据量不大的特殊应用场景，部分业务设备、传感器需电池供电，无法采用 HPLC 通信方式，更加适合使用双模通信的方式来实现业务应用。

未来，国内将继续全面推广双模通信技术，优先替代现场存量的窄带载波、微功率无线通信方式，在新建台区、分布式光伏、电力市场交易用户以及单一通信方式采集效果不佳的台区重点安装使用，保障用电信息采集系统可靠运行，并推动双模通信技术快速、健康、有序地发展。

# 1.3 低压电力线高速双模通信互联互通标准

为促进我国电力线通信产业的健康发展，迫切需要结合我国的双模信道特点和技术积累开展高速双模通信标准的制定工作，吸纳具有自主知识产权的技术，从底层到上层分析和制定一系列配套标准。

## 1.3.1 现有标准无法满足应用需求

现有宽带载波标准相较于窄带电力线通信技术提升了通信速率和稳定性，但仍存在几个方面的不足：

（1）电网通信系统应用环境复杂，在受到阻抗匹配、线路分支、窄带干扰、脉冲及有色噪声干扰时，通信质量严重受损，容易形成载波"孤岛"；

（2）带宽受限，无法满足日益多样化的应用需求与日渐严苛的实时性、可靠性需求；

（3）当零线、火线同时断开时，载波信号阻断，停电事件上报成功率大幅下降，影响供电的服务质量。

现有微功率无线通信规避了载波通信面临的电力线干扰和载波"孤岛"的问题，但存在几个方面的问题：

（1）采用 FSK/GFSK 调制技术，易受障碍物遮挡和气候条件的影响，无法实现台区的全覆盖化。

（2）因发射功率和楼宇阻挡等环境限制，无法保障恒定的传输性能。

因此，亟须基于国内电力线环境的特性，立足本国国情，制定满足电力线通信发展应用需求的高速双模通信标准。

## 1.3.2 自主知识产权

电力线通信作为一种基础性的核心通信技术，涉及信息安全和网络安全的问题。因此，需要以标准制定为契机，使我国的企业和科研机构积极参与到高速双模通信技术的研发中，集中社会资源提升我国高速双模通信产业的技术含量，开发出具有自主知识产权的高速双模通信核心技术。需遵循以下原则：

（1）要尽量保证国内企业拥有自主知识产权且掌握关键技术。

（2）对相关国际双模通信技术进行专利分析，根据分析结果进行标准化布局。

（3）对于核心与关键技术，要保证我国拥有自主知识产权，并且积极推动企业和科研机构就这些技术进行研发和专利申请。

（4）使用拥有自主知识产权的标准，以避免在实施过程中受制于人。

（5）在技术开发完成后，需加强技术的知识产权保护，同时将自有技术纳入国家标准中，使得自己掌握核心技术与知识产权的高速双模通信标准。

### 1.3.3　未来将推进其向国际标准转化工作

为满足楼宇及室内高速、可靠和实时组网需求，电气与电子工程师协会（Institute of Electrical and Electronics Engineers, IEEE）在 2013 年 5 月颁布了能够融合以太网（IEEE 802.3）、无线局域网（IEEE 802.11）、电力线通信（IEEE 1901）以及同轴电缆等 4 种两层通信技术的融合标准 IEEE 1905.1，为统一构成家庭网络的多种互连技术提供了底层机制。IEEE 1905.1 通过虚拟媒体接入控制层实现不同通信技术的混合组网与最佳路径选择，点与点之间可以同时通过不同的介质进行数据传输，实现了负载均衡和冗余互补，提高了整个网络通信的可靠性，代表着融合通信技术的发展方向。

2017 年 6 月 16 日，由国家电网公司正式发布并实施了国际首个面向电力业务应用的高速载波通信标准《低压电力线高速载波通信互联互通技术规范》。2018 年 5 月 22 日，由中国电力科学研究院有限公司、国网信通产业集团有限公司等企业联合制定的 IEEE 1901.1《适用于智能电网应用的中频（低于 12MHz）电力线载波通信技术标准》正式发布实施。2020 年，IEEE 1901.1.1—2020《适用于智能电网应用的中频（小于 15 MHz）电力线载波通信 IEEE 1901.1（TM）标准的测试规范》进一步推出。

中国电科院根据我国双模信道特点，结合了最新发展的技术，把国内科研院所和企业的研究与调试经验吸纳进来，以自主知识产权为核心，吸收国外的优秀经验，最终制定出高速双模通信互联互通标准的物理层和数据链路层技术规范。这是整个高速双模通信标准制定的核心工作，这两个规范为我国高速双模通信产业的发展奠定了坚实的基础，有力地保障了整个行业的健康发展。

基于上述背景，紧紧围绕电力线通信的发展需求，完成了具有我国自主知识产权的高速双模通信的标准制定。由中国电科院（国网计量中心）牵头，国网重庆、北京、天津、冀北、宁夏、河北、浙江、江苏、湖南、山东、新疆及上海电力、信产集团、联研院等共同参与，并邀请海思、东软、鼎信、力合等社会企业共同讨论验证，历经了多次工作组会议、标准修订、实验室方案验证、现场测试，最终制定了《双模通信互联互通技术规范》，并于 2021 年由国家电网公司正式发布并实施。

该标准在我国国内得到充分验证后，将努力推动其转化为相关国际标准［如：国际电信联盟（International Telecommunication Union, ITU）、国际电工委员会（International Electrotechnical Commission, IEC）或 IEEE］，从而将我国高速双模通信技术研发成果推广到其他国家，最终以惠及世界人民。

《双模通信互联互通技术规范》大量使用创新技术，提出以 OFDM、双二元 Turbo 编码、时频分集拷贝、SIG\PHR 前向纠错码为核心的物理层通信技术规范，以及以双信道择优组网、双收双发为代表的数据链路层技术规范。该标准的发布有效解决了电力线载波通信"孤岛"、带宽受限、电力中断无法上报停电等问题，进一步提升了我国在物联网领域的国际影响力和话语权。

《双模通信互联互通技术规范》通过构建高带宽、高可靠、低时延、低成本的高速双模通信网络，支持远程高频采集、停电主动上报、时钟精准管理、分布式光伏分层分级调控等多种应用场景，以高速双模通信为基础的物联网技术进一步满足能源互联网多维度、多场景的业务需求，将促进双模通信芯片、通信模组、智能终端全产业的发展。

# 1.4 低压电力线高速双模通信互联互通测试系统

为了保证双模通信系统实现真正的互联互通，并便于实际电力应用的推广，亟须根据双模通信技术规范设计一套完整的低压电力线高速双模通信互联互通测试系统，以下简称为双模互联互通测试系统。该测试系统以下四个规范内容为依据，包括《双模通信互联互通技术规范　第 1 部分：总则》《双模通信互联互通技术规范　第 4-1 部分：物理层通信协议》《双模通信互联互通技术规范　第 4-2 部分：数据链路层通信协议》《双模通信互联互通技术规范　第 4-3 部分：应用层通信协议》。

这样一方面为了保证双模通信产品的可实用性、可靠性等性能，另一方面为了保证各厂家的产品的互联互通性能，迫切需要有一套完备的测试系统与测试用例来对各类双模通信产品进行全面的测试。

为了保证产业的有序发展，最终的产品都应在标准符合性测试规范的规定下进行工作，不同厂家不同类型的产品只有通过了标准符合性测试规范，才能在同一个双模信道上正常运行，实现真正的互联互通，并且不会干扰到其他设备或受到其他设备的干扰。

因此，如何制定双模互联互通检测内容和检测方法则极为重要。

现有的双模检测方案分为两种：

第一种是使用工频载波加双模电能表和集中器配套的测试方案。这种方案的优势是在实验室下可以较真实地模拟实际工作环境的组网环境，但由于可测终端数量少且通信路径损耗的不确定性，造成测试环境无法标定。另外，由于通信过程中的串扰和负载等现象，造成测试结果不稳定，可重复性差。

第二种是采用现场测试的方式。这种方案的优势是可以完全考察低压高速双模设备在实际工作环境中的组网性能，但是由于实际使用环境的噪声和阻抗变化的随机性等诸多不确定因素的存在，导致无法准确定量评价双模通信设备的性能。

本书提供了一套双模通信互联互通检测系统，采用工频与载波通信信号分离的方式，解决了外部环境的干扰问题，可以定量和定性地分析高速双模通信设备的信号质量、组网性能，实现测试结果的稳定性、可靠性和可重复性，满足国家电网公司企业标准对性能测试、协议一致性测试、互操作性测试等的要求；适用于实验室认证测试和通信组网性能标量评价，可用于国家电网公司要求的入网许可测试和出货抽查测试。

本书采用的设计方案可以有效地实现信号的屏蔽和隔离，性能测试数据精确，网络拓扑可控可调，测试结果稳定、可靠、可重复，具备很高的实用性和推广价值，适用于对高速双模通信的定量分析和检测认证。

# 第 2 章　双模通信互联互通测试系统

## 2.1　双模通信互联互通测试系统简介

双模通信互联互通测试系统是依据中国智能量测联盟发布的相关技术规范研制开发的，该系统测试对象为本地通信单元芯片级（集中器 I 型 / 双模）、通信单元芯片级（单相载波 / 双模）、通信单元芯片级（三相载波 / 双模）等，测试项目主要包含三大类：性能测试、协议一致性测试和互操作性测试。

其中性能测试主要考察待测设备的物理层性能指标是否满足技术规范要求，主要包括电力线高速载波模式的工作带宽和功率谱密度测试，以及抗衰减、抗窄带、抗频偏、抗脉冲、抗白噪测试和通信速率测试等；还包括无线模式的工作频段和功率谱密度测试，以及最大输入电平、最大发射功率、杂散辐射限值、接收灵敏度、邻道干扰、抗频偏、发射频谱模板、多径信道性能测试和阻塞干扰测试等。协议一致性测试主要考察待测设备在载波通信和无线通信过程中所发的数据帧格式是否符合技术规范要求，以及待测设备能否正确处理标准设备发出的标准数据帧。互操作性测试主要考察待测设备与标准设备之间能否混装并实现互联互通，包括全网组网测试、新增站点入网测试、站点离线测试、代理变更测试、全网抄表测试、广播校时测试、搜表功能测试、分钟级高频采集测试、事件主动上报测试、实时费控测试、多网络综合测试等。

本书双模通信测试用例主要从物理层通信性能、协议一致性、以及互操作性角度来对双模通信产品进行测试。

## 2.2　双模通信性能测试方法

双模通信互联互通测试系统里的通信性能测试主要是测试双模通信单元物理层的通信性能，它是决定双模通信产品整体性能的基础。物理层性能测试包括发射机符合性、接收灵敏度、系统鲁棒性、抗噪声干扰性能、通信速率等方面。发射机符合性要求双模通信产品的工作频段、工作带宽、带内发射功率谱密度、带外泄漏功率谱密度、无线发射频谱模板、杂散辐射限制、无线最大发射功率、无线发射矢量幅度误差（Error Vector Magnitude, EVM）等指标符合标准的要求。在最大发射功率一定的前提下，接收灵敏度决定了产品的抗衰减和信号覆盖能力方面的性能。从应用的角度来看，抗衰减性能越强，接收灵敏度越高，产品点对点的可通信距离则越远。另外，电力线系统是为传输能量而设计的，电力线上用电负载种类繁多，对载波通信系统的干扰严重，因此载波通信抗噪声性能对于低压电力线高速载波通信系统的全时段通信可靠性和长时间稳定性具有重要意义。电力线通信系统中存在的主要噪声和干扰包括白噪声、窄带噪声、突发脉冲噪声等，本书测试用例从以上几个角度对待测设备低压电力线高速载波通信模式的抗噪声性能进行测试。无线通信信

## 2.5.1　保留域为"测试模式/配置操作"

将保留域扩展为"测试模式/配置操作"数据域，将转发数据长度扩展为"模式持续时间/配置值"数据域，其具体取值对应关系如下：

（1）测试模式/配置操作：值 1 代表转发应用层报文至应用层串口信道测试模式，在转发完成第一帧报文后退出该测试模式，模式持续时间/配置值填 0 即可；

（2）测试模式/配置操作：值 2 代表转发应用层报文至载波信道测试模式，在转发完成第一帧报文后退出该测试模式，模式持续时间/配置值填 0 即可；

（3）测试模式/配置操作：值 3 代表进入 HPLC 物理层透传测试模式，透传接收到载波链路上的 FC+PB 到串口信道，保持测试模式到"测试模式持续时间"后退出，模式持续时间/配置值填写具体的测试模式持续时间（单位为分钟）；

（4）测试模式/配置操作：值 4 代表进入 HPLC 物理层回传测试模式，自动回复接收到载波链路上的 FC+PB 到载波信道，保持测试模式到"测试模式持续时间"后退出，模式持续时间/配置值填写具体的测试模式持续时间（单位为分钟）；

（5）测试模式/配置操作：值 5 代表进入 MAC 层透传测试模式，透传接收到的报文的 MAC 层服务数据单元（MAC Service Data Unit, MSDU）到串口信道，保持测试模式到"测试模式持续时间"后退出，模式持续时间/配置值填写具体的测试模式持续时间（单位为分钟）MAC 层透传模式部分具体信道，载波 HPLC 信道和 RF 信道均进入 MAC 层透传模式；

（6）测试模式/配置操作：值 6 代表进行频段切换操作，模式持续时间/配置值填写需要切换到的目标频段对应的值，其中，值 0 表示通信频段 0，即 1.953～11.96MHz，值 1 表示通信频段 1，即 2.441～5.615MHz；值 2 表示通信频段 2，即 0.781～2.930MHz；值 3 表示通信频段 3，即 1.758～2.930MHz；

（7）测试模式/配置操作：值 7 代表进行 TONEMASK 配置操作，模式持续时间/配置值填写需要配置的目标 TONEMASK 对应的值，其中，值 0 表示频段 0 对应的 TONEMASK 配置：[zeros（1,80），1 0 0 1 1 0 1 0 0 1 1 1 0 0 0 1 0 0 1 1 1 1 zeros（1,30），ones（1, 359），zeros（1, 21）]，值 1 表示频段 1 对应的 TONEMASK 配置：[zeros（1,100），1 0 1 1 1 1 1 1 1 0 1 0 0 1 1 1 0 1 1 1 1 ones（1,109），zeros（1, 512-231）]；值 2 表示频段 2 对应的 TONEMASK 配置：[zeros（1,32），ones（1,8），1 1 1 0 0 0 1 1 1 1 0 0 1 1 ones（1,67），zeros（1,391）]；值 3 表示频段 3 对应的 TONEMASK 配置：[zeros（1,72），1 1 1 0 1 0 0 1 1 1 1 0 1 1 ones（1,35），zeros（1,391）]；

（8）测试模式/配置操作：值 8 代表进行无线信道切换操作，模式持续时间/配置值填写需要切换到的目标 Option 值和信道号，其中 Option 值和无线信道号（Option: 02 字节的 4~7bit，信道号: 03 字节）；

（9）测试模式/配置操作：值 9 代表进入射频（Radio Frequency, RF）物理层回传测试模式，自动回复接收到 RF 链路上的 FC+PB 到 RF 信道，保持测试模式到"测试模式持续时间"后退出，模式持续时间/配置值填写具体的测试模式持续时间（单位为分钟）；

（10）测试模式/配置操作：值 10 代表进入 RF 物理层透传测试模式，自动回复接收到 RF 链路上的 FC+PB 到串口信道，保持测试模式到"测试模式持续时间"后退出，模式持续

时间 / 配置值填写具体的测试模式持续时间 (单位为分钟);

(11) 测试模式 / 配置操作: 值 11 代表进入 RF/HPLC 物理层回传测试模式, 自动回复接收到 RF/HPLC 链路上的 FC+PB 到 RF/HPLC 信道, 保持测试模式到 "测试模式持续时间" 后退出, 模式持续时间 / 配置值填写具体的测试模式持续时间 (单位为分钟);

(12) 测试模式 / 配置操作: 值 12 代表进入 HPLC 到 RF 物理层回传测试模式, 自动将 HPLC 信道上收到的报文通过 RF 信道发送 (回传报文格式需符合 RF 要求), 保持测试模式到 "测试模式持续时间" 后退出, 模式持续时间 / 配置值填写具体的测试模式持续时间 (单位为分钟), PHR_MCS/PSDU_MCS/PbSIZE 等字段按照平台设置的相关参数填写, 被测设备 (Device Under Test, DUT) 对后面接收到的 HPLC 信道的报文物理层服务数据单元 (PHY Service Data Unit, DSDU) 进行 RF 打包, 然后在 RF 信道上进行回传 (04 字节的 4-7bit 和 05 字节, 在其他模式中为保留域, 测试模式 12 才生效);

(13) 测试模式 / 配置操作: 值 13 代表进入安全测试模式, 待测模块处理后的结果发送到串口, 保持测试模式到 "测试模式持续时间" 后退出, 后面的安全测试模式字段标识不同的安全测试模式, 模式持续时间 / 配置值填写具体的测试模式持续时间 (单位为分钟);

(14) 其他非 0 值保留, 后续根据需求扩展。

## 2.5.2 保留域为 "安全测试模式"

将保留域扩展为 "安全测试模式" 数据域, 标识不同的安全测试模式, 其具体取值对应关系如下:

(1) 测试模式 / 配置操作: 值 1 代表进入 SHA256 算法测试模式, 待测模块处理后的结果发送到串口, 保持测试模式到 "测试模式持续时间" 后退出, 模式持续时间 / 配置值填写具体的测试模式持续时间 (单位为分钟);

(2) 测试模式 / 配置操作: 值 2 代表进入 SM3 算法测试模式, 待测模块处理后的结果发送到串口, 保持测试模式到 "测试模式持续时间" 后退出, 模式持续时间 / 配置值填写具体的测试模式持续时间 (单位为分钟);

(3) 测试模式 / 配置操作: 值 3 代表进入椭圆曲线密码 (Elliptic Curve Cryptography, ECC) 签名测试模式, 待测模块处理后的结果发送到串口, 保持测试模式到 "测试模式持续时间" 后退出, 模式持续时间 / 配置值填写具体的测试模式持续时间 (单位为分钟);

(4) 测试模式 / 配置操作: 值 4 代表进入 ECC 验签测试模式, 待测模块处理后的结果发送到串口, 保持测试模式到 "测试模式持续时间" 后退出, 模式持续时间 / 配置值填写具体的测试模式持续时间 (单位为分钟);

(5) 测试模式 / 配置操作: 值 5 代表进入 SM2 签名测试模式, 待测模块处理后的结果发送到串口, 保持测试模式到 "测试模式持续时间" 后退出, 模式持续时间 / 配置值填写具体的测试模式持续时间 (单位为分钟);

(6) 测试模式 / 配置操作: 值 6 代表进入 SM2 验签测试模式, 待测模块处理后的结果发送到串口, 保持测试模式到 "测试模式持续时间" 后退出, 模式持续时间 / 配置值填写具体的测试模式持续时间 (单位为分钟);

(7) 测试模式 / 配置操作: 值 7 代表进入 AES-CBC 加密测试模式, 待测模块处理后的结果发送到串口, 保持测试模式到 "测试模式持续时间" 后退出, 模式持续时间 / 配置值填

写具体的测试模式持续时间 (单位为分钟);

（8）测试模式 / 配置操作：值 8 代表进入 AES-CBC 解密测试模式，待测模块处理后的结果发送到串口，保持测试模式到"测试模式持续时间"后退出，模式持续时间 / 配置值填写具体的测试模式持续时间 (单位为分钟);

（9）测试模式 / 配置操作：值 9 代表进入 AES-GCM 加密测试模式，待测模块处理后的结果发送到串口，保持测试模式到"测试模式持续时间"后退出，模式持续时间 / 配置值填写具体的测试模式持续时间 (单位为分钟);

（10）测试模式 / 配置操作：值 10 代表进入 AES-GCM 解密测试模式，待测模块处理后的结果发送到串口，保持测试模式到"测试模式持续时间"后退出，模式持续时间 / 配置值填写具体的测试模式持续时间 (单位为分钟);

（11）测试模式 / 配置操作：值 11 代表进入 SM4-CBC 加密测试模式，待测模块处理后的结果发送到串口，保持测试模式到"测试模式持续时间"后退出，模式持续时间 / 配置值填写具体的测试模式持续时间 (单位为分钟);

（12）测试模式 / 配置操作：值 12 代表进入 SM4-CBC 解密测试模式，待测模块处理后的结果发送到串口，保持测试模式到"测试模式持续时间"后退出，模式持续时间 / 配置值填写具体的测试模式持续时间 (单位为分钟);

（13）其他非 0 值保留，后续根据需求扩展;

（14）待测模块在进入安全模式处理后，平台通过通信测试报文格式，在 HPLC 或无线信道，将需要加密的随机报文，发送给 DUT，DUT 解析报文中的数据域，并进行加密处理，处理后采用 MAC 层透传方式，将加密后的数据同应用层报文头一同经过串口发送到测试平台，复用通信测试报文格式，数据域的格式按照密钥长度 + 密钥 + IV 长度 + IV + 随机数长度 + 随机数 (不涉及的字段可以不填充，例如 IV 在签名测试没有，可以不填)。加密透传扩展命令见表 2-2。

表 2-2　加密透传扩展命令

| 域 | 字节号 | 比特位 | 域大小 (比特) |
|---|---|---|---|
| 协议版本号 | 0 | 0~5 | 6 |
| 报文头长度 | | 6~7 | 6 |
| | 1 | 0~3 | |
| 保留 | | 4~7 | 4 |
| 转发数据的规约类型 | | 0~3 | 4 |
| 转发数据长度 | 2~3 | 4~7<br>0~7 | 12 |
| 数据域 | … | 0~7 | N |

上述测试报文中的数据域格式，定义见表 2-3。

表2-3 加密透传扩展命令数据域格式

| 域 | 字节数 |
|---|---|
| 密钥 /MAC（TAG）/ 哈希结果 / 验签结果长度 | 1 |
| 密钥 /MAC（TAG）/ 哈希结果 / 验签结果 | N1 |
| IV/ 公钥 x 长度 | 1 |
| IV/ 公钥 x | N2 |
| 公钥 y 长度 | 1 |
| 公钥 y | N3 |
| 签名 r 长度 | 1 |
| 签名 r | N4 |
| 签名 s 长度 | 1 |
| 签名 s | N5 |
| 随机数 / 明文 / 密文长度 | 1 |
| 随机数 / 明文 / 密文 | N6 |

说明：SHA256/SM3 算法和 ECC/SM2 签名测试，平台只下发随机数，数据域只填充随机数长度和随机数。验签结果定义：0：失败；1：成功。

安全测试涉及的数据格式可以参考表2-4输入输出格式。

表2-4 安全测试涉及的数据格式

| 序号 | 用例名称 | 输入数据（台体提供） | 输出数据（DUT 提供） |
|---|---|---|---|
| 1 | SHA256 算法测试 | 随机数 | 哈希结果 |
| 2 | SM3 算法测试 | 随机数 | 哈希结果 |
| 3 | ECC 签名测试 | 随机数 | 签名（r,s）、公钥（x,y） |
| 4 | ECC 验签成功测试 | 随机数、签名（r,s）、公钥（x,y） | 验签结果 |
| 5 | ECC 验签失败测试 | 随机数、签名（r,s）、公钥（x,y） | 验签结果 |
| 6 | SM2 签名测试 | 随机数 | 签名（r,s）、公钥（x,y） |
| 7 | SM2 验签成功测试 | 随机数、签名（r,s）、公钥（x,y） | 验签结果 |
| 8 | SM2 验签失败测试 | 随机数、签名（r,s）、公钥（x,y） | 验签结果 |
| 9 | AES-CBC 加密测试 | 随机数、密钥、（10 万次） | IV、密文 |
| 10 | AES-CBC 解密测试 | 密钥、IV、密文 | 明文 |
| 11 | AES-GCM 加密测试 | 随机数、密钥、（10 万次） | IV、密文、MAC（TAG） |

| 序号 | 用例名称 | 输入数据（台体提供） | 输出数据（DUT 提供） |
|---|---|---|---|
| 12 | AES-GCM 解密测试 | 密钥、Ⅳ、密文 | 明文 |
| 13 | SM4-CBC 加密测试 | 随机数、密钥、（10 万次） | Ⅳ、密文 |
| 14 | SM4-CBC 解密测试 | 密钥、Ⅳ、密文 | 明文 |

### 2.5.3　扩展命令使用注意事项

扩展命令使用注意事项如下：

（1）上述测试模式 1 和测试模式 2 目前暂未使用；

（2）对上述测试模式或者配置操作报文，待测设备均在上电 30 秒内方能响应，超过 30 秒后不再作为测试模式报文或配置操作报文进行处理；

（3）物理层透传模式，物理层回传模式，MAC 层透传模式不可同时使用，以第一个配置的测试模式为准；

（4）物理层透传模式和 MAC 层透传模式下，串口配置为：115200, 8, N, 1；

（5）被测对象为 STA 模块时，测试平台需要在 STA 模块获得表地址后，再发送测试命令帧；

（6）配置操作可与测试模式同时使用，例如：可在上电 30 秒内，先切换待测设备频段，并配置 Tonemask 后，再让待测设备进入物理层回传模式；

（7）扩展命令格式［网络标识符（Network Identifier, NID）为 0，源终端设备标识（Terminal Equipment Identifer, TEI 规定为 0；目的 TEI 规定为 0×FFF］；

（8）不同的测试测试命令帧，填充的 MAC 层服务数据单元（MAC Service Data Unit, MSDU）序列号需要不同；

（9）测试模式字段不等于 13 时，扩展命令中的安全测试模式字段为 0，测试模式字段等于 13 时，安全测试模式字段要填充对应的安全测试模式值；

（10）测试模式持续时间最大 120 分钟，若设置的时长超过，则限定到最大时长。

## 2.6　双模通信互联互通测试基础配置

（1）DUT 需支持"物理层测试 - 透传模式"以及"物理层测试 - 回传模式"。在此模式下，DUT 仅作为单纯的物理层模块进行测试，此时其串口配置如下：115200, 8, N, 1；

（2）在"物理层测试 - 透传模式"下，DUT 不发送任何数据，并且每当 DUT 接收到一帧数据，就将其接收数据（控制帧 16 字节 + 载荷的 PB 块数据）通过串口上报；如果当前接收数据为确认消息（Acknowledgement, ACK）帧或者网间协调帧，则将帧控制头（Frame Control Header, FCH）的 16 字节数据上报；

（3）在"物理层测试 - 回传模式"下，DUT 不主动发送任何数据，并且每当 DUT 接收到一帧数据，DUT 都会以同样模式（包括 FCH 配置、TMI、TONEMASK，以确保 FCH 的数据与接收到的 FCH 数据相同），将相同的数据［确保负荷的循环冗余校验（Cyclic

Redundancy Check, CRC）24 与接收到的数据相同］回传；

（4）待测设备（CCO 或 STA）在物理层透传模式和物理层回传模式，测试系统软件平台在测试过程中均会发送中央信标进行全网同步；

（5）物理层透传、物理层回传、MAC 层回传测试的时候，都会发送中央信标帧，用于被测设备时钟同步，信标帧无须透传或回传；

（6）模块默认的工作频段为通信频段 2(0.781～2.930MHz)；

（7）DUT 需支持工作频段的切换，如下：

①协议一致性和性能测试用例，测试平台会通过 2.5 中的互联互通检测扩展命令，在 4 个工作频段发切换频段的命令帧，使得 DUT 进入目标频段；

②互操作性测试用例，测试平台通过 Q/GDW 10376.2 命令［应用功能码（Application Function Code, AFN）=05H，F16］告知主节点测试的目标频段，从而进行全网频段切换。

# 第 3 章 双模通信互联互通测试软件

## 3.1 测试软件模块划分

本章节主要介绍双模通信互联互通测试软件的各功能模块，如图 3-1 所示。

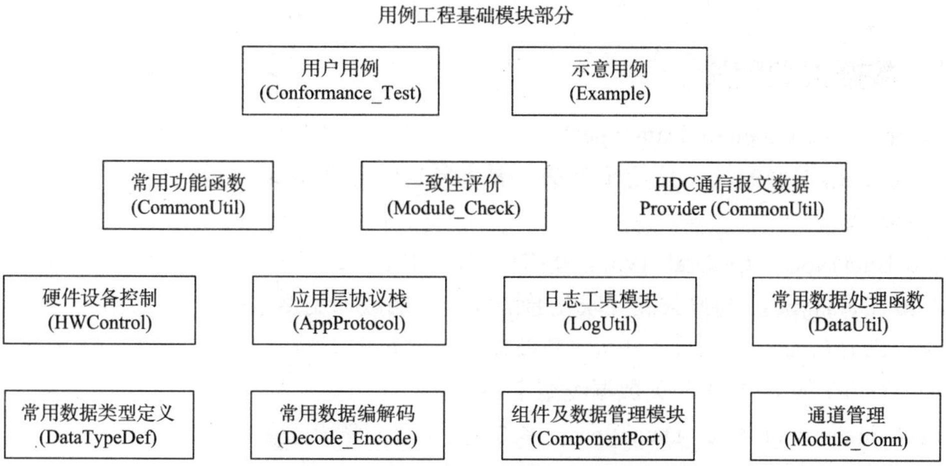

用例工程基础模块部分

| 用户用例<br>(Conformance_Test) | 示意用例<br>(Example) | |
|---|---|---|

| 常用功能函数<br>(CommonUtil) | 一致性评价<br>(Module_Check) | HDC通信报文数据<br>Provider (CommonUtil) |

| 硬件设备控制<br>(HWControl) | 应用层协议栈<br>(AppProtocol) | 日志工具模块<br>(LogUtil) | 常用数据处理函数<br>(DataUtil) |
|---|---|---|---|
| 常用数据类型定义<br>(DataTypeDef) | 常用数据编解码<br>(Decode_Encode) | 组件及数据管理模块<br>(ComponentPort) | 通道管理<br>(Module_Conn) |

图 3-1 双模通信互联互通测试软件的功能模块图

各功能模块说明如下：

常用数据类型定义：定义了基本数据类型和 HDC 通信协议数据类型，如 MAC 地址、信标（Beacon）、帧起始（Start of Frame, SOF）、选择确认（Selective Acknowledgement, SACK）、网间协调、站点能力条目等，基本涵盖了协议中涉及的所有数据结构；

基础数据编解码：通道交互数据编解码及 HDC 通信报文编解码，使得用户无须感知具体报文，只需关心业务即可；

一致性评价：集成了多种报文的一致性判断，便于各用例编写过程的调用，如判断 Beacon、SOF、帧控制（Frame Control, FC）的合法性等；在判断不合法的同时，将返回具体错误的原因，并且具体到某个域；

通道管理：建立和硬件设备的连接，进行数据收发，为快速新增通道提供支持；

硬件设备控制：控制频谱分析仪、任意波形发生器、矢量信号源及机柜等硬件设备；

HDC 通信报文数据 Provider：指定相应参数，即可生成常用的 HDC 通信报文；

应用层协议栈：集成了 Q/GDW 10376.2、DL/T 645 等应用层协议栈，后续可扩展 DL/T 698.45 等更丰富的功能，支持 C 语言或测试及测试控制表达法（Testing and Test Control Notation, TTCN）的扩展；

常用数据处理函数：CRC32、CRC24、字节串逆序/查找等；

常用功能函数：sleep、查询网络基准时间（Network Time Base, NTB）等；

日志工具模块：日志显示格式自定义，日志显示行数设置、辅助日志筛选查看，指定日志存储的文件路径等；

组件及端口管理模块：支持方便的增删硬件设备端口，如新增一个硬件设备，即可按照模板快速新增对应的端口；

示例程序：物理层、数据链路层、应用层测试用例示意，供用例编写者参考；

用户用例：开发人员用户开发的物理层、数据链路层、应用层用例，包括协议一致性测试用例、性能测试用例、互操作测试用例。

# 3.2 测试软件基础接口

## 3.2.1 数据类型定义

代码路径：src/Common/DataTypeDef。

为保证数据类型的统一且便于维护，要求各厂家用例开发尽量共用相同的数据类型，数据类型包括：

Base_DataTypes、General_Types：基础数据类型定义；

HPLC_DataTypes：高速载波互联互通协议链路层数据类型定；

Conn_DataTypes：透明接入单元/载波侦听单元数据类型定义；

Shelf_DataTypes：台体相关数据类型定义；

SimuConcentratorMeter_DataTypes：模拟集中器/电表相关数据类型定义。

## 3.2.2 组件与端口

代码路径：

测试组件路径：src/Common/Module_Component.ttcn；

测试端口路径：src/Common/Module_PortType.ttcn。

为保证各用例使用的数据收发通道一致，需确保用例使用相同的组件和端口。

组件 Module_Component 包括：

MTC_HPLC：主线程，进行数据收发，均使用该线程内的端口；

PTC_HPLC：从线程，用例编写不感知；

STC_HPLC：与硬件设备通信的线程，仅需在用例名称后声明 System 即可。

用例编写直接操作的端口包括（可根据需求变更进行扩展）：

port_hplc_mtc_tx：透明接入单元；

port_hplc_mtc_rx：透明侦听单元；

port_hplc_mtc_tx_se：台区识别/相位识别透明接入单元；

port_hplc_mtc_rx_se：台区识别/相位识别透明侦听单元；

port_hplc_mtc_signal_gen_sys：主信道矢量信号源；

port_hplc_mtc_ signal_gen_sys2：干扰信道矢量信号源；

port_hplc_mtc_waveform：任意波形发生器；

port_hplc_mtc_spectrum：频谱分析仪；

port_hplc_mtc_shelf: 台体；

port_plc_ptc_evm: EVM 测试仪；

port_plc_ptc_power_supply: 功率源；

port_hplc_mtc_simu_concen_meter: 模拟集中器电表；

port_hplc_mtc_cco: CCO（使用裸串口调试使用）；

目前端口支持发送 / 接收统一的数据类型，包括：

MPDU_FRAME_SOF: SOF 报文；

RF_MPDU_FRAME_SOF: 无线 SOF 报文；

MPDU_FRAME_SOF_MULTI_PB: 多 PB 块的 SOF 报文；

MPDU_FRAME_BEACON: 信标报文；

RF_MPDU_FRAME_BEACON: 无线信标报文；

MPDU_FRAME_COD_FC: 网间协调报文；

MPDU_TYPE_SACK_FC: ACK 报文；

FC_PB_PACKET_DATA: 原始 FC、PB 数据；

CONTROL_PACKET: 透明接入单元 / 载波侦听单元控制报文；

APP_USER_DATA: 模拟集中器用户数据区数据；

Octetstring: 字节流；

Charstring: 字符串（主要用于任意波形发生器 / 频谱分析仪）。

### 3.2.3　用例初始化与结束

代码路径: src/Common/CommonUtil.ttcn。用例初始化与结束函数见表 3-1。

表 3-1　用例初始化与结束函数

| 序号 | 函数名称 | 功能描述 |
| --- | --- | --- |
| 1 | init_Cco_Test_Env（） | 初始化 CCO 测试环境：包括建立连接、重置环境、频段切换以及配置主节点地址等 |
| 2 | init_Sta_Test_Env（） | 初始化 STA 测试环境：包括建立连接、重置环境、频段切换以及设置表地址等 |
| 3 | plc_ptc_power_supply_init（） | 初始化三相功率源 |
| 4 | tc_init（） | 用例初始化，仅包括创建连接及重置环境，可用于物理层测试，更多功能需由用户手动完成 |
| 5 | setTcResult（） | 结束用例并设置用例执行结果 |

### 3.2.4　公共参数引用

为便于图形化设置用例公共参数，用例编写需要引用公共模块（CommonModulePar）中的公共参数（表 3-2）。

代码路径: src/Common/ CommonModulePar.ttcn。

**表 3-2　公共参数引用函数**

| 序号 | 函数名称 | 功能描述 |
|------|----------|----------|
| 1 | getChannelNum（） | 获取模块通道（插槽）号 |
| 2 | getFreq（） | 获取非物理层测试用例测试频段 |
| 3 | get_rf_index（） | 获取当前无线测试频点 |
| 4 | getInitAttenuVal（） | 获取台体默认程控衰减值 |
| 5 | getTestmodeTime（） | 获取测试模式时长 |
| 6 | getRfOption（） | 选取 RF 测试 option |
| 7 | get_rf_index_by_opt（） | 根据无线 option 选取测试频点 |

### 3.2.5　日志输出

代码路径: src/Common/ LogUtil.ttcn。

为便于日志分等级输出以及界面查看清晰, 用例编写时需引用日志模块中的接口进行日志打印。

日志模块: LogUtil。

日志方法:

LogI（in charstring logstr）: 普通（完整）日志时使用;

LogU（in charstring logstr）: 关键日志信息打印时使用。

## 3.3　虚拟仪器设计

### 3.3.1　模拟表 / 模拟集中器

为了实现测试过程中对待测模组进行上下电、复位控制、事件引脚控制、抄读报文自动响应等状态的激励, 并支持测试系统与模块的串口透传交互, 设计模拟表 / 模拟集中器主要功能见表 3-3。

**表 3-3　模拟集中器主要功能**

| 序号 | 功能码 | 功能描述 |
|------|--------|----------|
| 1 | AFn21-F1 | 查询模拟表状态 |
| 2 | AFn21-F2 | 设置模拟表状态 |
| 3 | AFn22-F1 | 透传 / 主动上报 |
| 4 | AFn22-F2 | 设备与系统对时 |
| 5 | AFn22-F3 | 查询软件日期和版本 |

| 序号 | 功能码 | 功能描述 |
| --- | --- | --- |
| 6 | AFn22-F4 | 修改指定通道波特率 |
| 7 | AFn22-F5 | 修改电表类型 |

## 3.3.2　物理层接入/侦听单元

双模透明设备包括双模透明接入单元、双模信道侦听单元，透明接入单元与信道侦听单元的硬件相同，软件总体一致，细节在分支上有所区分。透明接入单元的主要作用是将软件平台组织的数据发送到载波及无线通信介质，并根据需求自动回复SACK与否定应答（Negative-Acknowledgement, NACK）；信道侦听单元的主要作用是将载波及无线通信介质里的所有数据实时发送给软件平台，供其分析与判断。双模物理层接入单元主要功能见表3-4。

表 3-4　双模物理层接入单元主要功能

| 序号 | 功能项 | 功能描述 |
| --- | --- | --- |
| 1 | 数据转发 | 将软件平台组织的数据按规则转发至物理信道。软件平台将待发送的数据和需要发送数据的时间戳一同传输给透明接入单元，由透明接入单元按照给定时间戳进行发送。当时间戳全为0时，意为立即发送。透明接入单元若因特殊原因错过时间戳，则直接发送（例如：若在某帧给定的时间戳时正在接收数据，则在接收完后发送该帧；若在某帖给定的时间戳时正在发送数据，则在发送完成后发送该帧）。软件平台可将一组发送数据先预置在透明接入单元，透明接入单元应当按照收到的顺序和时间戳依次发送该组数据 |
| 2 | 时钟维护 | 设备维护自身硬件时钟，软件平台可对透明接入单元时钟进行读取和设置。当软件平台模拟 STA 时，透明接入单元可以根据 CCO 发送的中央信标进行时钟同步与频偏补偿 |
| 3 | 网络多连接 | 透明接入单元实现传输控制协议（Transmission Control Protocol, TCP）服务器功能，测试系统软件平台为 TCP 客户端，透明接入单元支持软件平台多个端口同时连接 |
| 4 | 自动 ACK 回复 | 自动回复选择确认帧。软件平台给透明接入单元预置一组 TEI 列表，当透明接入单元收到 SOF 帧的 FC 中目的 TEI 在 TEI 列表中，并且需要回复时，根据解出的信息，自动组成选择确认帧进行回复的同时应通知软件平台。发往软件平台的数据包含选择确认帧的内容及发送时间戳，当透明接入单元的 TEI 列表为空时，不进行选择确认帧的回复。软件平台可以单独设置一组 TEI 列表，对该列表中的 TEI 强制回复否认，用以测试重传功能（使用相同物理信道回复选择确认帧） |
| 5 | 通信速率模式 | 按照配置信息，透明接入单元自动生成数据，与被测设备进行连续对发，并将发送/接收数据的时间戳返回软件平台 |
| 6 | 通信性能模式 | 通信性能测试模式。透明接入单元连续发送软件平台指定的数据报文，发送次数、发送帧间隔均由软件平台指定。通信性能测试以单向通信为主，双向通信为辅。软件平台设置待测设备进入应用层报文透传串口模式，软件平台统计单向通信成功率。软件平台设置待测设备进入载波自动回传测试模式，透明接入单元将接收到的数据上报软件平台，用来统计双向通信的成功率 |

| 序号 | 功能项 | 功能描述 |
|---|---|---|
| 7 | 双模信道支持 | 支持两个物理信道同时发送与接收 |
| 8 | 切换时钟 | 可以根据系统设置切换自身 25MHz 时钟或外部时钟源 |

双模物理层倾听单元主要功能见表 3-5。

表 3-5　双模物理层侦听单元主要功能

| 序号 | 功能项 | 功能描述 |
|---|---|---|
| 1 | 数据上报 | 将物理信道上收到的数据实时并且无遗漏地转发至软件平台。信道侦听单元将收到的数据解析为 FC/Payload 后，与报文接收时间戳共同传递至软件平台 |
| 2 | 频偏补偿 | 信道侦听单元可以根据中央信标帧进行时钟同步与频偏补偿 |
| 3 | 双信道支持 | 支持双信道同时收发，且接收数据上报时区分双模信道物理信道 |

## 3.4　自动化测试流程设计

### 3.4.1　测试管理软件设计

HDC 互联互通测试系统除了具备测试用例配置文件管理、用例条目管理、测试流程控制、用例输出管理等基础功能外，还需具备自动切换待测模块、并行运行多种不同用例以及自动化生成测试报告等功能，测试管理软件主要功能见表 3-6。通过软件配合射频开关设计，实现多路测试自动化切换，无须中途更换测试模块，进而提高测试效率。同时，为了解决不同测试项目类型的集成化运行问题，需将 HPLC、HRF、双模互操作测试分别建立三个执行线程，配合高可靠性的隔离装置实现测试项目的并发运行，进一步提升测试自动化的能力。

测试系统管理软件的主要执行流程如下：

（1）软件判定界面选择用例的测试模块类型、测试 HPLC 频段或 HRF Option 等配置信息；

（2）软件运行前将该条用例的模块类型信息枚举为模块测试位置通道号，与 HPLC 频段或 HRF 频点信息写入测试用例配置文件；

（3）测试用例执行前，根据配置文件信息配置射频开关，将测试信号切至待测模块端，并将指定位置模块上电；

（4）测试用例开始执行，记录运行日志，并且归档存储；

（5）测试用例执行结束后，一致性评价模块判定运行结果，管理软件获取结果并记录至测试报告文件中；

（6）测试管理软件判断所有用例是否执行完成，若完成则销毁测试用例以运行进程，若未完成则需从第一步再次执行测试用例，直至运行结束。

表 3-6　测试管理软件主要功能

| 项目 | 功能 | 功能描述 |
|---|---|---|
| 配置文件管理 | 测试帧数设置 | 设置载波、无线发送 / 接收性能测试帧数量 |
| | 设备线损设置 | 设置各仪器、透明接入设备之间或与待测设备之间线损 |
| | 设备地址设置 | 设备 IP 地址设置, 用例执行时自动连接 |
| | 波形选择设置 | 无线接收性能波形选择及设置, 用例执行时自动感知 |
| | 测试频段设置 | 设置载波频段、无线 Option 及频点信息, 用例执行时自动感知 |
| | 升级文件设置 | 配置系统升级文件, 用例执行时调用指定文件进行下发 |
| | 厂家编号管理 | 测试系统软件自动感知当前厂家编号, 并体现在日志和报告中 |
| 用例条目管理 | 测试用例条目 | 通过可扩展标记语言（Extensible Markup Language, XML）文件列出全部测试用例, 同时配置用例名称、调用路径等信息 |
| 自动化测试 | 感知模块并切换虚拟表通道 | 通过感知运行条目名称、XML 文件配置来获取当前测试模块类型信息, 将模块通道信息自动写入用例配置文件（Configuration File, CFG） |
| | 感知模块并切换信号通道 | 通过感知运行条目名称、XML 文件配置来获取当前测试模块位置信息, 将模块无线通信通道信息自动写入用例 CFG 配置文件, 射频开关控制组件感知后将信号切入待测模块 |
| | 多类项目并发执行 | 通过优化底层设计, 将 TTCN-3 平台运行分离, 使其内部互不干扰, 以支撑同一台工控机运行多个测试用例文件 |
| 测试流程控制 | 自动判定结果 | 执行软件通过感知 TTCN-3 平台命令行接口（Command Line Interface, CLI）接口数据, 自动判定结果 |
| | 用例流程管控 | 通过筛选已选择的测试用例, 当前用例结束后自动选择下一条执行 |
| | 用例筛选 | 根据用例运行结果, 自动筛选已通过 / 失败 / 错误 / 未运行的用例, 以方便进行补测等工作 |
| 用例输出管理 | 日志自动管理 | 用例运行后根据载波频段、无线 Option 信息、互操作频段自动生产文件夹, 并在文件夹下存放同频段 /Option 的用例执行日志, 以方便后期查看分析 |
| | 界面日志管理 | 软件自动将用例运行过程中的关键日志、完整日志、用例设备端口日志、系统日志做出区分 |
| | 测试报告生成 | 测试完成后自动生成标准格式的测试报告 |
| | 信息系统对接 | 结束测试后根据信息系统要求上传至信息管理系统 |

## 3.4.2 硬件自动化控制模式设计

### 3.4.2.1 无线射频开关设计

为实现无线通道多种类型模块的自动化测试，需要设计具备多路信号输出功能的射频开关，如图3-2所示，最终信号通过多路射频开关选择接入任意一种待测模块，从而实现无人工介入切换。

射频开关多种组合控制模式设计如下：

模式一，无线协议一致性测试，射频开关1悬空，射频开关2切换至第1路，射频开关3根据待测设备类型选择输出端口；

模式二，无线发射性能测试，射频开关1悬空，射频开关2切换至第4路，射频开关3根据待测设备类型选择输出端口；

模式三，无线接收性能测试，射频开关1悬空，射频开关2切换至第3路，射频开关3根据待测设备类型选择输出端口；

模式四，无线邻道干扰接收性能测试，射频开关切换至第1路，射频开关2切换至第3路，射频开关3根据待测设备类型选择输出端口。

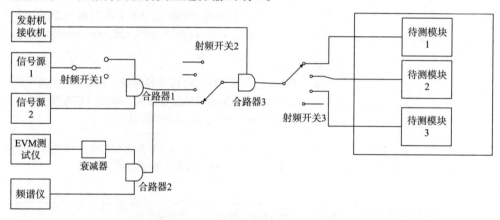

**图3-2 双模无线测试射频开关拓扑**

### 3.4.2.2 载波射频开关设计

为控制各类载波信号根据测试类型自动地传输至待测模块，从而实现载波信道自动化测试，需设计如图3-3所示的双模载波信道射频切换开关拓扑，拓扑开关通过微控制单元（Microcontroller Unit, MCU）输出引脚控制通断。

射频开关控制模式如下：

模式一，载波协议一致性测试，射频开关1悬空，射频开关2切换至通道1，衰减器设置为20dB；

模式二，载波接收性能测试，射频开关1切换至通道2，射频开关2切换至通道2或悬空，衰减器跟随软件控制命令自动调整；

模式三，抗频偏性能测试模式，射频开关1切换至通道1，射频开关2切换至通道2，

衰减器设置为20dB;

模式四，发送性能测试，射频开关1悬空，射频开关2切换至通道1，衰减器设置为20dB。

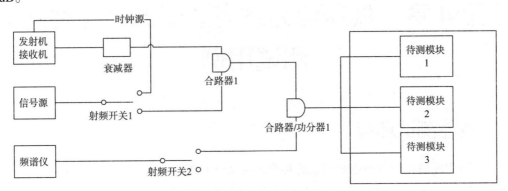

图3-3　双模载波测试射频开关拓扑

# 第4章 低压电力线高速载波通信性能测试用例

## 4.1 性能测试环境

低压电力线高速载波通信测试系统各个组成部分的作用如下：

（1）软件平台：主要用于测试数据的生成，测试脚本执行和流程记录，以及对测试结果进行判定；

（2）载波透明接入单元：主要用于将软件平台生成的测试数据转发至物理信道，同时应用于模拟标准测试设备（STA或CCO），具有连续发送测试报文及频偏调整等功能，该单元软硬件功能均由现场可编程门阵列（Field Programmable Gate Array, FPGA）系统实现；

（3）载波信道侦听单元：主要用于侦听测试环境中的电力线报文，数据透传解析发送到软件平台，该单元软硬件功能由FPGA系统或芯片模块实现；

（4）待测设备接入工装：用于转接待测设备（CCO、STA）的串口通信信道，实现待测设备应用层的数据收发，同时连接待测设备接入工装控制串口到应用控制程序，实现应用层的事件及控制仿真。此外，也可以控制其电源接入，实现复位（Reset, RST）、设置（SET）、事件输出（EVENTOUT）等IO电平的控制，监控并上报STA（载波发送信号）等IO信号的变化；

（5）待测设备：待测的CCO或STA设备；

（6）屏蔽接入硬件平台：包括屏蔽箱、通信线缆、衰减器、干扰注入设备、测试设备等，促进各种测试场景的实现；

（7）串口—网口转换：将被测设备串口与软件测试平台相连，将待测设备接入工装并与工装控制程序相连；

（8）干扰注入：可编程信号发射器，在用于性能测试或物理层测试时发挥产生底噪的作用；

（9）频谱仪：可编程频谱仪，可以在性能测试或物理层测试中观测被测设备频谱。

性能测试环境见图4-1。

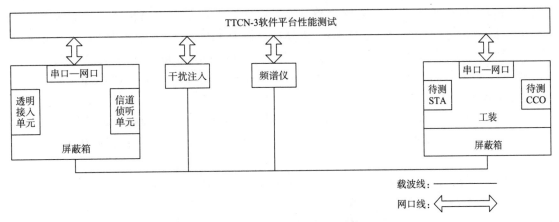

图 4-1　通信性能测试环境示意图

# 4.2　工作频段及功率谱密度测试用例

工作频段及功率谱密度测试用例依据《双模通信互联互通技术规范　第 4-1 部分：物理层通信协议》，来验证 DUT 所发信号是否满足标准。

工作频段及功率谱密度测试用例的检查项目如下：

（1）验证 DUT 所发信号的工作频段；

（2）验证 DUT 所发信号的带内发送功率不大于 −45dBm/Hz；

（3）验证 DUT 所发信号的带外发送功率不大于 −75dBm/Hz。

工作频段及功率谱密度测试用例的报文交互示意图见图 4-2。

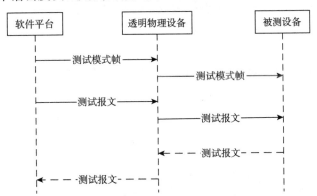

图 4-2　工作频段及功率谱密度测试用例报文交互示意图

工作频段及功率谱密度测试用例的测试步骤如下：

步骤 1　连接设备，将 DUT 上电初始化；

步骤 2　软件平台切换信号通道待测设备到频谱仪，设置标准设备到待测设备衰减为 20dB；

步骤 3　软件平台通过透明接入单元发送切频段测试命令，让待测设备进入频段 1，然后发送使 DUT 进入回传模式的测试命令；

步骤4 软件平台设置频谱仪参数，设置频谱为信道功率测试模式，中心频率设为4MHz，扫频宽度（SPAN）设为4MHz，积分带宽设为3MHz，参考电平为20dBm，功率补偿为实际线损值（待测设备到频谱仪），分辨率带宽（Resolution Bandwidth, RBW）为10kHz，视频带宽（Video Bandwidth, VBW）为100kHz，Trace模式为最大保持（MAXHOLD），检波方式选择RMS均值检波；

步骤5 软件平台下发测试报文给透明转发设备，透明转发设备按照设定TMI模式向DUT发送测试报文。DUT收到报文后，将数据通过电力线回传，同时频谱仪捕获待测设备发送信号；

步骤6 软件平台设定标准设备发送测试报文数次为1500次；

步骤7 获取频谱仪显示图形的所有点横坐标（Hz），纵坐标（dBm）数值，功率谱密度（Power Speetral Density, PSD）值为频段1带内PSD；

步骤8 软件平台通过读取点数，将计算频谱的上升沿和下降沿拐点作为工作频段；

步骤9 软件平台重新设置频谱仪参数，设置频谱为信道功率测试模式，中心频率设为1.15MHz，SPAN设为2.5MHz，积分带宽设为1.3MHz，参考电平为20dBm，功率补偿为实际线损值（待测设备到频谱仪），RBW为10kHz，VBW为100kHz，Trace模式为MAXHOLD，检波方式选择均方根值（Root Meam Square，RMS）均值检波（带外：0.5～1.8MHz）；

步骤10 软件平台下发测试报文给透明转发设备，透明转发设备按照设定TMI模式向DUT发送测试报文，DUT收到报文后，将数据通过电力线回传，同时频谱仪捕获待测设备发送信号；

步骤11 软件平台设定标准设备发送测试报文数次为1500次；

步骤12 软件平台从频谱仪获取带外PSD值，记为PSD1；

步骤13 软件平台重新设置频谱仪参数，设置频谱为信道功率测试模式，中心频率设为28.25MHz，SPAN设为46MHz，积分带宽设为43.5MHz，参考电平为20dBm，功率补偿为实际线损值（待测设备到频谱仪），RBW为100kHz，VBW为1MHz，Trace模式为MAXHOLD，检波方式选择RMS均值检波（带外：6.5～50MHz）；

步骤14 软件平台下发测试报文给透明转发设备，透明转发设备按照设定TMI模式向DUT发送测试报文，DUT收到报文后，将数据通过电力线回传，同时频谱仪捕获待测设备发送信号；

步骤15 软件平台设定标准设备发送测试报文数次为1500次；

步骤16 软件平台从频谱仪获取带外PSD值，记为PSD2；

步骤17 软件计算PSD1和PSD2较为大的为频段1带外PSD；

步骤18 将待测设备重新上电，切换目标工作频段为频段2，软件平台通过透明物理设备向待测设备发送测试模式配置报文，使待测设备进入物理层回传测试模式；

步骤19 软件平台设置频谱仪参数，设置频谱为信道功率测试模式，中心频率设为1.85MHz，SPAN设为2.5MHz，积分带宽设为2.1MHz，参考电平为20dBm，功率补偿为实际线损值（待测设备到频谱仪），RBW为10kHz，VBW为100kHz，Trace模式为MAXHOLD，检波方式选择RMS均值检波；

步骤20 软件平台下发测试报文给透明转发设备，透明转发设备按照设定TMI模式向DUT发送测试报文，DUT收到报文后，将数据通过电力线回传，同时频谱仪捕获待测设备发送信号；

步骤 21 软件平台设定标准设备发送测试报文数次为 1500 次；

步骤 22 获取频谱仪显示图形的所有点横坐标（Hz），纵坐标（dBm）数值，带内 PSD 值为频段 2 带内 PSD；

步骤 23 软件平台通过读取点数，将计算频谱的上升沿和下降沿拐点作为工作频段；

步骤 24 软件平台重新设置频谱仪参数，设置频谱为信道功率测试模式，中心频率设为 27MHz，SPAN 设为 50MHz，积分带宽设为 46MHz，参考电平为 20dBm，功率补偿为实际线损值（待测设备到频谱仪），RBW 为 100kHz，VBW 为 1MHz，Trace 模式为 MAXHOLD，检波方式选择 RMS 均值检波（带外：4~50MHz）；

步骤 25 软件平台下发测试报文给透明转发设备，透明转发设备按照设定 TMI 模式向 DUT 发送测试报文，DUT 收到报文后，将数据通过电力线回传，同时频谱仪捕获待测设备发送信号；

步骤 26 软件平台设定标准设备发送测试报文数次为 1500 次；

步骤 27 软件平台从频谱仪获取带外 PSD 值，记为频段 2 带外 PSD。

工作频段及功率谱密度测试用例采用的测试 TMI 集合见表 4-1：

表 4-1 工作频段及功率谱密度测试用例的 TMI 集合表

| 序号 | 频段 | TMI 模式 |
| --- | --- | --- |
| 1 | 0 | TMI = 4 物理块数 =1 |
| 2 | 1 | TMI = 4 物理块数 =1 |
| 3 | 2 | TMI = 4 物理块数 =1 |
| 4 | 3 | TMI = 4 物理块数 =1 |

## 4.3 抗白噪声性能测试用例

抗白噪声性能测试用例是依据《双模通信互联互通技术规范 第 4-1 部分：物理层通信协议》，来验证 DUT 在抗白噪声性能测试 TMI 集合下的接收性能。

抗白噪声性能测试用例检查项目为验证 DUT TMI 模式集合下，每种 TMI 在成功率刚刚小于 90% 的衰减值。抗白噪声性能测试用例报文交互示意图见图 4-3。

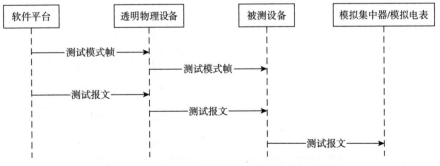

图 4-3 抗白噪声性能测试用例报文交互示意图

抗白噪声性能测试用例的测试步骤如下：

步骤 1　连接设备，将 DUT 上电初始化。

步骤 2　初始化台体环境，确保噪声为关闭状态，使用透明接入设备自带时钟源，设置程控衰减器默认衰减值为 20dB；

步骤 3　软件平台在频段 0、频段 1、频段 2 和频段 3 时各发送 20 次测试命令帧（TMI=4），并且设置 DUT 的目标工作频段；

步骤 4　软件平台发送 20 次测试命令帧（TMI=4），使 DUT 进入透传模式；

步骤 5　软件平台设置信号发生器输出带宽 25MHz，功率为 −30dBm 的高斯白噪声；

步骤 6　软件平台连续发送 5 个信标帧，以使待测设备进行时钟同步，信标间隔为 1 秒［待测设备（CCO/STA），接收到信标仅用于时钟同步且不进行回传］；

步骤 7　软件平台选择 TMI 模式集合中的测试报文，下发测试报文给透明接入设备，同时保存报文的 FC+PB 内容（ACK 仅保留 FC），发送次数为 500 次（每间隔 100 帧报文发送 5 个信标帧）；

步骤 8　透明转发设备转发软件平台下发的测试报文到 PLC，DUT 收到报文后，通过串口上报收到报文的数据（FC16 字节 + 载荷的 PB 块数据）；

步骤 9　软件平台收到 FC+PB 报文内容后，与发送前保存的内容相比较，若收到 FC+PB 内容和发送的内容相同，则认为该报文 DUT 透传成功，通信成功次数 +1；若前后报文数据不一致，则认为通信成功次数不变；

步骤 10　统计通信成功率，若成功率小于 90%，则结束测试；若成功率大于 90%，则增大程控衰减器值（步进 10dB，若离极限值不足 10dB，则步进 1dB，其余性能测试用例衰减步进控制相同，不再赘述），重复步骤 6～10，直至成功率刚刚小于 90%，结束当前测试，记录此时 TMI 模式的衰减值；

步骤 11　继续选择下一个 TMI 模式，重复步骤 6～10（在从当前测试频段切换到下一测试频段测试时，需要重新设置 DUT、透明接入单元以及载波侦听单元的频段）。

抗白噪声性能测试用例采用的测试 TMI 集合见表 4-2。

表 4-2　抗白噪声性能测试用例的 TMI 集合表

| 序号 | 频段 | TMI 模式 |
|---|---|---|
| 1 | 0 | ACK |
| 2 | 0 | TMI = 0，物理块数 =1 |
| 3 | 0 | TMI = 0，物理块数 =4 |
| 4 | 0 | TMI = 1，物理块数 =1 |
| 5 | 0 | TMI = 1，物理块数 =4 |
| 6 | 0 | TMI = 4，物理块数 =1 |
| 7 | 0 | TMI = 4，物理块数 =4 |
| 8 | 0 | TMI = 6，物理块数 =1 |

| 序号 | 频段 | TMI 模式 |
|------|------|----------|
| 9 | 0 | TMI = 6，物理块数 =4 |
| 10 | 0 | TMI = 9，物理块数 =1 |
| 11 | 0 | TMI = 10，物理块数 =1 |
| 12 | 0 | TMI = 10，物理块数 =4 |
| 13 | 0 | TMI = 12，物理块数 =1 |
| 14 | 0 | TMI = 12，物理块数 =4 |
| 15 | 0 | TMI = 14，物理块数 =1 |
| 16 | 0 | TMI = 14，物理块数 =4 |
| 17 | 1 | ACK |
| 18 | 1 | TMI = 0，物理块数 =1 |
| 19 | 1 | TMI = 1，物理块数 =1 |
| 20 | 1 | TMI = 1，物理块数 =4 |
| 21 | 1 | TMI = 4，物理块数 =1 |
| 22 | 1 | TMI = 4，物理块数 =4 |
| 23 | 1 | TMI = 6，物理块数 =1 |
| 24 | 1 | TMI = 6，物理块数 =4 |
| 25 | 1 | TMI = 9，物理块数 =1 |
| 26 | 1 | TMI = 10，物理块数 =1 |
| 27 | 1 | TMI = 12，物理块数 =1 |
| 28 | 1 | TMI = 14，物理块数 =1 |
| 29 | 1 | TMI = 14，物理块数 =4 |
| 30 | 2 | ACK |
| 31 | 2 | TMI = 0，物理块数 =1 |
| 32 | 2 | TMI = 1，物理块数 =1 |
| 33 | 2 | TMI = 1，物理块数 =4 |
| 34 | 2 | TMI = 4，物理块数 =1 |
| 35 | 2 | TMI = 6，物理块数 =1 |
| 36 | 2 | TMI = 6，物理块数 =4 |
| 37 | 2 | TMI = 9，物理块数 =1 |

续表

| 序号 | 频段 | TMI 模式 |
|---|---|---|
| 38 | 2 | TMI = 10，物理块数 =1 |
| 39 | 2 | TMI = 12，物理块数 =1 |
| 40 | 2 | TMI = 14，物理块数 =1 |
| 41 | 2 | TMI = 14，物理块数 =4 |
| 42 | 3 | ACK |
| 43 | 3 | TMI = 0，物理块数 =1 |
| 44 | 3 | TMI = 1，物理块数 =1 |
| 45 | 3 | TMI = 4，物理块数 =1 |
| 46 | 3 | TMI = 6，物理块数 =1 |
| 47 | 3 | TMI = 10，物理块数 =1 |
| 48 | 3 | TMI = 14，物理块数 =1 |

# 4.4  抗频偏性能测试用例

抗频偏性能测试用例是依据《双模通信互联互通技术规范 第4-1部分：物理层通信协议》，来验证 DUT 在抗频偏性能测试 TMI 集合下的抗频偏性能。

抗频偏性能测试用例检查项目为验证 DUT 的正向抗频偏值和负向抗频偏值。

抗频偏性能测试用例的报文交互示意图见图4-4。

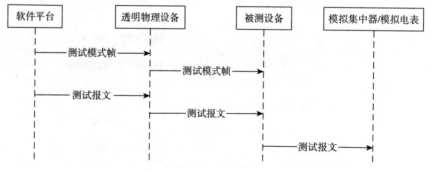

图4-4  抗频偏性能测试用例报文交互示意图

抗频偏测试用例的测试步骤如下：

步骤1  连接设备，将 DUT 上电初始化；

步骤2  初始化台体环境，确保噪声为关闭状态，使用透明接入设备自带时钟源，设置程控衰减器默认衰减值为 20dB；

步骤3  软件平台在频段0、频段1、频段2和频段3时各发送20次测试命令帧（TMI=4），设置 DUT 的目标工作频段；

步骤 4　软件平台发送 20 次测试命令帧（TMI=4），使 DUT 进入透传模式；

步骤 5　软件平台设置软件平台设置透明转发设备频偏为 0ppm @ 25MHz；

步骤 6　软件平台连续发送 5 个信标帧，以使待测设备进行时钟同步，信标间隔为 1 秒［待测设备（CCO/STA），接收到信标仅用于时钟同步且不进行透传］；

步骤 7　软件平台选择 TMI 模式集合中的测试报文，下发测试报文给透明接入设备，同时保存报文的 FC+PB 内容（ACK 仅保留 FC），发送次数为 500 次（每间隔 100 帧报文发送 5 个信标帧）；

步骤 8　透明转发设备转发软件平台下发的测试报文到 PLC，DUT 收到报文后，通过串口上报收到报文的数据（FC16 字节 + 载荷的 PB 块数据）；

步骤 9　软件平台收到 FC+PB 报文内容后，与发送前保存的内容相比较，若收到 FC+PB 内容和发送的内容相同，则认为该报文 DUT 透传成功，通信成功次数 +1；若前后报文数据不一致，则认为通信成功次数不变；

步骤 10　统计通信成功率，若成功率小于 90%，则结束测试；若成功率大于 90%，则增大透明转发设备频偏（步进 10ppm，若离极限值不足 10ppm，则步进 1ppm，下同，不再赘述），然后重复步骤 6～9，直至成功率刚刚小于 90%，结束当前测试，记录频偏值为 DUT 的正向抗频偏值；

步骤 11　断电重启待测设备，软件平台设置透明转发设备频偏为 0ppm @ 25MHz，开始测试负向抗频偏值；

步骤 12　软件平台连续发送 5 个中央信标帧（信标帧间隔 1 秒）；

步骤 13　软件平台下发测试报文给透明接入设备，同时保存报文的 FC+PB 内容（ACK 仅保留 FC），发送次数为 500 次（每间隔 100 帧报文发送 5 个信标帧）；

步骤 14　透明转发设备转发软件平台下发的测试报文到 PLC，DUT 收到报文后，通过串口上报收到报文的数据（FC16 字节 + 载荷的 PB 块数据）；

步骤 15　软件平台收到 FC+PB 报文内容后，与发送前保存的内容相比较，若收到 FC+PB 内容和发送的内容相同，则认为该报文 DUT 透传成功，通信成功次数 +1；若前后报文数据不一致，则认为通信成功次数不变；

步骤 16　统计通信成功率，若成功率小于 90%，则结束测试；若成功率大于 90%，则减小透明转发设备频偏，然后重复步骤 12～15，直至成功率刚刚小于 90%，结束当前测试，记录频偏值为 DUT 的负向抗频偏值。

抗频偏性能测试用例采用的测试 TMI 集合见表 4-3。

表 4-3　抗频偏性能测试用例的 TMI 集合表

| 序号 | 频段 | TMI 模式 |
| --- | --- | --- |
| 1 | 0 | TMI = 4 物理块数 =1 |
| 2 | 1 | TMI = 4 物理块数 =1 |
| 3 | 2 | TMI = 4 物理块数 =1 |
| 4 | 3 | TMI = 4 物理块数 =1 |

## 4.5 抗衰减性能测试用例

抗衰减性能测试用例是依据《双模通信互联互通技术规范 第4-1部分：物理层通信协议》，来验证 DUT 在抗衰减性能 TMI 集合下其抗衰减性能是否满足要求。

抗衰减性能测试用例检查项目为验证 DUT TMI 模式集合下，每种 TMI 在成功率刚刚小于90% 的衰减值，均频段 0 和频段 1 的衰减值且不能低于 85dB。

抗衰减性能测试用例的报文交互示意图见图 4-5。

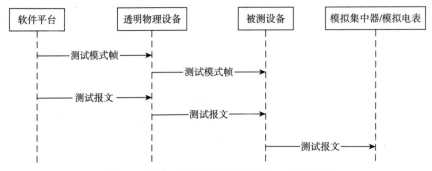

**图 4-5　抗衰减性能测试用例报文交互示意图**

抗衰减性能测试用例的测试步骤如下：

步骤 1　连接设备，将 DUT 上电初始化；

步骤 2　初始化台体环境，确保噪声为关闭状态，使用透明接入设备自带时钟源，设置程控衰减器默认衰减值为 20dB；

步骤 3　软件平台在频段 0、频段 1、频段 2 和频段 3 时各发送 20 次测试命令帧（TMI=4），设置 DUT 的目标工作频段；

步骤 4　软件平台发送 20 次测试命令帧（TMI=4），使 DUT 进入透传模式；

步骤 5　软件平台连续发送 5 个信标帧，以使待测设备进行时钟同步，信标间隔为 1 秒 [待测设备（CCO/STA），接收到信标仅用于时钟同步且不进行回传]；

步骤 6　软件平台选择 TMI 模式集合中的测试报文，下发测试报文给透明接入设备，同时保存报文的 FC+PB 内容（ACK 仅保留 FC），发送次数为 500 次（每间隔 100 帧报文发送 5 个信标帧）；

步骤 7　透明转发设备转发软件平台下发的测试报文到 PLC，DUT 收到报文后，通过串口上报收到报文的数据（FC16 字节 + 载荷的 PB 块数据）；

步骤 8　软件平台收到 FC+PB 报文内容后，与发送前保存的内容相比较，若收到 FC+PB 内容和发送的内容相同，则认为该报文 DUT 透传成功，通信成功次数 +1；若前后报文数据不一致，则认为通信成功次数不变；

步骤 9　统计通信成功率，若成功率为小于 90%，则结束测试，若成功率大于 90%，则增大程控衰减器值，重复 5~9 步骤，直至成功率刚刚小于 90%，结束当前测试，记录此 TMI 模式的衰减值；

步骤 10　继续选择下一个 TMI 模式，重复 6~9 步骤（在从当前测试频段切换到下一测试频段测试时，需要重新设置 DUT、透明接入单元、载波侦听单元的频段）。

抗衰减性能测试用例采用的测试 TMI 集合见表4-4。

表4-4 抗衰减性能测试用例的 TMI 集合表

| 序号 | 频段 | TMI 模式 |
|------|------|----------|
| 1 | 0 | TMI = 4 物理块数 =1 |
| 2 | 1 | TMI = 4 物理块数 =1 |
| 3 | 2 | TMI = 4 物理块数 =1 |
| 4 | 3 | TMI = 4 物理块数 =1 |

# 4.6 抗窄带噪声性能测试用例

抗窄带性能测试用例是依据《双模通信互联互通技术规范 第4-1部分：物理层通信协议》，来验证 DUT 在抗窄带噪声性能测试 TMI 集合下的接收性能。

抗窄带性能测试用例检查项目为验证 DUT TMI 模式集合下，每种 TMI 在成功率刚刚小于 90% 的衰减值。

抗窄带性能测试用例的报文交互示意图见图4-6。

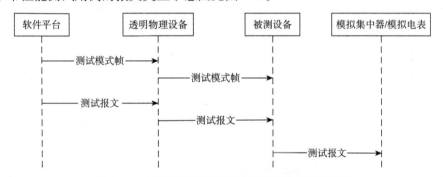

图4-6 抗窄带噪声性能测试用例报文交互示意图

抗窄带性能测试用例的测试步骤如下：

步骤1 连接设备，将 DUT 上电初始化；

步骤2 初始化台体环境，确保噪声为关闭状态，使用透明接入设备自带时钟源，设置程控衰减器默认衰减值为20dB；

步骤3 软件平台在频段0、频段1、频段2和频段3时各发送20次测试命令帧（TMI=4），设置 DUT 的目标工作频段；

步骤4 软件平台发送20次测试命令帧（TMI=4），使 DUT 进入透传模式；

步骤5 软件平台设置信号发生器分别为：频段0:（1MHz，−20dBm）、（8MHz，−30dBm）、（15MHz，−20dBm）；频段1:（1MHz，−20dBm）、（3MHz，−30dBm）、（6MHz，−30dBm）；频段2:（500kHz，−20dBm）、（2MHz，−30dBm）、（5MHz，−30dBm）；频段3:（500kHz，−20dBm）、（2MHz，−30dBm）、（5MHz，−30dBm）的窄带干扰，之后进行以下步骤测试；

步骤 6  软件平台连续发送 5 个信标帧，以使待测设备进行时钟同步，信标间隔为 1 秒[待测设备（CCO 或 STA）接收到信标仅用于时钟同步且不进行回传]；

步骤 7  软件平台选择 TMI 模式集合中的测试报文，下发测试报文给透明接入设备，同时保存报文的 FC+PB 内容（ACK 仅保留 FC），发送次数为 500 次（每间隔 100 帧报文发送 5 个信标帧）；

步骤 8  透明转发设备转发软件平台下发的测试报文到 PLC，DUT 收到报文后，通过串口上报收到报文的数据（FC16 字节 + 载荷的 PB 块数据）；

步骤 9  软件平台收到 FC+PB 报文内容后，与发送前保存的内容相比较，若收到 FC+PB 内容和发送的内容相同，则认为该报文 DUT 透传成功，通信成功次数 +1；若前后报文数据不一致，则认为通信成功次数不变；

步骤 10  统计通信成功率，若成功率小于 90%，则结束测试；若成功率大于 90%，则增大程控衰减器值，然后重复 6～9 步骤，直至成功率刚刚小于 90%，然后结束当前测试，记录此 TMI 模式的衰减值；

步骤 11  继续选择下一个 TMI 模式，重复 6～10 步骤（在从当前测试频段切换到下一测试频段测试时，需要重新设置 DUT、透明接入单元以及载波侦听单元的频段）。

抗窄带性能测试用例采用的测试 TMI 集合见表 4-5。

**表 4-5  抗窄带性能测试用例的 TMI 集合表**

| 序号 | 频段 | TMI 模式 |
|------|------|----------|
| 1 | 0 | TMI = 4 物理块数 =1 |
| 2 | 1 | TMI = 4 物理块数 =1 |
| 3 | 2 | TMI = 4 物理块数 =1 |
| 4 | 3 | TMI = 4 物理块数 =1 |

## 4.7  抗脉冲噪声性能测试用例

抗脉冲性能测试用例是依据《双模通信互联互通技术规范  第 4-1 部分：物理层通信协议》，验证 DUT 在抗脉冲噪声性能测试 TMI 集合下的抗脉冲性能是否符合标准（图 4-7）。

抗脉冲性能测试用例检查项目为验证 DUT TMI 模式集合下，每种 TMI 在成功率刚刚

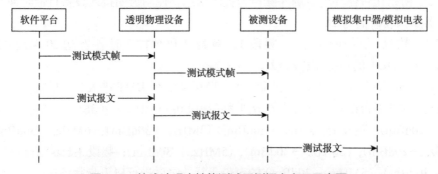

图 4-7  抗脉冲噪声性能测试用例报文交互示意图

小于 90% 的衰减值。

抗脉冲测试用例的测试步骤如下：

步骤 1　连接设备，将 DUT 上电初始化；

步骤 2　初始化台体环境，确保噪声为关闭状态，使用透明接入设备自带时钟源，设置程控衰减器默认衰减值为 20dB；

步骤 3　软件平台在频段 0、频段 1、频段 2 和频段 3 时各发送 20 次测试命令帧（TMI=4），设置 DUT 的目标工作频段；

步骤 4　软件平台发送 20 次测试命令帧（TMI=4），使 DUT 进入透传模式；

步骤 5　软件平台设置信号发生器输出脉冲频率 100kHz，脉宽 1 微秒，幅值 Vpp=4V 的脉冲信号；

步骤 6　软件平台连续发送 5 个信标帧，以使待测设备进行时钟同步，信标间隔为 1 秒［待测设备（CCO 或 STA）接收到信标仅用于时钟同步且不进行透传］；

步骤 7　软件平台选择 TMI 模式集合中的测试报文，下发测试报文给透明接入设备，同时保存报文的 FC+PB 内容（ACK 仅保留 FC），发送次数为 500 次（每间隔 100 帧报文均发送 5 个信标帧）；

步骤 8　透明转发设备转发软件平台下发的测试报文到 PLC，DUT 收到报文后，通过串口上报收到报文的数据（FC16 字节 + 载荷的 PB 块数据）；

步骤 9　软件平台收到 FC+PB 报文内容后，与发送前保存的内容相比较，若收到 FC+PB 内容和发送的内容相同，则认为该报文 DUT 透传成功，通信成功次数 +1；若前后报文数据不一致，则认为通信成功次数不变；

步骤 10　统计通信成功率，若成功率小于 90%，则结束测试；若成功率大于 90%，则增大程控衰减器值，重复 6～9 步骤，直到成功率刚刚小于 90%，结束当前测试，记录此 TMI 模式的衰减值；

步骤 11　继续选择下一个 TMI 模式，重复 6～10 步骤（在从当前测试频段切换到下一测试频段测试时，需要重新设置 DUT、透明接入单元以及载波侦听单元的频段）。

抗脉冲能测试用例采用的测试 TMI 集合见表 4-6。

表 4-6　抗脉冲性能测试用例的 TMI 集合表

| 序号 | 频段 | TMI 模式 |
|------|------|----------|
| 1 | 0 | TMI = 4 物理块数 =1 |
| 2 | 1 | TMI = 4 物理块数 =1 |
| 3 | 2 | TMI = 4 物理块数 =1 |
| 4 | 3 | TMI = 4 物理块数 =1 |

## 4.8 通信速率性能测试用例

通信速率性能测试用例是依据《双模通信互联互通技术规范 第4-1部分：物理层通信协议》，来验证 DUT 在通信速率性能测试 TMI 集合下的应用层报文通信速率是否符合标准。

通信速率性能测试用例检查项目为验证 DUT 在相应 TMI 模式集合下的应用层报文通信速率，并且应用层报文通信速率不能低于 1Mbps。

通信速率性能测试用例的报文交互示意图见图 4-8。

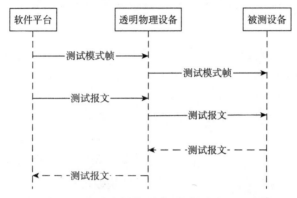

图 4-8 通信速率性能测试用例报文交互示意图

通信速率性能测试用例的测试步骤如下：

步骤 1 连接设备，将 DUT 上电初始化；

步骤 2 初始化台体环境，确保噪声为关闭状态，使用透明接入设备自带时钟源，设置程控衰减器默认衰减值为 20dB；

步骤 3 软件平台在频段 0、频段 1、频段 2 和频段 3 时各发送 20 次测试命令帧（TMI=4），设置 DUT 的目标工作频段；

步骤 4 软件平台发送 20 次测试命令帧（TMI=4），使 DUT 进入回传模式；

步骤 5 软件平台连续发送 5 个信标帧，以使待测设备进行时钟同步，信标间隔为 1 秒 [待测设备（CCO 或 STA）接收到信标仅用于时钟同步且不进行回传]；

步骤 6 软件平台选择 TMI 模式集合中的测试报文，下发测试报文给透明接入设备，同时保存报文的 FC+PB 内容（ACK 仅保留 FC），启动定时器（1 秒）；

步骤 7 透明转发设备转发软件平台下发的测试报文到 PLC，DUT 收到报文后，将数据通过电力线回传 FC+PB 的全部内容；

步骤 8 载波侦听单元依次上报给软件平台透明接入单元发出的 FC+PB 内容和待测设备回传的 FC+PB 内容；

步骤 9 软件平台收到 FC+PB 报文内容后，与发送前保存的内容相比较，若收到两次 FC+PB 内容均和发送的内容相同，则停止定时器，认为该报文 DUT 回传成功，判定该 TMI 模式测试通过，之后继续执行步骤 10；若定时器超时，该报文此次测试失败，重复 6～8 步骤，总共重复次数不得超过 20 次，如果 20 次测试均失败，则认为该 TMI 模式测试失败；

步骤 10 继续选择下一个 TMI 模式，重复 5～10 步骤（在从当前测试频段切换到下一测试频段测试时，需要重新设置 DUT、透明接入单元以及载波侦听单元的频段）；

步骤 11　若所有基础 TMI 模式测试均通过，则判定该用例通过；否则判定该用例测试结果为失败。

通信速率性能测试用例采用的测试 TMI 集合见表 4-7。

表 4-7　通信速率性能测试用例的 TMI 集合表

| 序号 | 频段 | TMI 模式 |
|:---:|:---:|:---:|
| 1 | 1 | TMI = 扩展 6，物理块数 =1，2 |

# 第5章　高速无线通信性能测试用例

## 5.1　通信性能测试环境

高速无线通信性能测试环境如图 5-1 所示，各个组成部分的作用如下：

（1）软件平台：主要用于测试数据的生成，测试脚本的执行和流程记录，以及对测试结果进行判定；

（2）透明接入单元：主要用于将软件平台生成的测试数据转发至物理信道，同时应用于模拟标准测试设备（STA 或 CCO），具有连续发生测试报文功能及频偏调整功能等，该单元软硬件功能由 FPGA 系统实现；

（3）信道侦听单元：主要用于侦听测试环境中的电力线报文和无线报文，数据透传解析发送至软件平台，该单元软硬件功能由 FPGA 系统或芯片模块实现；

（4）待测设备接入工装：用于转接待测设备（CCO、STA）的串口通信信道，实现待测设备应用层的数据收发，同时连接待测设备接入工装控制串口到应用控制程序，实现应用层的事件及控制仿真。此外，也可以控制其电源接入，实现 RST、SET、EVENTOUT 等 IO 电平的控制，监控并上报 STA（载波发送信号）等 IO 信号的变化；

（5）待测设备：待测的 CCO 或 STA 设备；

（6）屏蔽接入硬件平台：包括屏蔽箱、通信线缆、衰减器、干扰注入设备、测试设备等，能够促进各种测试场景的实现；

（7）串口—网口转换：将被测设备串口与软件测试平台相连，将待测设备接入工装并与工装控制程序相连；

（8）干扰注入：可编程矢量信号发生器，用于产生邻道 / 隔道，起到阻塞干扰信号的作用；

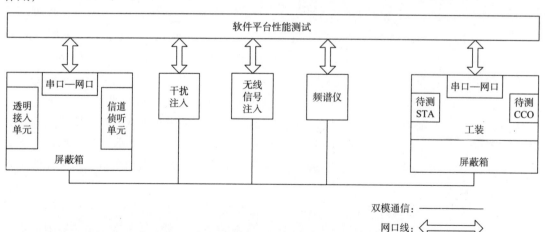

图 5-1　高速无线通信性能测试环境示意图

（9）无线信号注入：可编程矢量信号发生器，用于产生最大输入电平、接收灵敏度、多径信道性能等无线测试信号；

（10）频谱仪：可编程频谱仪，可以在性能测试或物理层测试中观测被测设备频谱。

## 5.2 工作频段与功率谱密度测试

工作频段及功率谱密度测试用例是依据《双模通信互联互通技术规范 第 4-1 部分：物理层通信协议》，来验证 DUT 的所发信号是否满足标准的要求。

工作频段及功率谱密度测试用例的检查项目如下：

（1）Option 2 信号带宽 431.3151kHz，Option 3 信号带宽 170.8984kHz；

（2）Option 2 PSD ≤ 10mW/100kHz（e.r.p）[−40dBm/Hz,]，Option 3 PSD ≤ 50mW/200kHz（e.r.p）[−36.02dBm/Hz]。

工作频段及功率谱密度测试用例的交互报文如图 5-2 所示。

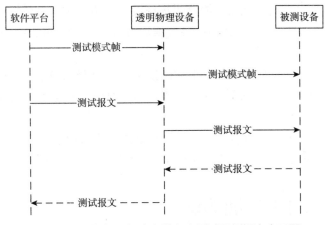

图 5-2 工作频段与功率谱密度测试用例报文交互图

工作频段及功率谱密度测试用例的测试步骤如下：

步骤 1 连接设备，将 DUT 上电初始化；

步骤 2 初始化台体环境；

步骤 3 软件平台在不同的载波频段上各发送 20 次测试命令帧（TMI4），设置 DUT 的目标无线工作信道和目标载波工作频段；

步骤 4 软件平台发送 20 次测试命令帧（载波工作频段 /TMI4/PB136），使 DUT 进入 PLC 至 RF 物理层回传测试模式；

步骤 5 软件平台切换信号通道为待测设备到频谱仪；

步骤 6 软件平台设置频谱仪参数，设置频谱为信道功率测试模式，中心频率设为（470500+index*500）kHz，SPAN 设为 4MHz，积分带宽设为 423.10kHz，参考电平为 25dBm，功率补偿为实际线损值（待测设备到频谱仪），RBW 为 10kHz，VBW 为 10kHz，Trace 模式为 MAXHOLD，检波方式选择 RMS 均值检波；

步骤 7 软件平台下发测试报文给透明物理设备，透明物理设备按照设定 TMI 模式向 DUT 发送测试报文，DUT 收到报文后，将数据通过 RF 回传，同时频谱仪捕获待测设备发送信号；

步骤8 软件平台设定标准设备发送测试报文数次为1500次；

步骤9 获取频谱仪显示图形的所有点横坐标（Hz），纵坐标（dBm）数值，PSD值为当前信道PSD；

步骤10 软件平台通过读取点数，将计算频谱的上升沿和下降沿拐点作为工作频段；

步骤11 切换Option 2其他信道并执行4～10步骤获取PSD值和工作频段；

步骤12 将待测设备重新上电，切换目标信道为Option 3指定信道n，通过n检索到指定的index（index=1 频点为470.1MHz），软件平台通过透明物理设备向待测设备发送测试模式配置报文，使待测设备进入PLC至RF物理层回传测试模式；

步骤13 软件平台设置频谱仪参数，设置频谱为信道功率测试模式，中心频率设为（470100 + index * 200）kHz，SPAN设为1.7MHz，积分带宽设为170.9kHz，参考电平为25dBm，功率补偿为实际线损值（待测设备到频谱仪），RBW为10kHz，VBW为10kHz，Trace模式为MAXHOLD，检波方式选择RMS均值检波；

步骤14 软件平台下发测试报文给透明物理设备，透明物理设备按照设定TMI模式向DUT发送测试报文，DUT收到报文后，将数据通过RF回传，同时频谱仪捕获待测设备发送信号；

步骤15 软件平台设定标准设备发送测试报文数次为1500次；

步骤16 获取频谱仪显示图形的所有点横坐标（Hz），纵坐标（dBm）数值，获取频谱仪PSD值为当前信道带内PSD；

步骤17 软件平台通过读取点数，将计算频谱的上升沿和下降沿拐点作为工作频段；

步骤18 切换Option 3其他信道并执行12～17步骤获取PSD值和工作频段。

## 5.3 最大输入电平性能测试

最大输入电平性能测试用例是依据《双模通信互联互通技术规范 第4-1部分：物理层通信协议》，来验证DUT在误包率小于10%时，输入的最大电平值。

本测试用例的检查项目为验证DUT在误包率小于10%条件下，接收端的最大输入电平应大于 −10dBm。

最大输入电平性能测试用例的交互报文如图5-3所示。

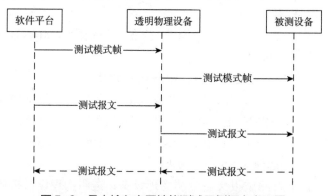

图5-3 最大输入电平性能测试用例报文交互图

最大输入电平性能测试用例的测试步骤如下：

步骤 1　连接设备，将 DUT 上电初始化；

步骤 2　初始化台体环境；

步骤 3　软件平台在不同的载波频段上各发送 20 次测试命令帧（TMI4），设置 DUT 的目标无线工作信道和目标载波工作频段；

步骤 4　软件平台发送 20 次测试命令帧（载波工作频段 /TMI4/PB136），使 DUT 进入 RF 物理层透传测试模式；

步骤 5　信号发生器加载波形文件，使其与被测模块端处于相同信道，初始设置信号电平为 −10dBm，物理参数选择 Option 2/MCS0/PB264 的报文发送 500 次；

步骤 6　DUT 收到报文后，通过串口上报收到报文的数据；

步骤 7　软件平台收到 FC+PB 报文内容后，与发送前保存的内容相比较，若收到 FC+PB 内容和发送的内容相同，则认为该报文 DUT 透传成功，通信成功次数 +1；若前后报文数据不一致，则认为通信成功次数不变；

步骤 8　统计成功率，若成功率小于 90%，则判定测试不通过，若成功率大于 90%，则判定测试通过；

步骤 9　继续选择下一个模式，重复 3～8 步骤（在从当前测试信道切换到下一个无线信道测试时，需要重新设置 DUT、透明接入单元以及侦听单元的无线信道）。

## 5.4　最大发射功率性能测试

最大发射功率测试用例是依据《双模通信互联互通技术规范　第 4-1 部分：物理层通信协议》，来验证 DUT 的最大发射功率是否满足协议要求。

本测试用例的检查项目为验证 DUT 的最大发射功率应不大于 17dBm。

最大发射功率测试用例的交互报文如图 5-4 所示。

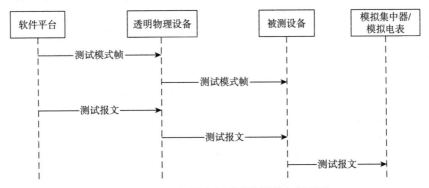

图 5-4　最大发射功率测试用例报文交互图

最大发射功率测试用例的测试步骤如下：

步骤 1　连接设备，将 DUT 上电初始化；

步骤 2　初始化台体环境；

步骤 3　软件平台在不同的载波频段上各发送 20 次测试命令帧（TMI4），设置 DUT 的目标无线工作信道和目标载波工作频段；

步骤4　软件平台发送20次测试命令帧(载波工作频段/TMI4/PB136)，使DUT进入PLC至RF物理层回传测试模式;

步骤5　软件平台设置频谱仪参数，设置频谱为信道功率测试模式，中心频率设为(470500+index*500) kHz，SPAN设为4MHz，积分带宽设为423.10kHz，参考电平为25dBm，功率补偿为实际线损值(待测设备到频谱仪)，RBW为10kHz，VBW为10kHz，Trace模式为MAXHOLD，检波方式选择RMS均值检波;

步骤6　软件平台下发测试报文给透明物理设备，透明物理设备按照设定TMI模式向DUT发送测试报文，DUT收到报文后，将数据通过RF回传，同时频谱仪捕获待测设备发送信号;

步骤7　软件平台设定标准设备发送测试报文数次为1500次;

步骤8　获取频谱仪信道功率值为当前信道的最大发射功率;

步骤9　重复3~8步骤，检测其他信道的最大发射功率;

步骤10　将待测设备重新上电，切换目标信道切换为Option 3指定信道n，通过n检索到指定的index(index=1频点为470.1MHz)，软件平台通过透明物理设备向待测设备发送测试模式配置报文，使待测设备进入PLC至RF物理层回传测试模式;

步骤11　软件平台设置频谱仪参数，设置频谱为信道功率测试模式，中心频率设为(470100 + index*200) kHz，SPAN设为1.7MHz，积分带宽设为170.9kHz，参考电平为25dBm，功率补偿为实际线损值(待测设备到频谱仪)，RBW为10kHz，VBW为10kHz，Trace模式为MAXHOLD，检波方式选择RMS均值检波;

步骤12　软件平台下发测试报文给透明物理设备，透明物理设备按照设定TMI模式向DUT发送测试报文，DUT收到报文后，将数据通过RF回传，同时频谱仪捕获待测设备发送信号;

步骤13　软件平台设定标准设备发送测试报文数次为1500次;

步骤14　获取频谱仪信道功率值为当前信道的最大发射功率;

步骤15　重复10~14步骤，检测其他信道的最大发射功率。

## 5.5　杂散辐射限值测试

杂散辐射限值测试用例是依据《双模通信互联互通技术规范　第4-1部分：物理层通信协议》，来验证DUT的发射机状态分为最大功率发射状态和待机/空闲状态两种，测试频段包括所有频段，遍及所有Option，固定使用PHR_MCS4、PSDU_MCS4、PB136。

本测试用例的检查项目如下：

(1)测量频率范围：30~1000MHz;

(2)杂散辐射发射限值如表5-1所示。

表5-1　杂散辐射发射限值表

| 频率范围 | 参考电平(dBm) | 限值(dBm) | 检波方式 |
| --- | --- | --- | --- |
| 30~1000MHz | 20 | -36 | 平均视觉触发 |

续表

| 频率范围 | 参考电平（dBm） | 限值（dBm） | 检波方式 |
|---|---|---|---|
| 1GHz～5.1GHz | 20 | −30 | 平均视觉触发 |
| 48.5MHz～72.5MHz | −10 | −54 | 平均视觉触发 |
| 76MHz～108MHz | −10 | −54 | 平均视觉触发 |
| 167MHz～223MHz | −10 | −54 | 平均视觉触发 |
| 470MHz～556MHz | −10 | −54 | 平均视觉触发 |
| 606MHz～798MHz | −10 | −54 | 平均视觉触发 |

杂散辐射限值测试用例的交互报文如图 5-5 所示。

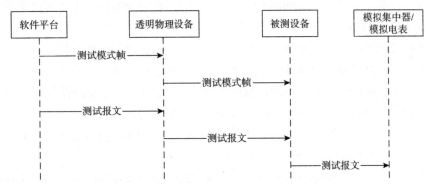

图 5-5 杂散辐射限值测试用例报文交互图

杂散辐射限值测试用例的测试步骤如下：

步骤 1 连接设备，将 DUT 上电初始化；

步骤 2 初始化台体环境；

步骤 3 软件平台在不同的载波频段上各发送 20 次测试命令帧（TMI4），设置 DUT 的目标无线工作信道和目标载波工作频段；

步骤 4 软件平台发送 20 次测试命令帧（载波工作频段 /TMI4/PB136），使 DUT 进入 PLC 至 RF 物理层回传测试模式；

步骤 5 软件平台通过透明接入单元发送无线信道切换测试命令，Option 2 指定信道 n，通过 n 检索到指定的 index（index=1 频点为 470.5MHz），之后发送使 DUT 进入 RF 回传模式的测试命令；

步骤 6 软件平台设置频谱仪参数，设置频谱为扫描频谱分析（Swept Spectrum Analyzer, Swept SA）模式，Trace 模式为 MAXHOLD，设置检波器方式选择平均视觉触发；

步骤 7 设置频谱仪频段（Frequence Channel）为 30MHz～1GHz，RBW=100kHz，VBW=100kHz；设置参考电平为 20dBm，设置频谱仪峰值搜索表（Peak search table），设置峰值排序（Peak sort）幅度为 −36dBm；

步骤 8 软件平台设定标准设备发送测试报文数次为 1500 次；

步骤 9 获取 Peak search table 内除去（470500+500*index ± 2.5*BandWidth）kHz 范围

内点值为 Option 2 的辐射骚扰值（BandWidth=500kHz）；

步骤 10 设置频谱仪 Frequence Channel 为 1～5.1GHz，RBW=1MHz，VBW=1MHz；设置参考电平为 20dBm，设置频谱仪 Peak search table，设置 Peak sort 幅度为 −30dBm；

步骤 11 软件平台设定标准设备发送测试报文次数为 1500 次，读取峰值数据表（Peak Table）内的数据即为辐射骚扰值。

步骤 12 设置频谱仪 Frequence Channel 为 48.5～72.5MHz，RBW=100kHz，VBW=100kHz；设置参考电平为 −10dBm，设置频谱仪 Peak search table，设置 Peak sort 幅度为 −54dBm；

步骤 13 软件平台设定标准设备发送测试报文次数为 1500 次，读取 Peak table 内的数据后，减去以载波频率中心频点为参考左右 ±2.5OCW 位置以外信号是否有超过门限值（余量范围内）的点；

步骤 14 设置频谱仪 Frequence Channel 分别为 76～108MHz、167～223MHz、470～566MHz、606～798MHz，重复步骤 12、13；

步骤 15 切换信道，重复步骤 3～14，检测其他信道的辐射骚扰数值；

步骤 16 将待测设备重新上电，将目标信道切换为 Option 3 并指定信道 n，通过 n 检索到指定的 index（index=1 频点为 470.1MHz），软件平台通过透明物理设备向待测设备发送测试模式配置报文，使待测设备进入 PLC 至 RF 物理层回传测试模式；

步骤 17 软件平台设置频谱仪参数，设置频谱为 Swapt SA 模式，Trace 模式为 MAXHOLD，设置检波器方式选择平均视觉触发；

步骤 18 设置频谱仪 Frequence Channel 为 30MHz～1GHz，RBW=100kHz，VBW=100kHz；设置参考电平为 20dBm，设置频谱仪 Peak search table，设置 Peak sort 幅度为 −36dBm；

步骤 19 软件平台设定标准设备发送测试报文数次为 1500 次；

步骤 20 获取 Peak search table 内除去（470100+200*index ±2.5*BandWidth）kHz 范围内点值为 Option 3 的辐射骚扰值（BandWidth=200kHz）；

步骤 21 设置频谱仪 Frequence Channel 为 1～5.1 GHz，RBW=1MHz，VBW=1MHz；设置参考电平为 20dBm，设置频谱仪 Peak search table，设置 Peak sort 幅度为 −30dBm；

步骤 22 软件平台设定标准设备发送测试报文次数为 1500 次，读取 Peak table 内的数据即为辐射骚扰值。

步骤 23 设置频谱仪 Frequence Channel 为 48.5～72.5MHz，RBW=100kHz，VBW=100kHz；设置参考电平为 −10dBm，设置频谱仪 Peak search table，设置 Peak sort 幅度为 −54dBm；

步骤 24 软件平台设定标准设备发送测试报文次数为 1500 次，读取 Peak table 内的数据后，减去以载波频率中心频点为参考左右 ±2.5OCW 位置以外信号是否有超过门限值（余量范围内）的点；

步骤 25 设置频谱仪 Frequence Channel 分别为 76～108MHz、167～223MHz、470～566MHz、606～798MHz，重复步骤 23、24；

步骤 26 切换信道，重复步骤 16～25，检测其他信道的辐射骚扰数值。

## 5.6　接收灵敏度测试

接收灵敏度测试用例是依据《双模通信互联互通技术规范　第 4-1 部分：物理层通信协议》，来验证 DUT 在不同模式（Option）和 MCS 下的最大接收灵敏度。

本测试用例的检查项目为验证 DUT 在满足误包率小于 10% 的条件下，接收灵敏度满足如下值的情况：

灵敏度测试频点选取如表 5-2 所示。

表 5-2　灵敏度测试频点表

| 频点汇总 | 模式 2（MHz） | 模式 3（MHz） |
|---|---|---|
| 470～471 | 470.5 | 470.1 |
| 485～486 | 485.5 | 485.9 |
| 493～494 | 493.5 | 493.9 |
| 501～502 | 501.5 | 501.9 |
| 509～510 | 509.5 | 509.9 |

模式 2 与 MCS 组合对应的接收灵敏度指标如表 5-3 所示。

表 5-3　模式 2 接收灵敏度指标表

| 测试参数 | OFDM 模式 2（dBm） |
|---|---|
| PHR MCS0\PSDU MCS0\PB264 | −109 |
| PHR MCS0\PSDU MCS1\PB264 | −106 |
| PHR MCS1\PSDU MCS2\PB264 | −103 |
| PHR MCS2\PSDU MCS3\PB264 | −100 |
| PHR MCS3\PSDU MCS4\PB264 | −97 |
| PHR MCS4\PSDU MCS5\PB264 | −94 |
| PHR MCS5\PSDU MCS6\PB264 | −91 |

模式 3 与 MCS 组合对应的接收灵敏度指标如表 5-4 所示。

表 5-4　模式 3 接收灵敏度指标表

| 测试参数 | OFDM 模式 3（dBm） |
|---|---|
| PHR MCS2\PSDU MCS1\PB264 | −110 |
| PHR MCS2\PSDU MCS2\PB264 | −107 |
| PHR MCS2\PSDU MCS3\PB264 | −104 |

| 测试参数 | OFDM 模式 3（dBm） |
|---|---|
| PHR MCS3\PSDU MCS4\PB264 | −101 |
| PHR MCS4\PSDU MCS5\PB264 | −98 |
| PHR MCS5\PSDU MCS6\PB264 | −95 |

接收灵敏度测试用例的交互报文如图 5-6 所示。

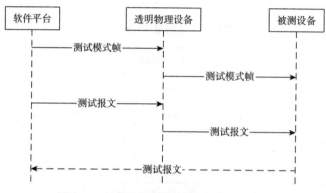

图 5-6　接收灵敏度测试用例报文交互图

接收灵敏度测试用例的测试步骤如下：

步骤 1　连接设备，将 DUT 上电初始化；

步骤 2　初始化台体环境；

步骤 3　软件平台在不同的载波频段上各发送 20 次测试命令帧（TMI4），设置 DUT 的目标无线工作信道和目标载波工作频段；

步骤 4　软件平台发送 20 次测试命令帧（载波工作频段 /TMI4/PB136），使 DUT 进入 RF 物理层透传测试模式；

步骤 5　将信号发生器加载波形文件与被测模块端置于相同信道，初始设置信号电平为 −20dBm，物理参数选择测试参数列表中的测试报文发送 500 次；

步骤 6　DUT 收到报文后，通过串口上报收到的报文数据；

步骤 7　软件平台收到 FC+PB 报文内容后，与发送前保存的内容相比较，若收到 FC+PB 内容和发送的内容相同，则认为该报文 DUT 透传成功，通信成功次数 +1；若前后报文数据不一致，则认为通信成功次数不变；

步骤 8　统计成功率，若成功率小于 90%，则判定结束测试；若成功率大于 90%，则降低信号发生器的输出电平值，重复 5～7 步骤，直到成功率刚刚小于 90%，结束当前测试，记录此 MCS 模式的衰减值，接收灵敏度等于信号发生器当前的电平值；

步骤 9　继续选择下一个模式，重复 3～8（在从当前测试信道切换到下一测试信道测试时，需要重新设置 DUT、透明接入单元以及侦听单元的无线信道）。

## 5.7 邻道干扰性能测试

邻道干扰性能测试用例是依据《双模通信互联互通技术规范 第 4-1 部分：物理层通信协议》，来验证 DUT 在邻道干扰的情况下，其抗干扰性能是否满足要求。

本测试用例的检查项目为验证 DUT 在邻道和隔道的干扰条件下，在成功率刚刚小于 90% 时的干扰相比本信道的信号增益，如表 5-5、表 5-6 所示。

表 5-5 模式 2 测试参数表

| 测试参数 | 模式 2 | |
| --- | --- | --- |
| | 邻道抑制（dB） | 隔道抑制（dB） |
| PHR MCS0\PSDU MCS0\PB264 | 25 | 35 |
| PHR MCS0\PSDU MCS1\PB264 | 23 | 33 |
| PHR MCS1\PSDU MCS2\PB264 | 20 | 30 |
| PHR MCS2\PSDU MCS3\PB264 | 17 | 27 |
| PHR MCS3\PSDU MCS4\PB264 | 15 | 25 |
| PHR MCS4\PSDU MCS5\PB264 | 14 | 24 |
| PHR MCS5\PSDU MCS6\PB264 | 8 | 18 |

表 5-6 模式 3 测试参数表

| 测试参数 | 模式 3 | |
| --- | --- | --- |
| | 邻道抑制（dB） | 隔道抑制（dB） |
| PHR MCS2\PSDU MCS1\PB264 | 10 | 28 |
| PHR MCS2\PSDU MCS2\PB264 | 7 | 25 |
| PHR MCS2\PSDU MCS3\PB264 | 7 | 22 |
| PHR MCS3\PSDU MCS4\PB264 | 5 | 20 |
| PHR MCS4\PSDU MCS5\PB264 | 2 | 19 |
| PHR MCS5\PSDU MCS6\PB264 | −2 | 12 |

邻道干扰性能测试用例的交互报文如图 5-7 所示。

邻道干扰性能测试用例的测试步骤如下：

步骤 1 连接设备，将 DUT 上电初始化；

步骤 2 初始化台体环境；

步骤 3 软件平台在不同的载波频段上各发送 20 次测试命令帧（TMI4），设置 DUT 的目标无线工作信道和目标载波工作频段；

步骤4　软件平台发送20次测试命令帧（载波工作频段/TMI4/PB136），使DUT进入RF物理层透传测试模式；

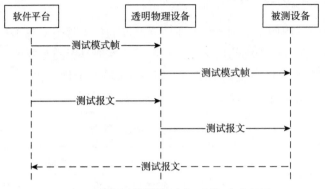

图5-7　邻道干扰性能测试用例报文交互图

步骤5　射频信号发生器的A通道与DUT连接，初始设置信号电平比物理层协议中要求的接收灵敏度高3 dB。将其作为本信道信号，导入波形文件，按照4毫秒的间隔发送，使其与DUT处于相同信道，按照表5-5及表5-6所示的参数进行配置；

步骤6　将射频信号发生器的B通道与DUT连接，使信道处于被测模块的相邻信道，初始设置信号电平与本信道信号电平一致，干扰信号与本信道A的Option/MCS/PB长度相同，导入波形文件，干扰信号按照1毫秒的间隔发送，并将其与DUT处于相邻信道；

步骤7　按照表5-5及表5-6的测试参数列表，控制A通道发送500帧，在DUT收到报文之后，通过串口上报收到报文的数据；

步骤8　软件平台收到FC+PB报文内容后，与发送前保存的内容相比较，若收到FC+PB内容和发送的内容相同，则认为该报文DUT透传成功，通信成功次数+1；若前后报文数据不一致，则认为通信成功次数不变。

步骤9　统计成功率，若成功率小于90%，则结束测试；若成功率大于90%，则不断增加干扰信道发送的信号强度，直到接收成功率刚刚小于90%，结束当前测试，记录此时干扰相比本信道的信号增益；

步骤10　将信号发生器的B信道干扰调整为相隔信号，初始设置信号电平和本信道信号电平一致，干扰信号按照最小帧间隔发送，导入波形文件，使其与DUT处于相隔信道，重复7～9步骤；

步骤11　继续选择下一个模式，重复3～10步骤（在从当前测试信道切换到下一个无线信道测试时，需要重新设置DUT、透明接入单元以及侦听单元的无线信道）。

## 5.8　抗频偏容忍度测试

抗频偏容忍度测试用例是依据《双模通信互联互通技术规范　第4-1部分：物理层通信协议》，来验证DUT在固定频点处的抗频偏性能。

本测试用例的检查项目为验证DUT在无线信道和MCS模式下的抗频偏性能是否满足技术要求。

抗频偏容忍度测试用例的交互报文如图 5-8 所示。

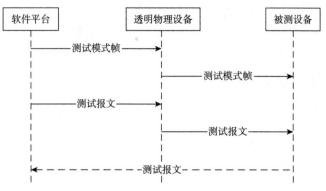

图 5-8　抗频偏容忍度测试用例报文交互图

抗频偏容忍度测试用例的测试步骤如下：

步骤 1　连接设备，将 DUT 上电初始化；

步骤 2　初始化台体环境；

步骤 3　软件平台在不同的载波频段上各发送 20 次测试命令帧（TMI4），设置 DUT 的目标无线工作信道和目标载波工作频段；

步骤 4　软件平台发送 20 次测试命令帧（载波工作频段 /TMI4/PB136），使 DUT 进入 RF 物理层透传测试模式；

步骤 5　软件平台设置软件平台设置信号发生器发送的无线和采集频偏均为 50 ppm；

步骤 6　信号发生器加载波形文件，使其与被测模块端处于相同信道，初始设置信号电平比物理层协议中的接收灵敏度高 3dB，测试报文发送 500 次；

步骤 7　DUT 收到报文后，通过串口上报收到报文的数据（FC16 字节 + 载荷的 PB 块数据）；

步骤 8　软件平台收到 FC+PB 报文内容后，与发送前保存的内容相比较，若收到 FC+PB 内容和发送的内容相同，则认为该报文 DUT 透传成功，通信成功次数 +1；若前后报文数据不一致，则认为通信成功次数不变；

步骤 9　统计成功率，若成功率大于或等于 90%，则继续步骤 10；若成功率小于 90%，则判定测试未通过，测试结束；

步骤 10　断电重启待测设备，软件平台设置软件平台设置信号发生器发送的无线和采集频偏均为 –50 ppm，开始测试负向抗频偏值；

步骤 11　信号发生器加载波形文件，使其与被测模块端处于相同信道，初始设置信号电平比物理层协议中的接收灵敏度高 3dB，测试报文发送 500 次；

步骤 12　DUT 收到报文后，通过串口上报收到报文的数据（FC16 字节 + 载荷的 PB 块数据）；

步骤 13　软件平台收到 FC+PB 报文内容后，与发送前保存的内容相比较，若收到 FC+PB 内容和发送的内容相同，则认为该报文 DUT 透传成功，通信成功次数 +1；若前后报文数据不一致，则通信成功次数不变；

步骤 14　统计成功率，若成功率大于或等于 90%，则判定测试通过；若成功率小于

90%，则判定测试未通过，测试结束；

步骤 15　继续选择下一个模式，重复 3～14 步骤（在从当前测试信道切换到下一测试信道测试时，需要重新设置 DUT、透明接入单元以及侦听单元的无线信道）。

## 5.9　发射频谱模板测试

发射频谱模板测试用例是依据《双模通信互联互通技术规范　第 4-1 部分：物理层通信协议》，来验证 DUT 在不同 Option、MCS 和频段上的发射频谱性能。

本测试用例的检查项目为验证 DUT 在不同 Option、MCS 和频段上的发射频谱性能是否满足协议要求。

发射频谱模板数值如表 5-7 所示。

表 5-7　频谱模板数值

| 模式 | D0 | f1/kHz | D1 | f2/kHz | D2 | f3/kHz |
|---|---|---|---|---|---|---|
| 2 | 0 dBr | 215 | −25 dBr | 500 | −35 dBr | 1000 |
| 3 | 0 dBr | 85.4 | −20 dBr | 200 | −35 dBr | 400 |

发射频谱模板测试用例的交互报文如图 5-9 所示。

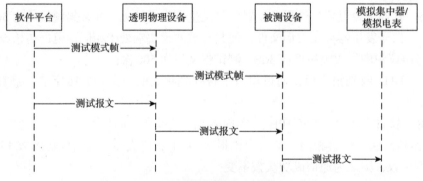

图 5-9　发射频谱模板测试用例报文交互图

发射频谱模板测试用例的测试步骤如下：

步骤 1　连接设备，将 DUT 上电初始化；

步骤 2　初始化台体环境，确保噪声为关闭状态，使用透明接入设备自带时钟源；

步骤 3　软件平台在不同的载波频段上各发送 20 次测试命令帧（TMI4），设置 DUT 的目标无线工作信道和目标载波工作频段；

步骤 4　软件平台发送 20 次测试命令帧（载波工作频段 /TMI4/PB136），使 DUT 进入 PLC 至 RF 物理层回传测试模式；

步骤 5　软件平台切换信号通道为待测设备到频谱仪，软件平台设置频谱仪参数，设置频谱为 SA 模式，中心频率设为（470500+index*500）kHz，SPAN 设为 4 MHz，参考电平为 20 dBm，功率补偿为实际线损值（待测设备到频谱仪），RBW 为 10 kHz，VBW 为 10 kHz，Trace 模式为 MAXHOLD，检波方式选择 RMS 均值检波；

步骤 6　软件平台根据表 5-7 频谱模板规定拟合频谱模板，获取当前频谱仪曲线点数值，并检定所有的数据是否符合 Option 2 频谱模板的限定，若不符合则判定测试未通过；

步骤 7　切换 Option 2 的其他信道，并检测其是否符合频谱模板限定；

步骤 8　将待测设备重新上电，切换目标信道切换为 Option 3 并指定信道 n，通过 n 检索到指定的 index（index=1 频点为 470.1 MHz），软件平台通过透明物理设备向待测设备发送测试模式配置报文，使待测设备进入 PLC 至 RF 物理层回传测试模式；

步骤 9　软件平台设置频谱仪参数，设置频谱为频谱分析（Spectrum Analyzer, SA）模式，中心频率设为（470100 + index * 200）kHz，SPAN 设为 4 MHz，参考电平为 20 dBm，功率补偿为实际线损值（待测设备到频谱仪），RBW 为 10 kHz，VBW 为 10 kHz，Trace 模式为MAXHOLD，检波方式选择 RMS 均值检波；

步骤 10　软件平台根据表 5-7 频谱模板规定拟合频谱模板，获取当前频谱仪曲线点数值，并检定所有的数据是否符合 Option 3 频谱模板的限定，若不符合则判定测试未通过；

步骤 11　切换 Option 3 的其他信道，并检测其是否符合频谱模板限定。

## 5.10　多径信道性能测试

多径信道性能测试用例是依据《双模通信互联互通技术规范　第 4-1 部分：物理层通信协议》，来验证 DUT 在不同多径信道模型下的抗干扰性能是否满足要求。

本测试用例的检查项目为验证 DUT 在不同多径信道模型下，在成功率刚刚小于 90% 时的最小接收灵敏度。

Option 2 抗多径性能指标如表 5-8 所示。

表 5-8　Option 2 抗多径性能指标

| 测试参数 | 信道 2（dBm） | 信道 3（dBm） | 信道 7（dBm） |
| --- | --- | --- | --- |
| PSDU MCS0 | −105 | −102 | −103 |
| PSDU MCS3 | −98 | −94 | −96 |
| PSDU MCS6 | −86 | −82 | −85 |

Option 3 抗多径性能指标如表 5-9 所示。

表 5-9　Option 3 抗多径性能指标

| 测试参数 | 信道 2（dBm） | 信道 3（dBm） | 信道 7（dBm） |
| --- | --- | --- | --- |
| PSDU MCS1 | −106 | −104 | −104 |
| PSDU MCS3 | −100 | −99 | −99 |
| PSDU MCS6 | −89 | −89 | −89 |

多径信道性能测试用例的交互报文如图 5-10 所示。

多径信道性能测试用例的测试步骤如下：

步骤 1　连接设备，将 DUT 上电初始化；

步骤 2　初始化台体环境；

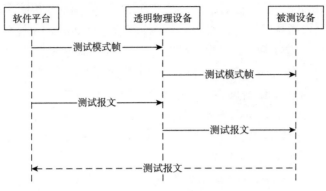

**图 5-10　多径信道性能测试用例报文交互图**

步骤 3　软件平台在不同的载波频段上各发送 20 次测试命令帧（TMI4），设置 DUT 的目标无线工作信道和目标载波工作频段；

步骤 4　软件平台发送 20 次测试命令帧（载波工作频段 /TMI4/PB136），使 DUT 进入 RF 物理层透传测试模式；

步骤 5　将射频信号发生器与信道仿真仪输入端口连接，将信道仿真仪的输出端口与 DUT 连接，设置信号发生器的发射频率为 486MHz，使其与被测模块端处于相同信道，初始功率为 -60dBm，加载多径波形文件，采样率为 4MHz，物理参数选择 Option 3/PHR_MCS2/PSUD_MCS1/PB264 的报文发送 500 次；

步骤 6　DUT 收到报文后，通过串口上报收到报文的数据；

步骤 7　软件平台收到 FC+PB 报文内容后，与发送前保存的内容相比较，若收到 FC+PB 内容和发送的内容相同，则认为该报文 DUT 透传成功，通信成功次数 +1；若前后报文数据不一致，则认为通信成功次数不变；

步骤 8　统计成功率，若成功率小于 90%，则结束测试；若成功率大于 90%，则不断降低信号发生器发送的信号强度，重复 5～7 步骤，直至接收成功率刚刚小于 90%，结束当前测试，记录此 MCS 模式的信号功率；

步骤 9　继续选择下一个无线信道，重复 3～8 步骤（在从当前测试信道切换到下一个无线信道测试时，需要重新设置 DUT、透明接入单元以及侦听单元的无线信道）；

步骤 10　遍及所有信道模型，重复 3～9 步骤。

# 5.11　阻塞干扰性能测试

阻塞干扰性能测试用例是依据《双模通信互联互通技术规范　第 4-1 部分：物理层通信协议》，来验证 DUT 在邻道加扰下的抗干扰性能是否满足要求。

本测试用例的检查项目为验证 DUT 在 2M/10M Blocking 干扰条件下，在成功率刚刚小于 90% 时的阻塞干扰相比本信道的信号增益。

测试参数：Option 2, PHR MCS0/PSDU MCS0, PHR MCS5/PSDU MCS6; Option 3, PHR

MCS2/PSDU MCS1, PHR MCS5/PSDU MCS6。

阻塞干扰性能测试用例的交互报文如图 5-11 所示。

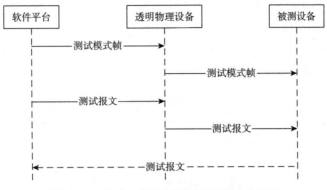

图 5-11　阻塞干扰性能测试用例报文交互图

阻塞干扰性能测试用例的测试步骤如下：

步骤 1　连接设备，将 DUT 上电初始化；

步骤 2　初始化台体环境；

步骤 3　软件平台在不同的载波频段上各发送 20 次测试命令帧（TMI4），设置 DUT 的目标无线工作信道和目标载波工作频段；

步骤 4　软件平台发送 20 次测试命令帧（载波工作频段 /TMI4/PB136），使 DUT 进入 RF 物理层透传测试模式；

步骤 5　将射频信号发生器的 A 通道与 DUT 连接，初始设置信号电平比物理层协议中要求的接收灵敏度高 3 dB，并将其作为本信道信号导入波形文件，按照 4 毫秒的间隔发送，使其与 DUT 处于相同信道，按照表 5-10 所示的参数进行配置；

步骤 6　将射频信号发生器的 B 通道与 DUT 连接，设置阻塞干扰频率，使其距离信号中心频点为 2MHz，初始设置信号电平与本信道信号电平一致；

步骤 7　按照测试参数控制 A 通道发送 500 帧，DUT 收到报文之后，通过串口上报收到报文的数据；

步骤 8　软件平台收到 FC+PB 报文内容后，与发送前保存的内容相比较，若收到 FC+PB 内容和发送的内容相同，则认为该报文 DUT 透传成功，通信成功次数 +1；若前后报文数据不一致，则认为通信成功次数不变；

步骤 9　统计成功率，若成功率小于 90%，则结束测试；若成功率大于 90%，则不断增加干扰信道发送的信号强度，直至接收成功率刚刚小于 90%，结束当前测试，记录此时干扰相比本信道的信号增益；

步骤 10　将信号发生器的 B 通道的阻塞干扰频率改为距离信号中心频点 10 MHz，初始设置信号电平与本信道信号电平一致，并重复步骤 7～9；

步骤 11　继续选择下一个模式，重复步骤 3～10。

## 5.12　EVM 测试

EVM 测试用例是依据《双模通信互联互通技术规范　第 4-1 部分：物理层通信协议》，

来验证 DUT 的所发信号的 EVM 指标。

本测试用例的检查项目如下：

（1）验证 DUT 所发信号的功率。

（2）验证 DUT 所发信号的 PHR 控制字（PHR Control Signal, SIG）/ 物理帧头（Physical Header, PHR）/ PSDU 域 EVM 结果。

EVM 测试用例的交互报文如图 5-12 所示。

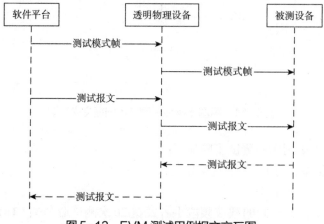

**图 5-12　EVM 测试用例报文交互图**

EVM 测试用例的测试步骤如下：

步骤 1　连接设备，将 DUT 上电初始化；

步骤 2　初始化台体环境，确保噪声为关闭状态，使用透明接入设备自带时钟源；

步骤 3　软件平台在不同的载波频段上各发送 20 次测试命令帧（值 6），设置 DUT 的目标载波频段为频段 2；

步骤 4　软件平台在频段 2 上发送 20 次测试命令帧（值 8），设置 DUT 的 HRF Option 和信道号；

步骤 5　软件平台在频段 2 上发送 20 次测试命令帧（值 12），设置 DUT 进入 HPLC 接收报文 HRF 发送模式；

步骤 6　软件平台发送命令配置 EVM 分析仪的 RF 信道号、Option、PHR_MCS、PSDU_MCS、PHR_SYMB、PSDU_SYMB，并等待 EVM 分析仪进行确认；

步骤 7　软件平台发送命令并启动 EVM 分析仪；

步骤 8　软件平台设置程控衰减器衰减为 0dB，配置频谱分析仪在信道功率测量模式；

步骤 9　软件平台发送携带 HRF 配置信息报文的 HPLC 报文给 DUT，DUT 收到透明设备从载波信道上传递过来的报文后，分析载荷中是否携带 HRF 报文配置信息。当发现 HRF 报文配置信息后，将自动生成回传报文，在 HRF 信道上将该报文连续发送 1000 次；软件平台读取频谱分析仪信道功率，计算程控衰减器衰减值并设置，使得 EVM 分析仪输入功率在 −25dbm 附近；

步骤 10　EVM 分析仪在 RF 接收通道上进行侦听，解析收到的报文，并对其进行 EVM 计算，计算完毕后将结果主动上报给软件平台；

步骤 11　若需要测试其他模式的 EVM 结果，则重复步骤 4～10。

# 第6章 低压电力线高速无线通信协议
# 一致性测试用例

## 6.1 Option 与 MCS 模式遍历测试用例

Option 与 MCS 模式遍历测试用例依据《双模通信互联互通技术规范 第4-1部分：物理层通信协议》，来验证 DUT 是否支持 OFDM Option、MCS 和 PB 的所有组合模式。

Option 与 MCS 模式遍历测试用例的报文交互示意图如图 6-1 所示。

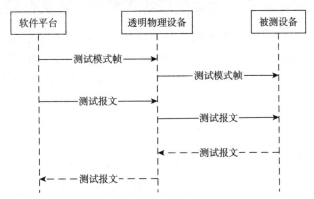

图6-1 Option 与 MCS 模式遍历测试用例的报文交互示意图

Option 与 MCS 模式遍历测试用例的测试步骤如下：

步骤1 初始化台体环境；

步骤2 连接设备，将 DUT 上电初始化；

步骤3 软件平台在不同的载波频段上各发送 20 次测试命令帧（TMI4），设置 DUT 的目标无线工作信道和目标载波工作频段；

步骤4 软件平台发送 20 次测试命令帧（载波工作频段 /TMI4/PB136），使 DUT 进入 RF 物理层回传测试模式；

步骤5 软件平台连续发送 5 个信标帧，用于 DUT 进行时钟同步的操作，信标间隔为 1 秒（DUT/CCO/STA）接收到信标仅用于时钟同步，不用于回传过程）；

步骤6 软件平台选择 Option 和 MCS 集合中的测试报文，下发测试报文给透明物理设备，同时保存报文的 FC+PB 内容（ACK 仅保留 FC），启动定时器（1 秒）；

步骤7 透明物理设备转发软件平台下发的测试报文到 RF，DUT 收到报文之后，将数据通过 RF 信道回传 FC+PB 的全部内容；

步骤8 信道侦听单元依次上报给软件平台透明物理设备发出的 FC+PB 内容和 DUT 回传的 FC+PB 内容；

步骤9　软件平台收到 FC+PB 报文内容后，与发送前保存的内容相比较，若收到两次 FC+PB 的内容均与发送的内容相同，则停止定时器，并认为该报文 DUT 回传成功，判定该 MCS 模式测试通过，之后继续执行步骤11；

步骤10　若定时器超时，则认为该报文此次测试未通过，重复步骤6～8，重复次数不超过20次，若20次测试均未通过，则判定该 MCS 模式测试未通过；

步骤11　选择下一个 MCS 模式，重复步骤5～10（在从当前测试频段切换到下一测试频段测试时，需要重新设置 DUT、透明物理设备以及信道侦听单元的频段）；

步骤12　若所有 Option 和 MCS 模式均测试通过，则该用例测试通过，否则该用例测试不通过。

# 6.2　数据链路层信标机制一致性测试用例

## 6.2.1　CCO 发送无线标准中央信标的周期性与合法性测试用例

CCO 发送无线标准中央信标的周期性与合法性测试用例依据《双模通信互联互通技术规范　第4-2部分：数据链路层通信协议》，来验证 CCO 能否周期性均发送正确的无线标准中央信标，信标帧载荷中信标类型为2（中央信标），精简信标标志位为0。本测试用例的检查项目如下：

（1）帧控制。

①定界符类型（3Bit）：是否为0（信标帧）；

②网络类型（5Bit）：是否为0（MPDU 在用电信息采集系统中传输）；

③网络标识（24Bit）：范围1～16777215（在当前网络中是否一致）；

④标准版本号（4Bit）：是否为0；

④可变区域（68Bit）；

a. 信标时间戳（32Bit）；

b. 源 TEI（12Bit）：是否为1（主节点恒为1）；

c. MCS（4Bit）范围：0～6；

d. 载荷 PB 大小（4Bit）：0～5（对应16/40/72/136/264/520字节）；

e. 保留（16Bit）；

（2）信标 MAC 层协议数据单元（MAC Protocol Data Unit, MPDU）帧载荷。

①物理块格式（40/72/136/264/520字节）：根据帧控制中 MCS 模式确定物理块长度，并取出物理块，信标帧支持40/72/136/264/520五种物理块大小；

②帧载荷校验序列（4字节）：计算物理块中帧载荷部分的32位循环冗余校验，应与物理块中帧载荷校验序列一致；

③物理块检查序列（3字节）：计算物理块中帧载荷和帧载荷校验部分的24位循环冗余校验，应与物理块中物理块检查序列一致；

（3）信标（MPDU）物理块帧载荷。

①信标类型（3Bit）：是否为2（中央信标）；

②关联标志位（1Bit）：是否为0或1（1：允许站点发起关联请求）；

③精简信标标志 (1Bit)：是否为 0(标准信标帧)；

④信标使用标志位 (1Bit)：是否为 0 或 1(1：允许使用信标进行信道评估)；

⑤组网序列号 (8Bit)：每次组网过程中，确认该序列号是否一致，重新组网时确认其是否递增 1；

⑥CCO MAC 地址 (48Bit)：判断 MAC 地址是否与从平台获取的地址一致；

⑦信标周期计数 (32Bit)：上电初始化为 0；判断每个信标周期是否递增 1；

⑧本网络无线信道编号 (8Bit)。

(4) 信标 (MPDU) 物理块帧载荷→信标管理信息 (变长)。

信标条目数 (1 字节)：必须是 0x04\0x05\0x06(4～6 条)。

(5) 帧载荷→信标管理信息→信标条目→站点能力条目。

①信标条目头 (1 字节)：是否为 0x00；

②信标条目长度：0×0F；

③TEI (12Bit)：是否为 1；

④代理站点 TEI (12Bit)：为 0；

⑤发送信标站点 MAC 地址 (48Bit)：是否为当前 CCO 的 MAC 地址；

⑥路径最低通信成功率 (8Bit)：是否为 100；

⑦角色 (4Bit)：是否为 0×4(CCO)；

⑧层级数 (4Bit)：为 0；

⑨链路上 RF 跳数 (4Bit)：为 0；

(6) 帧载荷→信标管理信息→信标条目→路由参数通知条目。

①路由周期 (16Bit)：20～420 秒；

②代理站点发现列表周期：2～42 秒；

③发现站点发现列表周期：2～42 秒；

(7) 帧载荷→信标管理信息→信标条目→无线路由参数条目。

①信标条目头 (1 字节)：是否为 0x03；

②信标条目长度：0×04；

③无线发现列表周期 (8Bit)：10～255 秒；

④无线接收率老化周期个数 (8Bit)：4～16 个；

(8) 帧载荷→信标管理信息→信标条目→无线信道变更条目 (仅在信道切换时携带该条目)。

①信标条目头 (1 字节)：是否为 0×04；

②信标条目长度：0×07；

③目标信道 (8Bit)。

(9) 帧载荷→信标管理信息→信标条目→时隙分配条目。

①信标条目头 (1 字节)：是否为 0×C0；

②信标条目长度：35～467；

③非中央信标时隙总数 (8Bit)：大于代理信标时隙总数；

④中央信标时隙总数 (4Bit)；

⑤代理信标时隙总数 (8Bit)：代理协调器 (Proxy Cooridinator, PCO) 个数；

⑥信标时隙长度（8Bit）：一个信标帧的最大发送时长；

⑦起始网络基准时间（32 Bit）：本信标周期应保持不变；

⑧信标周期长度（32 Bit）：1～15秒。

（10）判断每个信标周期内是否均成功发送无线标准中央信标。

（11）判断每两个相邻信标周期起始信标帧的发送间隔是否等于中央信标帧载荷的时隙条目中的信标周期长度。

（12）判断每个信标周期的中央信标中信标周期计数是否均递增1。

CCO 发送无线标准中央信标的周期性与合法性测试用例的报文交互示意图如图6-2所示。

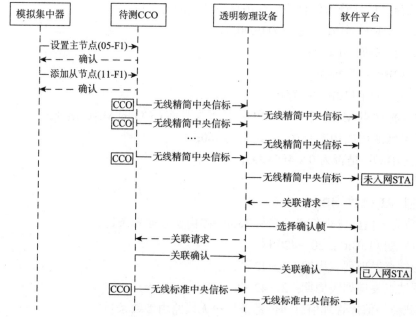

图6-2　CCO发送无线标准中央信标的周期性与合法性测试用例的报文交互示意图

CCO 发送无线标准中央信标的周期性与合法性测试用例的测试步骤如下：

步骤1　初始化台体环境；

步骤2　连接设备，将 DUT 上电初始化；

步骤3　软件平台在不同的载波频段上各发送 20 次测试命令帧（TMI4），设置 DUT 的目标无线工作信道和目标载波工作频段；

步骤4　软件平台模拟集中器，向待测 CCO 下发"设置主节点地址"命令，在收到"确认"后，向待测 CCO 下发"添加从节点"命令，将 STA 的 MAC 地址下发到 CCO 中，等待"确认"；

步骤5　软件平台收到待测 CCO 发送的"无线精简中央信标"，软件平台模拟 STA 发起关联请求入网后，待测 CCO 会发送"无线标准中央信标"，协议一致性评价模块判断"中央信标"各个字段是否合法，若合法则判断其是否在规定的中央信标时隙内发出；

步骤6　启动定时器（定时间为180秒），连续监测 10 个信标周期，判断每个信标周期内是否均成功发出"无线标准中央信标"；判断每个信标周期中相邻两个信标帧的发送间隔是否与中央信标时隙分配条目中信标时隙长度值一致；判断每两个相邻信标周期起始信标帧的发送间隔是否等于中央信标帧载荷的时隙条目中的信标周期长度（CCO 根据网络规模计算出信标周期 1～15 秒），判断每个信标周期的中央信标中信标周期计数是否均递增 1；

步骤 7 软件平台收到待测 CCO 周期性发送的"无线标准中央信标"后，模拟未入网的 STA 通过透明物理设备向 CCO 在 RF 链路上发送关联请求，判断其是否能收到关联确认报文。

## 6.2.2 CCO 发送无线精简中央信标的周期性与合法性测试用例

CCO 发送无线精简中央信标的周期性与合法性测试用例依据《双模通信互联互通技术规范 第 4-2 部分：数据链路层通信协议》，来验证 CCO 能否周期性地发送正确的无线精简中央信标，信标帧载荷中信标类型为 2（中央信标），信标帧载荷中精简信标标志位为 1。本测试用例的检查项目如下。

（1）帧控制。

①定界符类型（3Bit）：是否为 0（信标帧）；

②网络类型（5Bit）：是否为 0（MPDU 在用电信息采集系统中传输）；

③网络标识（24Bit）：范围 1～16777215（在当前网络中是否一致）；

④标准版本号（4Bit）：是否为 0；

⑤可变区域（68Bit）。

a. 信标时间戳（32Bit）；

b. 源 TEI（12Bit）：是否为 1（主节点恒为 1）；

c. MCS（4Bit）范围：0～6；

d. 载荷 PB 大小（4Bit）：0～5（对应 16/40/72/136/264/520 字节）；

e. 保留（16Bit）。

（2）信标（MPDU）帧载荷。

①物理块格式（40/72/136/264/520 字节）：根据帧控制中 MCS 模式确定物理块长度，并取出物理块，信标帧支持 40/72/136/264/520 五种物理块大小；

②帧载荷校验序列（4 字节）：计算物理块中帧载荷部分的 32 位循环冗余校验，应与物理块中帧载荷校验序列一致；

③物理块检查序列（3 字节）：计算物理块中帧载荷和帧载荷校验部分的 24 位循环冗余校验，应与物理块中物理块检查序列一致。

（3）信标（MPDU）物理块帧载荷。

①信标类型（3Bit）：是否为 2（中央信标）；

②关联标志位（1Bit）：是否为 0 或 1（1：允许站点发起关联请求）；

③精简信标标志（1Bit）：是否为 1（精简信标帧）；

④信标使用标志位（1Bit）：是否为 0 或 1（1：允许使用信标进行信道评估）；

⑤组网序列号（8Bit）：每次组网过程中，该序列号是否一致；重新组网时是否递增 1；

⑥CCO MAC 地址（48Bit）：判断 MAC 地址是否与从平台获取的一致；

⑦信标周期计数（32Bit）：上电初始化为 0；判断每个信标周期是否递增 1。

（4）信标（MPDU）物理块帧载荷→信标管理信息（变长）。

信标条目数（1 字节）：必须是 0×01（1 条）；

（5）帧载荷→信标管理信息→信标条目→站点能力及时隙条目。

①信标条目头（1 字节）：是否为 0×05；

②信标条目长度：0×13；

③TEI（12Bit）：是否为 1；

④代理站点 TEI（12Bit）：为 0；

⑤发送信标站点 MAC 地址（48Bit）：是否为当前 CCO 的 MAC 地址；

⑥路径最低通信成功率（8Bit）：是否为 100；

⑦角色（4Bit）：是否为 0×4（CCO）；

⑧层级数（4Bit）：为 0；

⑨链路上 RF 跳数（4Bit）：为 0。

（6）判断每个信标周期内是否均成功发送无线精简中央信标。

（7）判断每两个相邻信标周期起始信标帧的发送间隔是否在（1～15 秒）范围内。

（8）判断每个信标周期的中央信标中信标周期计数是否均递增 1。

CCO 发送无线精简中央信标的周期性与合法性测试用例的报文交互示意图如图 6-3 所示。

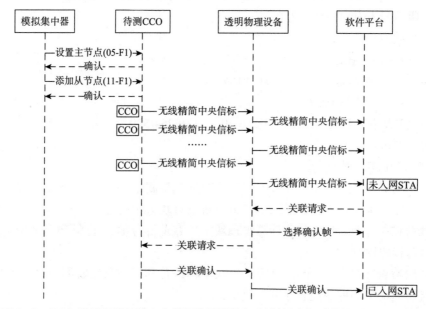

图 6-3　CCO 发送无线精简中央信标的周期性与合法性测试用例的报文交互示意图

CCO 发送无线精简中央信标的周期性与合法性测试用例的测试步骤如下：

步骤 1　初始化台体环境；

步骤 2　连接设备，将 DUT 上电初始化；

步骤 3　软件平台在不同的载波频段上各发送 20 次测试命令帧（TMI4），设置 DUT 的目标无线工作信道和目标载波工作频段；

步骤 4　软件平台模拟集中器，向待测 CCO 下发"设置主节点地址"命令，在收到"确认"后，向待测 CCO 下发"添加从节点"命令，将 STA 的 MAC 地址下发到 CCO 中，等待

"确认"；

步骤 5　软件平台收到待测 CCO 发送的"无线精简中央信标"后，转到协议一致性评价模块判断"中央信标"各个字段是否合法，若合法则查看其是否在规定的中央信标时隙内发出；

步骤 6　启动定时器（定时间为 180 秒），连续监测 10 个信标周期，判断每个信标周期内是否均成功发出精简中央信标；判断每个信标周期中相邻两个信标帧的发送间隔是否在（1~15 秒）范围内，判断每个信标周期的中央信标中信标周期计数是否均递增 1；

步骤 7　软件平台收到待测 CCO 周期性发送的"无线精简中央信标"后，模拟未入网的 STA 通过透明物理设备向 CCO 在 RF 链路上发送关联请求，监测被测 CCO 是否发出关联确认报文。

## 6.2.3　CCO 组网过程中的无线标准中央信标测试用例

CCO 组网过程中的无线标准中央信标测试用例依据《双模通信互联互通技术规范　第 4-2 部分：数据链路层通信协议》，来验证 CCO 能否成功发出无线标准中央信标，接收并解析来自 STA 的关联请求。本测试用例的检查项目如下：

（1）CCO 发出的无线标准中央信标各个字段是否合法；

（2）CCO 能否成功解析关联请求；

（3）CCO 发出的关联确认是否合法；

（4）组网完成后，检查非中央信标信息各字段是否符合网络拓扑要求。

CCO 组网过程中的无线标准中央信标测试用例的报文交互示意图如图 6-4 所示。

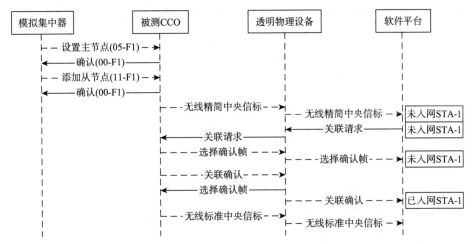

图 6-4　CCO 组网过程中的无线标准中央信标测试用例的报文交互示意图

CCO 组网过程中的无线标准中央信标测试用例的测试步骤如下：

步骤 1　初始化台体环境；

步骤 2　连接设备，将 DUT 上电初始化；

步骤 3　软件平台在不同的载波频段上各发送 20 次测试命令帧（TMI4），设置 DUT 的目标无线工作信道和目标载波工作频段；

步骤 4　软件平台模拟集中器，向待测 CCO 下发"设置主节点地址"命令，在收到"确认"后，向待测 CCO 下发"添加从节点"命令，将 STA 的 MAC 地址下发到 CCO 中，等待"确认"；

步骤 5　软件平台等待接收待测 CCO 发出"无线精简中央信标"，平台对"无线精简中央信标"的帧格式进行检查；

步骤 6　软件平台收到"无线精简中央信标"后，发送"关联请求"，启动定时器 (定时间为 60 秒)，等待接收待测 CCO 发出的"关联确认"或"关联汇总"报文后，平台对"关联确认"或"关联汇总"的帧格式进行检查，模拟 STA 入网后，CCO 会发送"无线标准中央信标"；

步骤 7　启动定时器 (定时间为 60 秒)，软件平台等待接收待测 CCO 发出"无线标准中央信标"，平台对"无线标准中央信标"的帧格式进行判断；

步骤 8　平台收到 CCO 发出的信标帧后，判断非中央信标信息各字段是否符合网络拓扑要求，符合则判定测试通过。

## 6.2.4　CCO 组网过程中的无线精简中央信标测试用例

CCO 组网过程中的无线精简中央信标测试用例依据《双模通信互联互通技术规范　第 4-2 部分：数据链路层通信协议》，来验证 CCO 能否成功发出无线精简中央信标，接收并解析来自 STA 的关联请求。本测试用例的检查项目如下：

(1) CCO 发出的无线精简中央信标的各个字段是否合法；

(2) CCO 能否成功解析关联请求；

(3) CCO 发出的关联确认是否合法。

CCO 组网过程中的无线精简中央信标测试用例的报文交互示意图如图 6-5 所示。

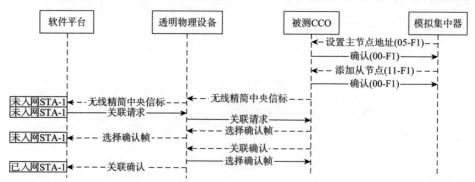

图 6-5　CCO 组网过程中的无线精简中央信标测试用例的报文交互示意图

CCO 组网过程中的无线精简中央信标测试用例的测试步骤如下：

步骤 1　初始化台体环境；

步骤 2　连接设备，将 DUT 上电初始化；

步骤 3　软件平台在不同的载波频段上各发送 20 次测试命令帧（TMI4），设置 DUT 的目标无线工作信道和目标载波工作频段；

步骤 4　软件平台模拟集中器，向待测 CCO 下发"设置主节点地址"命令，在收到"确认"后，向待测 CCO 下发"添加从节点"命令，将 STA 的 MAC 地址下发到 CCO 中，等待"确认"；

步骤 5　启动定时器（定时间为 60 秒），软件平台等待接收待测 CCO 发出"无线精简中央信标"，平台对"无线精简中央信标"的帧格式进行判断；

步骤 6　软件平台收到"无线精简中央信标"后，发送"关联请求"，启动定时器（定时间为 60 秒），等待接收待测 CCO 发出的"关联确认"或"关联汇总"报文后，平台对"关联确认"或"关联汇总"的帧格式进行判断；

步骤 7　判断"无线精简中央信标"和"关联确认"或"关联汇总"帧格式是否符合协议要求，符合则判定其通过。

## 6.2.5　CCO 通过代理组网过程中的无线标准中央信标测试用例

CCO 通过代理组网过程中的无线标准中央信标测试用例依据《双模通信互联互通技术规范　第 4-2 部分：数据链路层通信协议》，来验证 CCO 能否成功发出无线标准中央信标，接收并解析来自 PCO1 的代理信标和来自 STA2 的关联请求。本测试用例的检查项目如下：

（1）CCO 发出的无线标准中央信标的各个字段，并检查标准中央信标 – 站点能力条目中各字段是否与该 CCO 相符。

（2）无线标准中央信标—时隙分配条目中是否有 STA1 和 STA2 的时隙信息。

①非中央信标时隙总数（8Bit）：2；

②代理信标时隙总数（8Bit）：1。

（3）无线标准中央信标—判断非中央信标信息中是否有 PCO1 和 STA2 的下列字段信息。

①TEI（12Bit）；

②信标类型（1Bit）：是否为 1（代理）；

③无线信标标志（3Bit）：是否为 2（发送 HPLC 信标，并在该时隙结束后发送 RF 标准信标）；

④TEI（12Bit）；

⑤信标类型（1Bit）：是否为 0（发现）；

⑥无线信标标志（3Bit）：是否为 4（发送 HPLC 信标，并在载波侦听多址访问（Carrier Sense Multiple Access, CSMA）时隙发送 RF 精简信标）。

（4）CCO 能否接收并解析各个 STA 发出的关联请求，并给出正确的关联确认。

（5）组网完成后，检查网络拓扑是否符合要求。

CCO 通过代理组网过程中的无线标准中央信标测试用例的报文交互示意图如图 6–6 所示。

CCO 通过代理组网过程中的无线标准中央信标测试用例的测试步骤如下：

步骤 1　初始化台体环境；

步骤 2　连接设备，将 DUT 上电初始化；

步骤 3　软件平台在不同的载波频段上各发送 20 次测试命令帧（TMI4），设置 DUT 的目标无线工作信道和目标载波工作频段；

步骤 4　软件平台模拟集中器，向待测 CCO 下发"设置主节点地址"命令，在收到"确认"后，向待测 CCO 下发"添加从节点"命令，将 STA 的 MAC 地址下发到 CCO 中，等待"确认"；

步骤 5　启动定时器（定时间为 300 秒），在这段超时时间内，软件平台模拟未入网 STA

在收到 CCO 发送的无线精简中央信标后发起入网请求，查看待测 CCO 是否收到测试平台发送的"无线关联请求"并回复"关联确认"；

步骤6 已入网 STA1 在收到 CCO 发送的无线标准中央信标（已规划无线发现信标时隙）后发送无线发现信标，未入网的 STA2 在收到无线发现信标后发起入网请求，已入网的 STA1 向 CCO 转发关联请求，查看 CCO 是否收到已入网 STA1 转发的"关联请求"；

步骤7 待测 CCO 回复关联确认，已入网的 STA1 转发"关联确认"，测试平台监控是

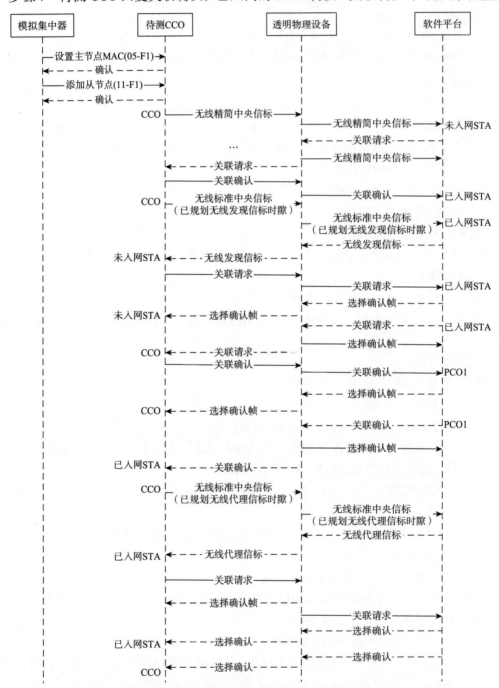

图 6-6 CCO 通过代理组网过程中的无线标准中央信标测试用例的报文交互示意图

否能够收到 CCO 发送的"关联确认";

步骤 8　测试平台在收到 CCO 发送的无线标准中央信标（已规划无线代理信标时隙）后发送无线代理信标;

步骤 9　软件平台若能多次成功收到待测 CCO 发出的合法的无线标准中央信标，并在成功收到 CCO 对 测试平台发出的关联确认帧后能够再次从 CCO 收到的信标帧中判断非中央信标信息各字段是否符合网络拓扑要求，若符合则判定其通过。

### 6.2.6　CCO 通过多级代理组网过程中的无线标准中央信标测试用例

CCO 通过多级代理组网过程中的无线标准中央信标测试用例依据《双模通信互联互通技术规范　第 4-2 部分：数据链路层通信协议》，来验证 CCO 能否成功发出无线标准中央信标并进行关联确认。本测试用例的检查项目如下：

（1）CCO 发出无线标准中央信标各个字段后，检查标准中央信标－站点能力条目中各字段是否与该 CCO 相符。

（2）判断时隙分配条目中。

①非中央信标时隙总数（8Bit）：2;

②代理信标时隙总数（8Bit）：2。

（3）判断非中央信标信息下列字段。

①TEI（12Bit）;

②信标类型（1Bit）：1（代理）;

③TEI（12Bit）;

④信标类型（1Bit）：0（发现）。

（4）CCO 能否接收并解析各个 STA 发出的关联请求，并给出正确的关联确认。

（5）组网完成后，检查网络拓扑是否符合要求。

CCO 通过多级代理组网过程中的无线标准中央信标测试用例的报文交互示意图如图 6-7 所示。

CCO 通过多级代理组网过程中的无线标准中央信标测试用例的测试步骤如下：

步骤 1　初始化台体环境;

步骤 2　连接设备，将 DUT 上电初始化;

步骤 3　软件平台在不同的载波频段上各发送 20 次测试命令帧（TMI4），设置 DUT 的目标无线工作信道和目标载波工作频段;

步骤 4　软件平台模拟集中器，向待测 CCO 下发"设置主节点地址"命令，在收到"确认"后，向待测 CCO 下发"添加从节点"命令，将 STA 的 MAC 地址下发到 CCO 中，等待"确认";

步骤 5　启动定时器（定时间为 420 秒），在这段超时时间内，软件平台模拟未入网 STA 在收到 CCO 发送的无线精简中央信标后发起入网请求，查看待测 CCO 在收到测试平台发送的"关联请求"后是否发出针对 1 级 STA 的"关联确认"或"关联汇总";

步骤 6　已入网 1 级 STA 在收到 CCO 发送的无线标准中央信标（已规划发现信标时隙）后发送发现信标，软件平台在收到发现信标后模拟 1 级已入网 STA 向 CCO 转发 2 级节点的关联请求，等待接收 CCO 针对 2 级节点的"关联确认"或"关联汇总"报文;

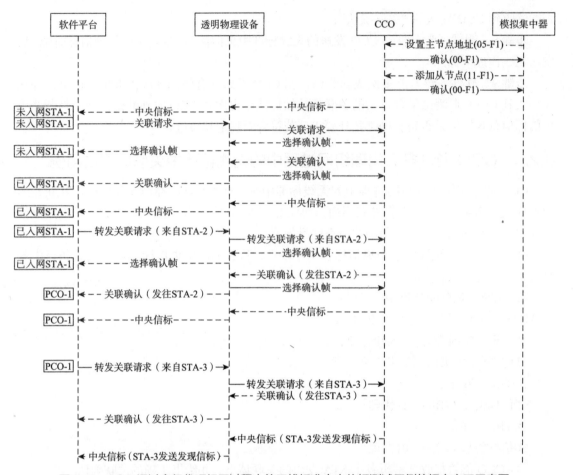

图6-7 CCO通过多级代理组网过程中的无线标准中央信标测试用例的报文交互示意图

步骤7 已入网1级PCO在收到CCO发送的无线标准中央信标(已规划1个代理信标时隙)后发送代理信标,软件平台在收到代理信标后模拟1级已入网PCO向CCO转发3级节点的关联请求,等待接收CCO针对3级节点的"关联确认"或"关联汇总"报文;

步骤8 已入网1级PCO在收到CCO发送的无线标准中央信标(已规划2个代理信标时隙),判断无线标准中央信标格式是否符合协议;

步骤9 软件平台若能多次成功收到待测CCO发出的合法的无线标准中央信标,并在成功收到CCO对测试平台发出的关联确认帧后能够从CCO收到的信标帧中判断非中央信标信息各字段是否符合网络拓扑要求,若符合则判定其通过。

## 6.2.7 代理STA多级站点入网过程中的标准代理信标测试用例

代理STA多级站点入网过程中的标准代理信标测试用例依据《双模通信互联互通技术规范 第4-2部分:数据链路层通信协议》,来验证代理PCO能否在时隙内成功地发出标准信标,非中央信标信息字段的代理站点对应的无线标志为0×02(发送HPLC信标,并在该时隙结束后发送RF标准信标),CCO发送的中央信标安排代理站点发送标准信标。本测试用例的检查项目如下:

(1)作为1级发现站点能否成功地发出无线精简信标,并判断该发现信标的下列字段。

①TEI 是否为 2;

②代理站点 TEI (12Bit) 是否为 1;

③发送信标站点 MAC 地址 (48Bit) 是否为被测 1 级 STA 的 MAC 地址;

④角色 (4Bit) 是否为 0×1(0×1: STA; 0×2: PCO; 0×4: CCO);

⑤层级数 (4Bit) 是否为 1。

(2) 作为 1 级代理站点能否成功发出无线标准信标,并判断该代理信标下列字段。

①TEI 是否为 2;

②代理站点 TEI (12Bit) 是否为 1;

③发送信标站点 MAC 地址 (48Bit) 是否为被测 1 级 STA 的 MAC 地址;

④角色 (4Bit) 是否为 0×2(0×1: STA; 0×2: PCO; 0×4: CCO);

⑤层级数 (4Bit) 是否为 1;

⑥无线信标标志是否为 2。

代理 STA 多级站点入网过程中的标准代理信标测试用例的报文交互示意图如图 6-8 所示。

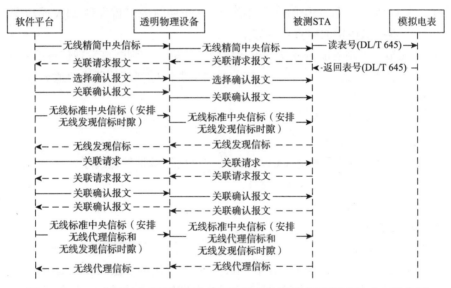

**图 6-8　STA 多级站点入网过程中的标准代理信标测试用例的报文交互示意图**

代理 STA 多级站点入网过程中的标准代理信标测试用例的测试步骤如下:

步骤 1　初始化台体环境;

步骤 2　连接设备,将 DUT 上电初始化;

步骤 3　软件平台模拟电表,在收到待测 STA 的读表号请求后,向其下发表地址;

步骤 4　软件平台在不同的载波频段上各发送 20 次测试命令帧 (TMI4),设置 DUT 的目标无线工作信道和目标载波工作频段;

步骤 5　启动 30 秒定时器,软件平台模拟 CCO 对入网请求的 STA 进行处理,确定站点入网成功;软件平台模拟 CCO 发送无线标准中央信标,安排入网发现 STA 无线精简信标时隙 (CSMA 时隙发送);若在定时器超时前收到发现 STA 发送的无线精简信标,且符合发现信标时隙要求,则认为其通过,否则认为测试未通过;

步骤6 启动定时器（定时间为300秒），在这段超时时间内，在被测 STA 入网成功后，软件平台模拟二级站点向 STA 发起关联请求并申请入网；STA 转发模拟二级站点的关联请求给软件平台，软件平台判断 STA 转发的关联请求正确后，模拟 CCO 发送关联请求确认给 STA，STA 转发 CCO 的关联确认报文给软件平台模拟二级站点；

步骤7 软件平台模拟 CCO 发送中央信标，安排入网代理 STA 无线标准信标时隙（非中央信标信息字段中的无线信标标志为2）和模拟二级发现站点无线精简信标时隙；定时器到期前，STA 转发的模拟二级站点关联请求和 STA 转发的模拟 CCO 二级站点关联确认报文正确，代理 STA 能够发出无线标准信标且正确，则认为测试通过，否则认为测试未通过。

## 6.2.8 发信 STA 在收到中央信标后发送精简信标的周期性和合法性测试用例

发现 STA 在收到中央信标后发送精简信标的周期性和合法性测试用例依据《双模通信互联互通技术规范 第4-2部分：数据链路层通信协议》，来验证发现 STA 能否正确解析 CCO 发出的中央信标，非中央信标信息字段的发现站点对应的无线信标标志为 $0 \times 04$（发送 HPLC 信标，在 CSMA 时隙发送 RF 精简信标），并按照时隙安排发现 STA 成功发出正确的无线精简信标。本测试用例的检查项目如下：

(1)1级发现站点入网后能否成功发出无线精简信标，并判断该发现信标下列字段。

①无线信道编号是否为平台模拟 CCO 发出的中央信标携带的无线信道编号；

②TEI 是否为2；

③信标类型是否为发现信标；

④精简信标标志是否为1；

⑤组网序列号是否为平台模拟 CCO 发出的中央信标携带的组网序列号；

⑥MAC 地址是否为入网的 MAC 地址；

⑦站点角色是否为1；

⑧站点层级是否为1；

⑨信标时隙安排是否正确。

(2)170秒内是否能够保证至少两次收到被测 STA 发出的合法的发现信标。

发现 STA 在收到中央信标后发送精简信标的周期性和合法性测试用例的报文交互示意图如图6-9所示。

发现 STA 在收到中央信标后发送精简信标的周期性和合法性测试用例的测试步骤如下：

步骤1 初始化台体环境；

步骤2 连接设备，将 DUT 上电初始化；

步骤3 软件平台模拟电表，在收到待测 STA 的读表号请求后，向其下发表地址；

步骤4 软件平台在不同的载波频段上各发送20次测试命令帧（TMI4），设置 DUT 的目标无线工作信道和目标载波工作频段；

步骤5 软件平台模拟 CCO 发送无线精简中央信标，在被测 STA 收到信标后，发起关联请求；

步骤6 软件平台模拟 CCO 回复关联确认，对入网请求的 STA 进行处理，站点入网成功；

步骤7 启动定时器（定时间为 $3 \times 200$ 秒），软件平台在170秒内至少两次成功收到被

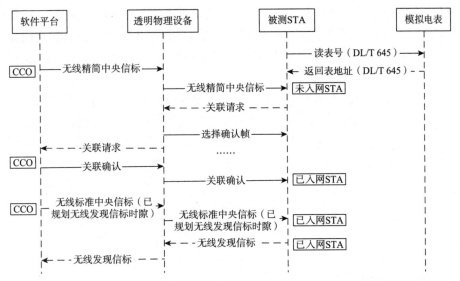

图 6-9　发现 STA 在收到中央信标后发送精简信标的周期性和合法性测试用例的报文交互示意图

测发现 STA 发出的合法"无线精简信标"，发现信标测试用例则测试通过，否则测试未通过。

# 6.3　数据链路层时隙管理一致性测试用例

## 6.3.1　CCO 对全网站点进行时隙规划并在规定时隙发送相应帧测试用例

CCO 对全网站点进行时隙规划并在规定时隙发送相应帧测试用例依据《双模通信互联互通技术规范　第 4-2 部分：数据链路层通信协议》，来验证 CCO 是否能够根据网络拓扑合理规划时隙以及在规定时隙内进行相应帧的发送。本测试用例的检查项目如下：

（1）测试 CCO 是否在中央信标规定的无线中央信标时隙内发送无线中央信标帧；

（2）测试 CCO 是否在中央信标规定的 CSMA 时隙内发送 SOF 帧；

（3）测试 CCO 是否根据网络拓扑的改变，对入网站点进行了信标、CSMA 等时隙的规划。

CCO 对全网站点进行时隙规划并在规定时隙发送相应帧测试用例的报文交互示意图如图 6-10 所示。

CCO 对全网站点进行时隙规划并在规定时隙发送相应帧测试用例的测试步骤如下：

步骤 1　初始化台体环境；

步骤 2　连接设备，将 DUT 上电初始化；

步骤 3　软件平台在不同的载波频段上各发送 20 次测试命令帧（TMI4），设置 DUT 的目标无线工作信道和目标载波工作频段；

步骤 4　软件平台模拟集中器，通过串口向待测 CCO 下发"设置主节点地址"命令，在收到"确认"后，再通过串口向待测 CCO 下发"添加从节点"命令，将目标网络站点的 MAC 地址下发到 CCO 中，等待"确认"[面向对象测试用例下发的从节点规约类型为 3（DL/T 698.45），面向非对象测试用例下发的从节点规约类型为 2（DL/T 645）]；

步骤 5　软件平台收到待测 CCO 发送的"无线精简中央信标"后，查看其是否是在规定的中央信标时隙内发出的 (判定方法如下：查看收到的"无线中央信标"的"信标时间戳"是否介于"信标周期起始网络基准时 + 中央信标时隙总数 × 信标时隙长度"之间)；

①若在中央信标时隙发出"中央信标"，则测试通过；

②若其他情况，则测试不通过。

**步骤6** 软件平台模拟未入网 STA1 通过透明物理设备在 CCO 安排的 CSMA 时隙向待测 CCO 设备发送"关联请求报文"3 次，查看是否收到相应的"选择确认报文"；

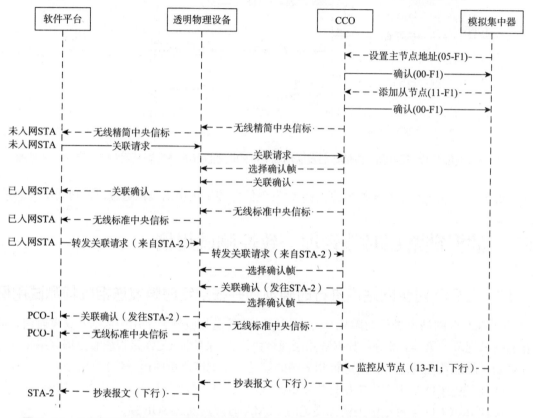

图 6-10 CCO 对全网站点进行时隙规划并在规定时隙发送相应帧测试用例的报文交互示意图

①若未收到对应的"选择确认帧"，则测试不通过；

②若收到对应的"选择确认帧"，则测试通过。

**步骤7** 启动定时器 (定时时长 15 秒)，查看是否是在规定的 CSMA 时隙内收到待测 CCO 发出的"关联确认报文/关联汇总指示报文"(判定方法如下：查看透明物理设备上传的"关联确认/关联汇总指示"接收时间戳，是否是在规定的 CSMA 时隙内)；

①若在规定 CSMA 时隙收到正确"关联确认报文"或"关联汇总指示报文"，则测试通过；

②若在规定 CSMA 时隙收到"关联确认报文"或"关联汇总指示报文"，但报文错误，则测试不通过；

③若定时器结束，未收到"关联确认报文"或"关联汇总指示报文"，则测试不通过；

④若出现其他情况，则测试不通过。

**步骤8** 启动定时器 (定时时长 15 秒)，软件平台收到待测 CCO 发送的"无线标准中央信标"后，在定时器结束前，判断是否对已入网 STA1 进行了无线发现信标时隙的规划；

①若进行了无线发现信标时隙规划，则测试通过；

②若没有进行无线发现信标时隙规划，则测试不通过。

步骤 9　软件平台模拟已入网 STA1 在 CCO 安排的 CSMA 时隙内通过透明物理设备转发未入网 STA2 的"关联请求报文"3 次，查看是否收到了相应的"选择确认报文"；

①若未收到对应的"选择确认帧"，则测试不通过；

②若收到了对应的"选择确认帧"，则测试通过。

步骤 10　启动定时器 (定时时长 15 秒)，查看是否能够在规定的 CSMA 时隙内收到待测 CCO 发出的"关联确认报文"(判定方法如下：查看透明物理设备上传的"关联确认"接收时间戳，是否是在规定 CSMA 时隙内)；

①若在规定 CSMA 时隙收到正确"关联确认报文"，则测试通过；

②若在规定 CSMA 时隙收到"关联确认报文"，但报文错误，则测试不通过；

③若定时器结束，未收到"关联确认报文"，则测试不通过；

④若出现其他情况，则测试不通过；

步骤 11　启动定时器 (定时时长 15 秒)，软件平台收到待测 CCO 发送的"无线标准中央信标"后，查看是否对新入网的 STA2 进行了无线发现信标时隙的规划，是否对虚拟 PCO1 进行了无线代理信标时隙的规划；

①若对 STA2 进行了无线发现信标时隙的规划且对 PCO1 进行了无线代理信标时隙的规划，则测试通过；

②若未对 STA2 进行无线发现信标时隙的规划或未对 PCO1 进行无线代理信标时隙的规划，则测试不通过；

③若出现其他情况，则测试不通过；

步骤 12　软件平台模拟集中器通过串口向待测 CCO 发送目标站点为 STA2 的"监控从节点"命令 (面向对象测试用例下发的报文内包含 DL/T 698.45 报文，面向非对象测试用例下发的报文内包含 DL/T 645 报文)，启动定时器 (定时时长 15 秒)，查看是否收到了"抄表报文"的下行报文；

步骤 13　启动定时器 (定时时长 15 秒)，软件平台是否在规定的 CSMA 时隙内收到了正确的下行"抄表报文"(判定方法如下：查看透明物理设备上传的"抄表报文"接收时间戳，是否是在规定的 CSMA 时隙内)；

①若在规定的 CSMA 时隙内收到了正确的下行"抄表报文"，则测试通过；

②若在规定的 CSMA 时隙收到下行"抄表报文"，但报文错误，则测试不通过；

③若定时器结束，未收到下行"抄表报文"，则测试不通过；

④若出现其他情况，则测试不通过。

注意：需要"选择确认帧"确认的，若没有收到"选择确认帧"，则测试不通过；若收到"发现列表报文""心跳检测报文"等不作为判断依据的报文后，则直接丢弃。

## 6.3.2　STA/PCO 在规定时隙发送相应帧测试用例

STA/PCO 在规定时隙发送相应帧测试用例依据《双模通信互联互通技术规范　第 4-2 部分：数据链路层通信协议》，来验证 STA/PCO 是否能够在无线标准中央信标指定的时隙内完成信标帧以及 SOF 帧的发送。本测试用例的检查项目如下：

(1) 测试 STA 是否在中央信标规定的 CSMA 时隙的相应相线发送 SOF 帧；

(2) 测试中央信标未给 STA 规划无线发现信标时隙时，STA 不会发出无线发现信标；

(3) 测试 STA 应在中央信标规定的无线发现信标时隙内发送无线发现信标；

(4) 测试 PCO 应在中央信标规定的 CSMA 时隙的相应相线发送 SOF 帧；

(5) 测试中央信标未给 PCO 规划无线代理信标时隙时，PCO 不会发出无线代理信标；

(6) 测试 PCO 应在中央信标规定的无线代理信标时隙内发送无线代理信标。

STA/PCO 在规定时隙发送相应帧测试用例的报文交互示意图如图 6-11 所示。

STA/PCO 在规定时隙发送相应帧测试用例的测试步骤如下：

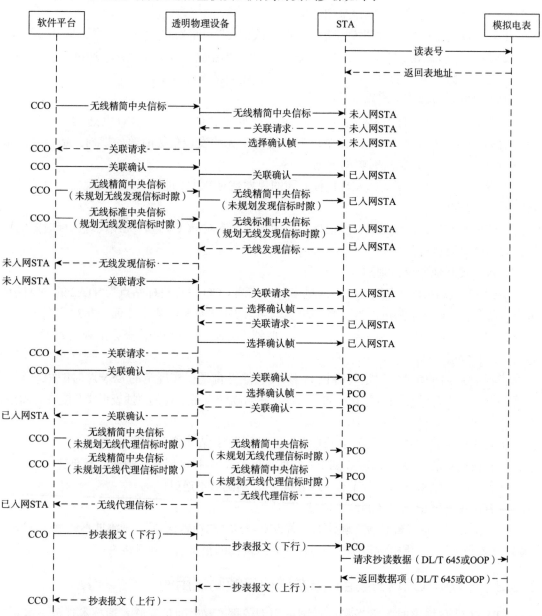

图6-11　STA/PCO 在规定时隙发送相应帧测试用例的报文交互示意图

步骤 1 初始化台体环境;

步骤 2 连接设备,将 DUT 上电初始化;

步骤 3 软件平台模拟电表,在收到待测 STA 的读表号请求后,向其下发表地址;

步骤 4 软件平台在不同的载波频段上各发送 20 次测试命令帧(TMI4),设置 DUT 的目标无线工作信道和目标载波工作频段;

步骤 5 软件平台模拟 CCO 通过透明物理设备向待测 STA 设备发送"无线精简中央信标",启动定时器(定时时长 15 秒),查看在规定的 CSMA 时隙能否收到待测 STA 发出的"关联请求"报文(判定方法如下:查看透明物理设备上传的"关联请求"接收时间戳,是否介于 CSMA 时隙内);

①若在规定时隙内收到正确的"关联请求报文",则测试通过;

②若在规定时隙内收到错误的"关联请求报文",则测试不通过;

③若在规定时隙内未收到"关联请求报文",则测试不通过;

④若出现其他情况,则测试不通过。

步骤 6 软件平台向待测 STA 发送对应的"选择确认帧",选择确认帧由透明物理设备自动处理,并在 CSMA 时隙内通过透明物理设备向待测 STA 发送"关联确认报文";

步骤 7 软件平台模拟 CCO 通过透明物理设备向待测 STA 设备发送"无线标准中央信标",安排已入网 STA 的无线发现信标时隙,无线信标类型为 4,发送高速载波信标,并在 CSMA 时隙内发送无线精简信标,启动定时器(定时时长 15 秒),查看是否在规定的发现信标时隙收到待测 STA 发出的"无线发现信标"(判定方法如下:查看透明物理设备上传的"无线发现信标"的"信标时间戳",是否介于"信标周期起始网络基准时 + 4 × 信标时隙长度"和"信标周期起始网络基准时 + 信标周期长度"之间);

①若在规定时隙内收到正确的"无线发现信标",则测试通过;

②若在规定时隙内收到错误的"无线发现信标",则测试不通过;

③若在规定时隙未收到"无线发现信标",则测试不通过;

④若出现其他情况,则测试不通过。

步骤 8 软件平台模拟 CCO 通过透明物理设备向待测 STA 设备发送"无线标准中央信标",不安排已入网 STA 的无线发现信标时隙,启动定时器(定时时长 15 秒),查看是否会收到待测 STA 发出的"无线发现信标";

①定时器结束,若在规定时隙未收到"无线发现信标",则测试通过;

②若出现其他情况,则测试不通过。

步骤 9 软件平台模拟 CCO 通过透明物理设备向待测 STA 设备发送"无线标准中央信标",安排已入网 STA 的无线发现信标时隙,启动定时器(定时时长 15 秒),查看是否在规定的发现信标时隙收到待测 STA 发出的"无线发现信标";

步骤 10 软件平台收到"无线发现信标"后,模拟未入网 STA 在 CSMA 时隙通过透明物理设备向待测 STA 设备发送"关联请求报文",查看是否收到相应的"选择确认帧";

①若未收到对应的"选择确认帧",则测试不通过;

②若收到对应的"选择确认帧",则测试通过。

步骤 11 启动定时器(定时时长 15 秒),查看是否在规定的 CSMA 时隙接收到待测 STA 转发回的"关联请求报文"(判定方法如下:看透明物理设备上传的"关联请求"接收时间戳是否介于 CSMA 之间）；

①若在规定时隙内收到正确的"关联请求报文"，则测试通过；

②若在规定时隙内收到错误的"关联请求报文"，则测试不通过；

③若在规定时隙内未收到"关联请求报文"，则测试不通过；

④若出现其他情况，则测试不通过。

步骤 12　软件平台收到"关联请求报文"后，模拟 CCO 在 CSMA 时隙通过透明物理设备回复"关联确认报文"，查看是否收到相应的"选择确认帧"；

①若未收到对应的"选择确认帧"，则测试不通过；

②若收到对应的"选择确认帧"，则测试通过。

步骤 13　启动定时器（定时时长 15 秒），查看是否在规定的 CSMA 时隙接收到待测 STA 转发回的"关联确认报文"（判定方法如下：查看透明物理设备上传的"关联确认"接收时间戳，是否介于 CSMA 之间）；

①若在规定时隙内收到正确的"关联确认报文"，则测试通过；

②若在规定时隙内收到错误的"关联确认报文"，则测试不通过；

③若在规定时隙内未收到"关联确认报文"，则测试不通过；

④若出现其他情况，则测试不通过。

步骤 14　软件平台收到"关联确认"后，模拟 CCO 通过透明物理设备发送"无线标准中央信标"，安排 PCO 的代理信标时隙，启动定时器（定时时长 15 秒），查看是否在规定的无线代理信标时隙内收到待测 PCO 的"无线代理信标"（判定方法如下：查看透明物理设备上传的"无线代理信标"的"信标时间戳"，是否介于"信标周期起始网络基准时 + 4 × 信标时隙长度"和"信标周期起始网络基准时 + 5 × 信标时隙长度"之间）；

①若在规定时隙内收到正确的无线代理信标，则测试通过；

②若在规定时隙未收到报文，则测试不通过；

③若出现其他情况，则测试不通过。

步骤 15　软件平台模拟 CCO 通过透明物理设备向待测 PCO 发送"抄表报文"（下行），用于点抄待测 PCO 的特定数据项，查看是否收到相应的"选择确认帧"（面向对象测试用例，下行抄表报文抄读数据内容符合 DL/T 698.45 规范；面向非对象测试用例，下行抄表报文抄读数据内容符合 DL/T 645 规范）；

①若未收到对应的"选择确认帧"，则测试不通过；

②若收到对应的"选择确认帧"，则测试通过。

步骤 16　软件平台在串口收到待测 PCO 的抄读数据请求后，软件平台模拟电表通过串口向其返回数据项；

步骤 17　启动定时器（定时时长 15 秒），软件平台查看是否在规定的 CSMA 时隙收到待测 PCO 返回的"抄表报文"（上行）（判定方法如下：查看透明物理设备上传的"抄表报文"接收时间戳，是否介于"信标周期起始网络基准时 + 5 × 信标时隙长度"和"信标周期起始网络基准时 + 信标周期长度"之间）；

①若在规定 CSMA 时隙收到"抄表报文"，则测试通过；

②若定时器结束，未在规定 CSMA 时隙收到"抄表报文"，则测试不通过；

③若出现其他情况，则测试不通过。

注：需要"选择确认帧"确认的，没有收到"选择确认帧"，则测试不通过；若收到"发现列表报文""心跳检测报文"等不作为判断依据的报文后，则直接丢弃。

# 6.4　测试数据链路层信道访问协议一致性测试用例

## 6.4.1　CCO 的 CSMA 时隙访问测试用例

CCO 的 CSMA 时隙访问测试用例依据《双模通信互联互通技术规范　第 4-2 部分：数据链路层通信协议》，来验证待测 CCO 所发送的 SOF 帧是否在中央信标的 CSMA 的时隙内。本测试用例的检查项目如下：

验证待测 CCO 所发送的 SOF 帧是否在中央信标的 CSMA 的时隙内。

CCO 的 CSMA 时隙访问测试用例的报文交互示意图如图 6-12 所示。

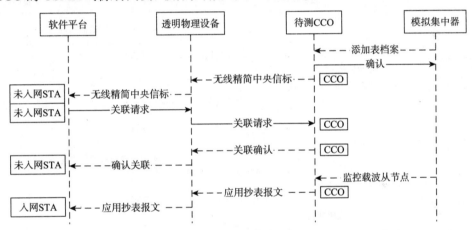

图 6-12　CCO 的 CSMA 时隙访问测试用例的报文交互示意图

CCO 的 CSMA 时隙访问测试用例的测试步骤如下：

步骤 1　初始化台体环境；

步骤 2　连接设备，将 DUT 上电初始化；

步骤 3　软件平台在不同的载波频段上各发送 20 次测试命令帧（TMI4），设置 DUT 的目标无线工作信道和目标载波工作频段；

步骤 4　软件平台模拟集中器，向待测 CCO 下发"添加从节点"命令，将目标网络站点的 MAC 地址下发到 CCO 中，等待"确认"〔面向对象测试用例下发的从节点规约类型为 3（DL/T 698.45），面向非对象测试用例下发的从节点规约类型为 2（DL/T 645）〕；

步骤 5　软件平台收到待测 CCO 发送的"无线精简中央信标"后，模拟未入网 STA 向待测 CCO 设备发送无线关联请求，直到成功入网；

步骤 6　软件平台模拟集中器，向待测 CCO 下发"监控载波从节点"命令（目的地址为模拟未入网 STA 入网时发送的 MAC 地址），并启动定时（时长 30 秒）（面向对象测试用例下发的报文内包含 DL/T 698.45 报文，面向非对象测试用例下发的报文内包含 DL/T 645 报文）；

步骤 7　定时时间内，软件平台若未收到待测 CCO 发出的"抄表"报文，则测试不通过；若收到待测 CCO 发出的"抄表"报文，则根据软件平台所接收到报文的时间戳来判断其是否在中央信标所安排的 CSMA 时隙内。若在中央信标安排的 CSMA 时隙内，则测试通过，否则测试未通过。

## 6.4.2 CCO 的冲突退避测试用例

CCO 的冲突退避测试用例依据《双模通信互联互通技术规范 第4-2部分：数据链路层通信协议》，来验证待测 CCO 冲突帧退避间隔是否符合协议规定的退避间隔。本测试用例的检查项目如下：

(1) 硬件平台上报的多条 SOF 帧帧间隔 NTB 差值大于 800 微秒；

(2) SOF 帧控制域帧长 [计算出实际的值 (参考 5.2.4.4)]；

(3) 待测 CCO 关联确认通信链路类型为 1(无线链路)。

CCO 的冲突退避测试用例的报文交互示意图如图 6-13 所示。

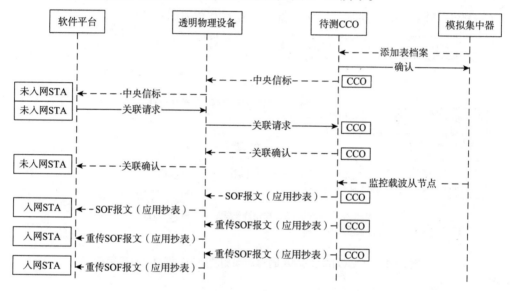

图 6-13　CCO 的冲突退避测试用例的报文交互示意图

CCO 的冲突退避测试用例的测试步骤如下：

步骤 1　初始化台体环境；

步骤 2　连接设备，将 DUT 上电初始化；

步骤 3　软件平台在不同的载波频段上各发送 20 次测试命令帧 (TMI4)，设置 DUT 的目标无线工作信道和目标载波工作频段；

步骤 4　软件平台模拟集中器，向待测 CCO 下发"添加从节点"命令，将目标网络站点的 MAC 地址下发到 CCO 中，等待"确认"[面向对象测试用例下发的从节点规约类型为 3(DL/T 698.45)，面向非对象测试用例下发的从节点规约类型为 2(DL/T 645)]；

步骤 5　软件平台收到待测 CCO 发送的"中央信标"后，模拟未入网 STA 向待测 CCO 设备发送关联请求，直至成功入网；

步骤 6　软件平台模拟集中器，向待测 CCO 下发"监控载波从节点"命令 (目的地址为模拟未入网 STA 入网时发送的 MAC 地址)，并启动定时 (时长 30 秒) (面向对象测试用例下发的报文内包含 DL/T 698.45 报文，面向非对象测试用例下发的报文内包含 DL/T 645 报文)；

步骤 7　在定时时间内，软件平台若收不到待测 CCO 发出的"抄表"报文（即 SOF 报文），则认为其失败；若能够收到，软件平台不对该抄表报文回复 SACK，造成待测 CCO 认为需要回复 SACK 帧，未得到回复，被冲突导致丢失情况（或回复 SACK 帧中接收结果域为 1——"SOF 帧的物理块存在循环冗余校验失败的情形"）；

步骤 8　测试平台等待接收到多条"抄表"重传帧，测试平台对比多条重传帧 NTB 值及帧控制域帧长度帧长（Frame Length, FL）值。

## 6.4.3　载波和无线同时收发测试用例

载波和无线同时收发测试用例依据《双模通信互联互通技术规范　第 4-2 部分：数据链路层通信协议》，同时发送载波 MPDU 帧载荷（PB 520 字节，短 MAC 帧头）和无线 MPDU 帧载荷（PB 72 字节，短 MAC 帧头），检验被测设备能否接收成功，并给予正确解析处理。本测试用例的检查项目如下：

被测设备回传报文与测试台体发送载波和无线 MPDU 帧内容一致。

载波和无线同时收发测试用例的报文交互示意图如图 6-14 所示。

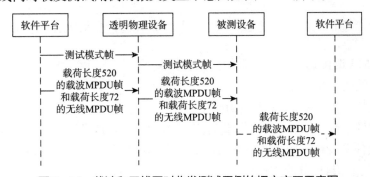

图 6-14　载波和无线同时收发测试用例的报文交互示意图

载波和无线同时收发测试用例的测试步骤如下：

步骤 1　选择链路层数据处理用例，给被测设备上电；

步骤 2　软件测试平台通过透明物理设备发送测试模式配置报文，使 DUT 进入双信道物理层回传测试模式 10 分钟；

步骤 3　启动 500 秒定时器，软件测试平台通过透明物理设备发送载波 MPDU 和无线 MPDU，载波和无线的 MAC 帧头为短帧头，载波的 MPDU 帧每个载荷长度 520 字节，无线的 MPDU 帧每个载荷长度 72 字节，每 5 秒发送一次，一共发送 100 次；

步骤 4　DUT 收到载波或无线 MPDU 帧后，将 MPDU 通过载波和无线进行回传；

步骤 5　一致性评价模块判断被测设备回传报文是否正确；

步骤 6　统计回传成功率，成功率达标则认为测试通过。

## 6.4.4　STA 的 CSMA 时隙访问测试用例

STA 的 CSMA 时隙访问测试用例依据《双模通信互联互通技术规范　第 4-2 部分：数据链路层通信协议》，来验证待测发现 STA 发送的 SOF 帧和无线精简信标是否在中央信标的 CSMA 时隙内，非中央信标信息字段的发现站点对应的无线信标标志为 0×04（发送

HPLC 信标，并在 CSMA 时隙发送无线精简信标）。本测试用例的检查项目如下：

待测发现 STA 所发送的 SOF 帧和无线精简信标帧是否在中央信标的 CSMA 时隙内。

STA 的 CSMA 时隙访问测试用例的报文交互示意图如图 6-15 所示：

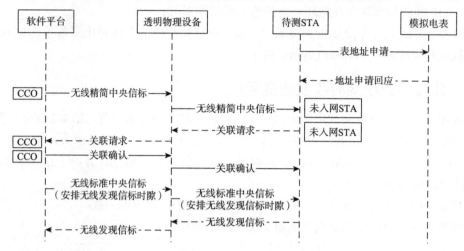

图6-15　STA的CSMA时隙访问测试用例的报文交互示意图

STA 的 CSMA 时隙访问测试用例的测试步骤如下：

步骤 1　初始化台体环境；

步骤 2　连接设备，将 DUT 上电初始化；

步骤 3　软件平台模拟电表，在收到待测 STA 的读表号请求后，向其下发表地址；

步骤 4　软件平台在不同的载波频段上各发送 20 次测试命令帧（TMI4），设置 DUT 的目标无线工作信道和目标载波工作频段；

步骤 5　软件平台模拟 CCO 周期性向待测 STA 设备发送"无线精简中央信标"，启动定时器（定时时长 30 秒），等待待测 STA 发出的"关联请求"报文；

步骤 6　在定时时间内，软件平台若未收到站点发出的"关联请求"报文，则测试失败；若能够收到，则查看软件平台所接收到报文的时间戳值是否在中央信标所安排的 CSMA 时隙内，若不在 CSMA 时隙内，则测试失败；

步骤 7　站点入网后，软件平台模拟 CCO 安排发现 STA 发送无线精简信标（无线标志位是 4），在定时时间内，软件平台若未收到发现站点发出的"无线精简信标"报文，则测试失败；若能够收到，则查看软件平台所接收到报文的时间戳值是否在中央信标所安排的 CSMA 时隙内，若在 CSMA 时隙内，则测试成功，若不在 CSMA 时隙内，则测试不通过。

## 6.4.5　STA 的冲突退避测试用例

STA 的冲突退避测试用例依据《双模通信互联互通技术规范　第 4-2 部分：数据链路层通信协议》，来验证待测 STA 冲突帧退避间隔是否符合协议规定退避间隔。本测试用例的检查项目如下：

（1）硬件平台上报的多条 SOF 帧帧间隔 NTB 差值大于 800 微秒；

（2）SOF 帧控制域帧长（计算出实际的值）；

STA 的冲突退避测试用例的报文交互示意图如图 6-16 所示。

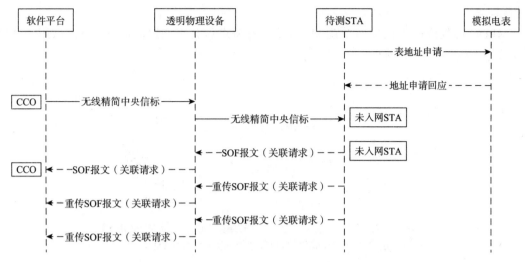

图 6-16　STA 的冲突退避测试用例的报文交互示意图

STA 的冲突退避测试用例的测试步骤如下：

步骤 1　初始化台体环境；

步骤 2　连接设备，将 DUT 上电初始化；

步骤 3　软件平台模拟电表，在收到待测 STA 的读表号请求后，向其下发表地址；

步骤 4　软件平台在不同的载波频段上各发送 20 次测试命令帧（TMI4），设置 DUT 的目标无线工作信道和目标载波工作频段；

步骤 5　软件平台模拟 CCO 周期性向待测 STA 设备发送"无线精简中央信标"，启动定时器（定时时长 30 秒），等待待测 STA 发出的"关联请求"报文；

步骤 6　在定时时间内，软件平台若收到站点发出的"关联请求"报文（即单播 SOF 帧），软件平台不回复 SACK 帧，造成 STA 认为需要回复 SACK 帧而未得到回复，被冲突导致丢失情形；

步骤 7　软件平台等待接收到多条关联请求重传帧，测试平台对比多条关联请求帧的重传帧间隔 NTB 值及帧控制域帧长度 FL，计算对应的帧间隔是否符合竞争间隔大小要求，若符合间隔大小要求，则通过测试，否则测试未通过，并记录相关数据信息。

# 6.5　数据链路层数据处理协议一致性测试用例

## 6.5.1　MPDU 帧载荷长度 16 字节单跳 MAC 帧头的 SOF 帧是否能够被正确处理测试用例

MPDU 帧载荷长度 16 字节单跳 MAC 帧头的 SOF 帧是否能够被正确处理测试用例依据《双模通信互联互通技术规范　第 4-2 部分：数据链路层通信协议》，来验证 MPDU 帧载荷长度为 16 字节，单跳 MAC 帧头（长度为 4 字节）是否能够进行解析处理。本测试用例的检查项目如下：

被测 STA 或被测 CCO 串口上传解析报文与测试台体发送 SOF 帧的 MAC 的 MSDU 报

文相同。

MPDU 帧载荷长度 16 字节单跳 MAC 帧头的 SOF 帧是否能够被正确处理测试用例的报文交互示意图如图 6-17 所示。

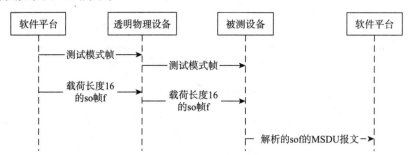

图 6-17　MPDU 帧载荷长度 16 字节单跳 MAC 帧头的 SOF 帧
是否能够被正确处理测试用例的报文交互示意图

MPDU 帧载荷长度 16 字节单跳 MAC 帧头的 SOF 帧是否能够被正确处理测试用例的测试步骤如下：

步骤 1　初始化台体环境；

步骤 2　连接设备，将 DUT 上电初始化；

步骤 3　软件平台在不同的载波频段上各发送 20 次测试命令帧（TMI4），设置 DUT 的目标无线工作信道和目标载波工作频段；

步骤 4　软件平台发送 20 次测试命令帧（载波工作频段 /TMI4/PB136），使 DUT 进入 MAC 层透传测试模式；

步骤 5　启动 50 秒定时器，软件测试平台通过无线透明物理设备发送 SOF 帧，MAC 帧头为 4 字节的单跳帧头，MPDU 帧载荷长度 16 字节，MPDU 帧是 1 个 MPDU 帧载荷，每 5 秒发一次，一共发送 10 次；

步骤 6　被测 STA 或待测 CCO 收到该 SOF 帧后，将 SOF 帧载荷组包成完整 MAC 帧，之后通过串口将解析的 SOF 帧的 MAC 的 MSDU 报文上传给测试台体，再发送到一致性评价模块；

步骤 7　一致性评价模块判断被测 STA 或被测 CCO 串口上传解析报文是否正确；

步骤 8　在 50 秒定时器结束前，若被测 STA 或被测 CCO 的串口上传解析报文正确则测试通过。

## 6.5.2　MPDU 帧载荷长度 40 字节单跳 MAC 帧头的 SOF 帧是否能够被正确处理测试用例

MPDU 帧载荷长度 40 字节单跳 MAC 帧头的 SOF 帧是否能够被正确处理测试用例依据《双模通信互联互通技术规范　第 4-2 部分：数据链路层通信协议》，来验证 MPDU 帧载荷长度为 40 字节，单跳 MAC 帧头（长度为 4 字节）是否能够进行解析处理。本测试用例的检查项目如下：

（1）被测 STA 或被测 CCO 串口上传解析报文与测试台体发送 SOF 帧的 MAC 的 MSDU 报文相同。

（2）MPDU 帧载荷长度 40 字节单跳 MAC 帧头的 SOF 帧是否能够被正确处理测试用例的报文交互示意图如图 6-18 所示。

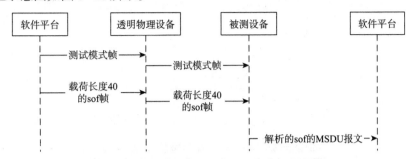

图 6-18　MPDU 帧载荷长度 40 字节单跳 MAC 帧头的 SOF 帧
是否能够被正确处理测试用例的报文交互示意图

MPDU 帧载荷长度 40 字节单跳 MAC 帧头的 SOF 帧是否能够被正确处理测试用例的测试步骤如下：

步骤 1　初始化台体环境；

步骤 2　连接设备，将 DUT 上电初始化；

步骤 3　软件平台在不同的载波频段上各发送 20 次测试命令帧（TMI4），设置 DUT 的目标无线工作信道和目标载波工作频段；

步骤 4　软件平台发送 20 次测试命令帧（载波工作频段 /TMI4/PB136），使 DUT 进入 MAC 层透传测试模式；

步骤 5　启动 50 秒定时器，软件测试平台通过无线透明物理设备发送 SOF 帧，MAC 帧头为 4 字节的单跳帧头，MPDU 帧每个载荷长度 40 字节，MPDU 帧是 1 个 MPDU 帧载荷，每 5 秒发送一次，一共发送 10 次；

步骤 6　被测 STA 或待测 CCO 收到该 SOF 帧后，将 SOF 帧载荷组包成完整的 MAC 帧，之后通过串口将解析的 SOF 帧的 MAC 的 MSDU 报文上传给测试台体，再发送到一致性评价模块；

步骤 7　一致性评价模块判断被测 STA 或被测 CCO 串口上传解析报文是否正确；

步骤 8　在 50 秒定时器结束前，若被测 STA 或被测 CCO 的串口上传解析报文正确则测试通过。

### 6.5.3　MPDU 帧载荷长度 72 字节单跳 MAC 帧头的 SOF 帧是否能够被正确处理测试用例

MPDU 帧载荷长度 72 字节单跳 MAC 帧头的 SOF 帧是否能够被正确处理测试用例依据《双模通信互联互通技术规范　第 4-2 部分：数据链路层通信协议》，来验证 MPDU 帧载荷长度为 72 字节，单跳 MAC 帧头（长度为 4 字节）是否能够进行解析处理。本测试用例的检查项目如下：

（1）被测 STA 或被测 CCO 串口上传解析报文与测试台体发送 SOF 帧的 MAC 的 MSDU 报文相同。

（2）MPDU 帧载荷长度 72 字节单跳 MAC 帧头的 SOF 帧是否能够被正确处理测试用例

的报文交互示意图如图 6-19 所示。

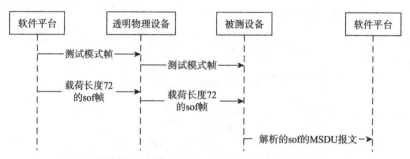

图 6-19　MPDU 帧载荷长度 72 字节单跳 MAC 帧头的 SOF 帧
是否能够被正确处理测试用例的报文交互示意图

MPDU 帧载荷长度 72 字节单跳 MAC 帧头的 SOF 帧是否能够被正确处理测试用例的测试步骤如下：

步骤 1　初始化台体环境；

步骤 2　连接设备，将 DUT 上电初始化；

步骤 3　软件平台在不同的载波频段上各发送 20 次测试命令帧（TMI4），设置 DUT 的目标无线工作信道和目标载波工作频段；

步骤 4　软件平台发送 20 次测试命令帧（载波工作频段 /TMI4/PB136），使 DUT 进入 MAC 层透传测试模式；

步骤 5　启动 50 秒定时器，软件测试平台通过无线透明物理设备发送 SOF 帧，MAC 帧头为 4 字节的单跳帧头，MPDU 帧每个载荷长度 72 字节，MPDU 帧是 1 个 MPDU 帧载荷，每 5 秒发送一次，一共发送 10 次；

步骤 6　被测 STA 或待测 CCO 收到该 SOF 帧后，将 SOF 帧载荷组包成完整的 MAC 帧，之后通过串口将解析的 SOF 帧的 MAC 的 MSDU 报文上传给测试台体，再发送到一致性评价模块；

步骤 7　一致性评价模块判断被测 STA 或被测 CCO 串口上传解析报文是否正确；

步骤 8　在 50 秒定时器结束前，若被测 STA 或被测 CCO 的串口上传解析报文正确则测试通过。

## 6.5.4　MPDU 帧载荷长度 136 字节单跳 MAC 帧头的 SOF 帧是否能够被正确处理测试用例

MPDU 帧载荷长度 136 字节单跳 MAC 帧头的 SOF 帧是否能够被正确处理测试用例依据《双模通信互联互通技术规范　第 4-2 部分：数据链路层通信协议》，来验证 MPDU 帧载荷长度为 136 字节，单跳 MAC 帧头（长度为 4 字节）是否能够进行解析处理。本测试用例的检查项目如下：

（1）被测 STA 或被测 CCO 串口上传解析报文与测试台体发送 SOF 帧的 MAC 的 MSDU 报文相同。

（2）MPDU 帧载荷长度 136 字节单跳 MAC 帧头的 SOF 帧是否能够被正确处理测试用例的报文交互示意图如图 6-20 所示。

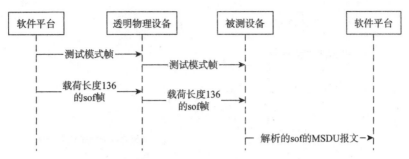

图 6-20　MPDU 帧载荷长度 136 字节单跳 MAC 帧头的 SOF 帧
是否能够被正确处理测试用例的报文交互示意图

MPDU 帧载荷长度 136 字节单跳 MAC 帧头的 SOF 帧是否能够被正确处理测试用例的测试步骤如下：

步骤 1　初始化台体环境；

步骤 2　连接设备，将 DUT 上电初始化；

步骤 3　软件平台在不同的载波频段上各发送 20 次测试命令帧（TMI4），设置 DUT 的目标无线工作信道和目标载波工作频段；

步骤 4　软件平台发送 20 次测试命令帧（载波工作频段 /TMI4/PB136），使 DUT 进入 MAC 层透传测试模式；

步骤 5　启动 50 秒定时器，软件测试平台通过无线透明物理设备发送 SOF 帧，MAC 帧头为 4 字节的单跳帧头，MPDU 帧每个载荷长度 136 字节，MPDU 帧是 1 个 MPDU 帧载荷，每 5 秒发送一次，一共发送 10 次；

步骤 6　被测 STA 或待测 CCO 收到该 SOF 帧后，将 SOF 帧载荷组包成完整的 MAC 帧，之后通过串口将解析的 SOF 帧的 MAC 的 MSDU 报文上传给测试台体，再发送到一致性评价模块；

步骤·7　一致性评价模块判断被测 STA 或被测 CCO 串口上传解析报文是否正确；

步骤 8　在 50 秒定时器结束前，若被测 STA 或被测 CCO 的串口上传解析报文正确则测试通过。

## 6.5.5　MPDU 帧载荷长度 264 字节单跳 MAC 帧头的 SOF 帧是否能够被正确处理测试用例

MPDU 帧载荷长度 264 字节单跳 MAC 帧头的 SOF 帧是否能够被正确处理测试用例依据《双模通信互联互通技术规范　第 4-2 部分：数据链路层通信协议》，来验证 MPDU 帧载荷长度为 264 字节，单跳 MAC 帧头（长度为 4 字节）是否能够进行解析处理。本测试用例的检查项目如下：

被测 STA 或被测 CCO 串口上传解析报文与测试台体发送 SOF 帧的 MAC 的 MSDU 报文相同。

MPDU 帧载荷长度 264 字节单跳 MAC 帧头的 SOF 帧是否能够被正确处理测试用例的报文交互示意图如图 6-21 所示。

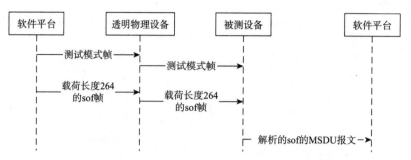

图6-21　MPDU帧载荷长度264字节单跳MAC帧头的SOF帧
是否能够被正确处理测试用例的报文交互示意图

MPDU帧载荷长度264字节单跳MAC帧头的SOF帧是否能够被正确处理测试用例的测试步骤如下：

步骤1　初始化台体环境；

步骤2　连接设备，将DUT上电初始化；

步骤3　软件平台在不同的载波频段上各发送20次测试命令帧（TMI4），设置DUT的目标无线工作信道和目标载波工作频段；

步骤4　软件平台发送20次测试命令帧（载波工作频段/TMI4/PB136），使DUT进入MAC层透传测试模式；

步骤5　启动50秒定时器，软件测试平台通过无线透明物理设备发送SOF帧，MAC帧头为4字节的单跳帧头，MPDU帧每个载荷长度264字节，MPDU帧是1个MPDU帧载荷，每5秒发送一次，一共发送10次；

步骤6　被测STA或待测CCO收到该SOF帧后，将SOF帧载荷组包成完整的MAC帧，之后通过串口将解析的SOF帧的MAC的MSDU报文上传给测试台体，再发送到一致性评价模块；

步骤7　一致性评价模块判断被测STA或被测CCO串口上传解析报文是否正确；

步骤8　在50秒定时器结束前，若被测STA或被测CCO的串口上传解析报文正确则测试通过。

## 6.5.6　MPDU帧载荷长度520字节单跳MAC帧头的SOF帧是否能够被正确处理测试用例

MPDU帧载荷长度520字节单跳MAC帧头的SOF帧是否能够被正确处理测试用例依据《双模通信互联互通技术规范　第4-2部分：数据链路层通信协议》，来验证MPDU帧载荷长度为520字节，单跳MAC帧头（长度为4字节）是否能够进行解析处理。本测试用例的检查项目如下：

被测STA或被测CCO串口上传解析报文与测试台体发送SOF帧的MAC的MSDU报文相同。

MPDU帧载荷长度520字节单跳MAC帧头的SOF帧是否能够被正确处理测试用例的报文交互示意图如图6-22所示。

MPDU帧载荷长度520字节单跳MAC帧头的SOF帧是否能够被正确处理测试用例的

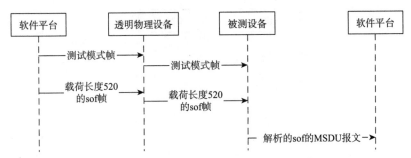

图 6-22　MPDU 帧载荷长度 520 字节单跳 MAC 帧头的 SOF 帧
是否能够被正确处理测试用例的报文交互示意图

测试步骤如下：

步骤 1　初始化台体环境；

步骤 2　连接设备，将 DUT 上电初始化；

步骤 3　软件平台在不同的载波频段上各发送 20 次测试命令帧（TMI4），设置 DUT 的目标无线工作信道和目标载波工作频段；

步骤 4　软件平台发送 20 次测试命令帧（载波工作频段 /TMI4/PB136），使 DUT 进入 MAC 层透传测试模式；

步骤 5　启动 50 秒定时器，软件测试平台通过无线透明物理设备发送 SOF 帧，MAC 帧头为 4 字节的单跳帧头，MPDU 帧每个载荷长度 520 字节，MPDU 帧是 1 个 MPDU 帧载荷，每 5 秒发送一次，一共发送 10 次；

步骤 6　被测 STA 或待测 CCO 收到该 SOF 帧后，将 SOF 帧载荷组包成完整的 MAC 帧，之后通过串口将解析的 SOF 帧的 MAC 的 MSDU 报文上传给测试台体，再发送到一致性评价模块；

步骤 7　一致性评价模块判断被测 STA 或被测 CCO 串口上传解析报文是否正确；

步骤 8　在 50 秒定时器结束前，若被测 STA 或被测 CCO 的串口上传解析报文正确则测试通过。

## 6.5.7　MPDU 帧载荷长度 40 字节标准短 MAC 帧头的 SOF 帧是否能够被正确处理测试用例

MPDU 帧载荷长度 40 字节标准短 MAC 帧头的 SOF 帧是否能够被正确处理测试用例依据《双模通信互联互通技术规范　第 4-2 部分：数据链路层通信协议》，来验证 MPDU 帧载荷长度为 40 字节，标准短 MAC 帧头（长度为 16 字节）是否能够进行解析处理。本测试用例的检查项目如下：

被测 STA 或被测 CCO 串口上传解析报文与测试台体发送 SOF 帧的 MAC 的 MSDU 报文相同。

MPDU 帧载荷长度 40 字节标准短 MAC 帧头的 SOF 帧是否能够被正确处理测试用例的报文交互示意图如图 6-23 所示。

MPDU 帧载荷长度 40 字节标准短 MAC 帧头的 SOF 帧是否能够被正确处理测试用例的测试步骤如下：

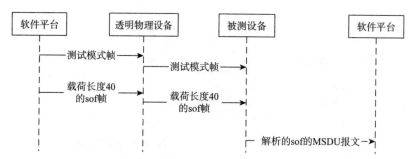

图6-23  MPDU 帧载荷长度 40 标准短 MAC 帧头的 SOF 帧
是否能够被正确处理测试用例的报文交互示意图

步骤1    初始化台体环境;

步骤2    连接设备,将 DUT 上电初始化;

步骤3    软件平台在不同的载波频段上各发送 20 次测试命令帧(TMI4),设置 DUT 的目标无线工作信道和目标载波工作频段;

步骤4    软件平台发送 20 次测试命令帧(载波工作频段/TMI4/PB136),使 DUT 进入 MAC 层透传测试模式;

步骤5    启动 50 秒定时器,软件测试平台通过无线透明物理设备发送 SOF 帧,MAC 帧头为 16 字节的短帧头,MPDU 帧每个载荷长度 40 字节,MPDU 帧是 1 个 MPDU 帧载荷,每 5 秒发送一次,一共发送 10 次;

步骤6    被测 STA 或待测 CCO 收到该 SOF 帧后,将 SOF 帧载荷组包成完整的 MAC 帧,之后通过串口将解析的 SOF 帧的 MAC 的 MSDU 报文上传给测试台体,再发送到一致性评价模块;

步骤7    一致性评价模块判断被测 STA 或被测 CCO 串口上传解析报文是否正确;

步骤8    在 50 秒定时器结束前,若被测 STA 或被测 CCO 的串口上传解析报文正确则测试通过。

## 6.5.8    MPDU 帧载荷长度 72 字节标准短 MAC 帧头的 SOF 帧是否能够被正确处理测试用例

MPDU 帧载荷长度 72 字节标准短 MAC 帧头的 SOF 帧是否能够被正确处理测试用例依据《双模通信互联互通技术规范    第 4-2 部分:数据链路层通信协议》,来验证 MPDU 帧载荷长度为 72 字节,标准短 MAC 帧头(长度为 16 字节)是否能够进行解析处理。本测试用例的检查项目如下:

被测 STA 或被测 CCO 串口上传解析报文与测试台体发送 SOF 帧的 MAC 的 MSDU 报文相同。

MPDU 帧载荷长度 72 字节标准短 MAC 帧头的 SOF 帧是否能够被正确处理测试用例的报文交互示意图如图 6-24 所示。

MPDU 帧载荷长度 72 字节标准短 MAC 帧头的 SOF 帧是否能够被正确处理测试用例的测试步骤如下:

步骤1    初始化台体环境;

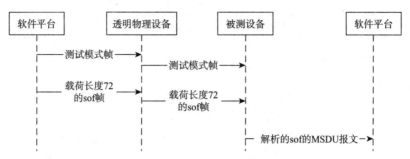

图 6-24　MPDU 帧载荷长度 72 字节标准短 MAC 帧头的 SOF 帧
是否能够被正确处理测试用例的报文交互示意图

步骤 2　连接设备，将 DUT 上电初始化；

步骤 3　软件平台在不同的载波频段上各发送 20 次测试命令帧（TMI4），设置 DUT 的目标无线工作信道和目标载波工作频段；

步骤 4　软件平台发送 20 次测试命令帧（载波工作频段 /TMI4/PB136），使 DUT 进入 MAC 层透传测试模式；

步骤 5　启动 50 秒定时器，软件测试平台通过无线透明物理设备发送 SOF 帧，MAC 帧头为 16 字节的短帧头，MPDU 帧每个载荷长度 72 字节，MPDU 帧是 1 个 MPDU 帧载荷，每 5 秒发送一次，一共发送 10 次；

步骤 6　被测 STA 或被测 CCO 收到该 SOF 帧后，将 SOF 帧载荷组包成完整的 MAC 帧，之后通过串口将解析的 SOF 帧的 MAC 的 MSDU 报文上传给测试台体，再发送到一致性评价模块；

步骤 7　一致性评价模块判断被测 STA 或被测 CCO 串口上传解析报文是否正确；

步骤 8　在 50 秒定时器结束前，若被测 STA 或被测 CCO 的串口上传解析报文正确则测试通过。

## 6.5.9　MPDU 帧载荷长度 136 字节标准短 MAC 帧头的 SOF 帧是否能够被正确处理测试用例

MPDU 帧载荷长度 136 字节标准短 MAC 帧头的 SOF 帧是否能够被正确处理测试用例依据《双模通信互联互通技术规范　第 4-2 部分：数据链路层通信协议》，来验证 MPDU 帧载荷长度为 136 字节，标准短 MAC 帧头（长度为 16 字节）是否能够进行解析处理。本测试用例的检查项目如下：

被测 STA 或被测 CCO 串口上传解析报文与测试台体发送 SOF 帧的 MAC 的 MSDU 报文相同。

MPDU 帧载荷长度 136 字节标准短 MAC 帧头的 SOF 帧是否能够被正确处理测试用例的报文交互示意图如图 6-25 所示。

MPDU 帧载荷长度 136 字节标准短 MAC 帧头的 SOF 帧是否能够被正确处理测试用例的测试步骤如下：

步骤 1　初始化台体环境；

步骤 2　连接设备，将 DUT 上电初始化；

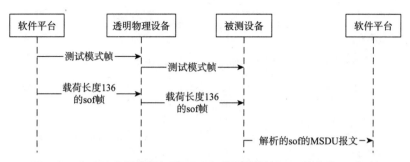

图 6-25　MPDU 帧载荷长度 136 字节标准短 MAC 帧头的 SOF 帧
是否能够被正确处理测试用例的报文交互示意图

步骤 3　软件平台在不同的载波频段上各发送 20 次测试命令帧（TMI4），设置 DUT 的目标无线工作信道和目标载波工作频段；

步骤 4　软件平台发送 20 次测试命令帧（载波工作频段 /TMI4/PB136），使 DUT 进入 MAC 层透传测试模式；

步骤 5　启动 50 秒定时器，软件测试平台通过无线透明物理设备发送 SOF 帧，MAC 帧头为 16 字节的短帧头，MPDU 帧每个载荷长度 136 字节，MPDU 帧是 1 个 MPDU 帧载荷，每 5 秒发送一次，一共发送 10 次；

步骤 6　被测 STA 或待测 CCO 收到该 SOF 帧后，将 SOF 帧载荷组包成完整的 MAC 帧，之后通过串口将解析的 SOF 帧的 MAC 的 MSDU 报文上传给测试台体，再发送到一致性评价模块；

步骤 7　一致性评价模块判断被测 STA 或被测 CCO 串口上传解析报文是否正确；

步骤 8　在 50 秒定时器结束前，若被测 STA 或被测 CCO 的串口上传解析报文正确则测试通过。

## 6.5.10　MPDU 帧载荷长度 264 字节标准短 MAC 帧头的 SOF 帧是否能够被正确处理测试用例

MPDU 帧载荷长度 264 字节标准短 MAC 帧头的 SOF 帧是否能够被正确处理测试用例依据《双模通信互联互通技术规范　第 4-2 部分：数据链路层通信协议》，来验证 MPDU 帧载荷长度为 264 字节，标准短 MAC 帧头（长度为 16 字节）是否能够进行解析处理；本测试用例的检查项目如下：

被测 STA 或被测 CCO 串口上传解析报文与测试台体发送 SOF 帧的 MAC 的 MSDU 报文相同。

MPDU 帧载荷长度 264 字节标准短 MAC 帧头的 SOF 帧是否能够被正确处理测试用例的报文交互示意图如图 6-26 所示。

MPDU 帧载荷长度 264 字节标准短 MAC 帧头的 SOF 帧是否能够被正确处理测试用例的测试步骤如下：

步骤 1　初始化台体环境；

步骤 2　连接设备，将 DUT 上电初始化；

步骤 3　软件平台在不同的载波频段上各发送 20 次测试命令帧（TMI4），设置 DUT 的目

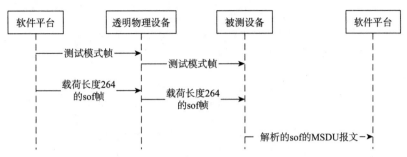

图 6-26　MPDU 帧载荷长度 264 字节标准短 MAC 帧头的 SOF 帧
是否能够被正确处理测试用例的报文交互示意图

标无线工作信道和目标载波工作频段；

　　步骤 4　软件平台发送 20 次测试命令帧（载波工作频段 /TMI4/PB136），使 DUT 进入 MAC 层透传测试模式；

　　步骤 5　启动 50 秒定时器，软件测试平台通过无线透明物理设备发送 SOF 帧，MAC 帧头为 16 字节的短帧头，MPDU 帧每个载荷长度 264 字节，MPDU 帧是 1 个 MPDU 帧载荷，每 5 秒发送一次，一共发送 10 次；

　　步骤 6　被测 STA 或待测 CCO 收到该 SOF 帧后，将 SOF 帧载荷组包成完整的 MAC 帧，之后通过串口将解析的 SOF 帧的 MAC 的 MSDU 报文上传给测试台体，再发送到一致性评价模块；

　　步骤 7　一致性评价模块判断被测 STA 或被测 CCO 串口上传解析报文是否正确；

　　步骤 8　在 50 秒定时器结束前，若被测 STA 或被测 CCO 的串口上传解析报文正确则测试通过。

## 6.5.11　MPDU 帧载荷长度 520 字节标准短 MAC 帧头的 SOF 帧是否能够被正确处理测试用例

　　MPDU 帧载荷长度 520 字节标准短 MAC 帧头的 SOF 帧是否能够被正确处理测试用例依据《双模通信互联互通技术规范　第 4-2 部分：数据链路层通信协议》，来验证 MPDU 帧载荷长度为 520 字节，标准短 MAC 帧头（长度为 16 字节）是否能够进行解析处理。本测试用例的检查项目如下：

　　被测 STA 或被测 CCO 串口上传解析报文与测试台体发送 SOF 帧的 MAC 的 MSDU 报文相同。

　　MPDU 帧载荷长度 520 字节标准短 MAC 帧头的 SOF 帧是否能够被正确处理测试用例的报文交互示意图如图 6-27 所示。

　　MPDU 帧载荷长度 520 字节标准短 MAC 帧头的 SOF 帧是否能够被正确处理测试用例的测试步骤如下：

　　步骤 1　初始化台体环境；

　　步骤 2　连接设备，将 DUT 上电初始化；

　　步骤 3　软件平台在不同的载波频段上各发送 20 次测试命令帧（TMI4），设置 DUT 的目标无线工作信道和目标载波工作频段；

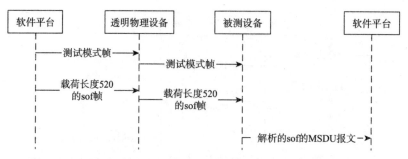

图 6-27　MPDU 帧载荷长度 520 字节标准短 MAC 帧头的 SOF 帧
是否能够被正确处理测试用例的报文交互示意图

**步骤 4**　软件平台发送 20 次测试命令帧（载波工作频段 /TMI4/PB136），使 DUT 进入 MAC 层透传测试模式；

**步骤 5**　启动 50 秒定时器，软件测试平台通过无线透明物理设备发送 SOF 帧，MAC 帧头为 16 字节的短帧头，MPDU 帧每个载荷长度 520 字节，MPDU 帧是 1 个 MPDU 帧载荷，每 5 秒发送一次，一共发送 10 次；

**步骤 6**　被测 STA 或待测 CCO 收到该 SOF 帧后，将 SOF 帧载荷组包成完整的 MAC 帧，之后通过串口将解析的 SOF 帧的 MAC 的 MSDU 报文上传给测试台体，再发送到一致性评价模块；

**步骤 7**　一致性评价模块判断被测 STA 或被测 CCO 串口上传解析报文是否正确；

**步骤 8**　在 50 秒定时器结束前，若被测 STA 或被测 CCO 的串口上传解析报文正确则测试通过。

## 6.5.12　MPDU 帧载荷长度 72 字节标准长 MAC 帧头的 SOF 帧是否能够被正确处理测试用例

MPDU 帧载荷长度 72 字节标准长 MAC 帧头的 SOF 帧是否能够被正确处理测试用例依据《双模通信互联互通技术规范　第 4-2 部分：数据链路层通信协议》，来验证 MPDU 帧载荷长度为 72 字节，标准长 MAC 帧头（长度为 28 字节）是否能够进行解析处理。本测试用例的检查项目如下：

被测 STA 或被测 CCO 串口上传解析报文与测试台体发送 SOF 帧的 MAC 的 MSDU 报文相同。MPDU 帧载荷长度 72 字节标准长 MAC 帧头的 SOF 帧是否能够被正确处理测试用例的报文交互示意图如图 6-28 所示。

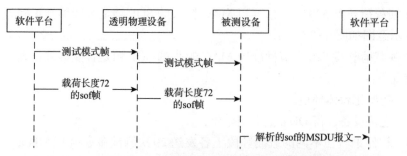

图 6-28　MPDU 帧载荷长度 72 字节标准长 MAC 帧头的 SOF 帧
是否能够被正确处理测试用例的报文交互示意图

MPDU 帧载荷长度 72 字节标准长 MAC 帧头的 SOF 帧是否能够被正确处理测试用例的测试步骤如下：

步骤 1　初始化台体环境；

步骤 2　连接设备，将 DUT 上电初始化；

步骤 3　软件平台在不同的载波频段上各发送 20 次测试命令帧（TMI4），设置 DUT 的目标无线工作信道和目标载波工作频段；

步骤 4　软件平台发送 20 次测试命令帧（载波工作频段 /TMI4/PB136），使 DUT 进入 MAC 层透传测试模式；

步骤 5　启动 50 秒定时器，软件测试平台通过无线透明物理设备发送 SOF 帧，MAC 帧头为 28 字节的长帧头，MPDU 帧每个载荷长度 72 字节，MPDU 帧是 1 个 MPDU 帧载荷，每 5 秒发送一次，一共发送 10 次；

步骤 6　被测 STA 或待测 CCO 收到该 SOF 帧后，将 SOF 帧载荷组包成完整的 MAC 帧，之后通过串口将解析的 SOF 帧的 MAC 的 MSDU 报文上传给测试台体，再发送到一致性评价模块；

步骤 7　一致性评价模块判断被测 STA 或被测 CCO 串口上传解析报文是否正确；

步骤 8　在 50 秒定时器结束前，若被测 STA 或被测 CCO 的串口上传解析报文正确则测试通过。

## 6.5.13　MPDU 帧载荷长度 136 字节标准长 MAC 帧头的 SOF 帧是否能够被正确处理测试用例

MPDU 帧载荷长度 136 字节标准长 MAC 帧头的 SOF 帧是否能够被正确处理测试用例依据《双模通信互联互通技术规范　第 4-2 部分：数据链路层通信协议》，来验证 MPDU 帧载荷长度为 136 字节，标准长 MAC 帧头（长度为 28 字节）是否能够进行解析处理。本测试用例的检查项目如下：

被测 STA 或被测 CCO 串口上传解析报文与测试台体发送 SOF 帧的 MAC 的 MSDU 报文相同。

MPDU 帧载荷长度 136 字节标准长 MAC 帧头的 SOF 帧是否能够被正确处理测试用例的报文交互示意图如图 6-29 所示。

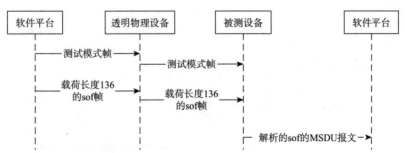

图 6-29　MPDU 帧载荷长度 136 字节标准长 MAC 帧头的 SOF 帧
是否能够被正确处理测试用例的报文交互示意图

MPDU 帧载荷长度 136 字节标准长 MAC 帧头的 SOF 帧是否能够被正确处理测试用例的测试步骤如下：

步骤 1　初始化台体环境；

步骤 2　连接设备，将 DUT 上电初始化；

步骤 3　软件平台在不同的载波频段上各发送 20 次测试命令帧（TMI4），设置 DUT 的目标无线工作信道和目标载波工作频段；

步骤 4　软件平台发送 20 次测试命令帧（载波工作频段 /TMI4/PB136），使 DUT 进入 MAC 层透传测试模式；

步骤 5　启动 50 秒定时器，软件测试平台通过无线透明物理设备发送 SOF 帧，MAC 帧头为 28 字节的长帧头，MPDU 帧每个载荷长度 136 字节，MPDU 帧是 1 个 MPDU 帧载荷，每 5 秒发送一次，一共发送 10 次；

步骤 6　被测 STA 或待测 CCO 收到该 SOF 帧后，将 SOF 帧载荷组包成完整的 MAC 帧，之后通过串口将解析的 SOF 帧的 MAC 的 MSDU 报文上传给测试台体，再发送到一致性评价模块；

步骤 7　一致性评价模块判断被测 STA 或被测 CCO 串口上传解析报文是否正确；

步骤 8　在 50 秒定时器结束前，若被测 STA 或被测 CCO 的串口上传解析报文正确则测试通过。

## 6.5.14　MPDU 帧载荷长度 264 字节标准长 MAC 帧头的 SOF 帧是否能够被正确处理测试用例

MPDU 帧载荷长度 264 字节标准长 MAC 帧头的 SOF 帧是否能够被正确处理测试用例依据《双模通信互联互通技术规范　第 4-2 部分：数据链路层通信协议》，来验证 MPDU 帧载荷长度为 264 字节，标准长 MAC 帧头（长度为 28 字节）是否能够进行解析处理。本测试用例的检查项目如下：

被测 STA 或被测 CCO 串口上传解析报文与测试台体发送 SOF 帧的 MAC 的 MSDU 报文相同。

MPDU 帧载荷长度 264 字节标准长 MAC 帧头的 SOF 帧是否能够被正确处理测试用例的报文交互示意图如图 6-30 所示。

MPDU 帧载荷长度 264 字节标准长 MAC 帧头的 SOF 帧是否能够被正确处理测试用例的测试步骤如下：

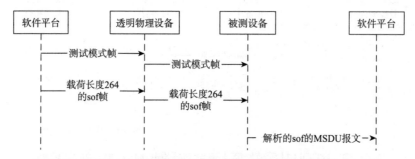

图 6-30　MPDU 帧载荷长度 264 字节标准长 MAC 帧头的 SOF 帧
是否能够被正确处理测试用例的报文交互示意图

步骤 1　初始化台体环境；

步骤 2　连接设备，将 DUT 上电初始化；

步骤 3　软件平台在不同的载波频段上各发送 20 次测试命令帧（TMI4），设置 DUT 的目标无线工作信道和目标载波工作频段；

步骤 4　软件平台发送 20 次测试命令帧（载波工作频段 /TMI4/PB136），使 DUT 进入 MAC 层透传测试模式；

步骤 5　启动 50 秒定时器，软件测试平台通过无线透明物理设备发送 SOF 帧，MAC 帧头为 28 字节的长帧头，MPDU 帧每个载荷长度 264 字节，MPDU 帧是 1 个 MPDU 帧载荷，每 5 秒发送一次，一共发送 10 次；

步骤 6　被测 STA 或待测 CCO 收到该 SOF 帧后，将 SOF 帧载荷组包成完整的 MAC 帧，之后通过串口将解析的 SOF 帧的 MAC 的 MSDU 报文上传给测试台体，再发送到一致性评价模块；

步骤 7　一致性评价模块判断被测 STA 或被测 CCO 串口上传解析报文是否正确；

步骤 8　在 50 秒定时器结束前，若被测 STA 或被测 CCO 的串口上传解析报文正确则测试通过。

## 6.5.15　MPDU 帧载荷长度 520 字节标准长 MAC 帧头的 SOF 帧是否能够被正确处理测试用例

MPDU 帧载荷长度 520 字节标准长 MAC 帧头的 SOF 帧是否能够被正确处理测试用例依据《双模通信互联互通技术规范　第 4-2 部分：数据链路层通信协议》，来验证 MPDU 帧载荷长度为 520 字节，标准长 MAC 帧头（长度为 28 字节）是否能够进行解析处理。本测试用例的检查项目如下：

被测 STA 或被测 CCO 串口上传解析报文与测试台体发送 SOF 帧的 MAC 的 MSDU 报文相同。

MPDU 帧载荷长度 520 字节标准长 MAC 帧头的 SOF 帧是否能够被正确处理测试用例的报文交互示意图如图 6-31 所示。

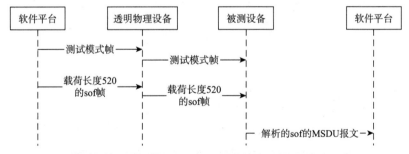

图 6-31　MPDU 帧载荷长度 520 字节标准长 MAC 帧头的 SOF 帧是否能够被正确处理测试用例的报文交互示意图

MPDU 帧载荷长度 520 字节标准长 MAC 帧头的 SOF 帧是否能够被正确处理测试用例的测试步骤如下：

步骤 1　初始化台体环境；

步骤 2　连接设备，将 DUT 上电初始化；

步骤 3　软件平台在不同的载波频段上各发送 20 次测试命令帧（TMI4），设置 DUT 的目标无线工作信道和目标载波工作频段；

步骤 4　软件平台发送 20 次测试命令帧（载波工作频段 /TMI4/PB136），使 DUT 进入 MAC 层透传测试模式；

步骤 5　启动 50 秒定时器，软件测试平台通过无线透明物理设备发送 SOF 帧，MAC 帧头为 28 字节的长帧头，MPDU 帧每个载荷长度 520 字节，MPDU 帧是 1 个 MPDU 帧载荷，每 5 秒发送一次，一共发送 10 次；

步骤 6　被测 STA 或待测 CCO 收到该 SOF 帧后，将 SOF 帧载荷组包成完整的 MAC 帧，之后通过串口将解析的 SOF 帧的 MAC 的 MSDU 报文上传给测试台体，再发送到一致性评价模块；

步骤 7　一致性评价模块判断被测 STA 或被测 CCO 串口上传解析报文是否正确；

步骤 8　在 50 秒定时器结束前，若被测 STA 或被测 CCO 的串口上传解析报文正确则测试通过。

## 6.5.16　MPDU 帧载荷单跳 MAC 帧头的 SOF 帧有错误报文是否对被测模块造成异常测试用例

MPDU 帧载荷单跳 MAC 帧头的 SOF 帧有错误报文是否对被测模块造成异常测试用例依据《双模通信互联互通技术规范　第 4-2 部分：数据链路层通信协议》，来验证 MPDU 帧载荷长度为 136 字节，单跳 MAC 帧头（长度为 4 字节）是否能够进行解析处理，对帧载荷任意字段位置进行修改导致报文出错。本测试用例的检查项目如下：

（1）STA 或 CCO 串口不会上报错误的 MSDU 报文；

（2）STA 或 CCO 串口会上报正确的 MSDU 报文。

MPDU 帧载荷单跳 MAC 帧头的 SOF 帧有错误报文是否对被测模块造成异常测试用例的报文交互示意图如图 6-32 所示。

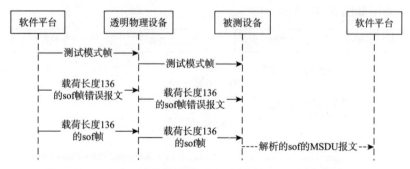

图 6-32　MPDU 帧载荷单跳 MAC 帧头的 SOF 帧有错误报文是否对被测模块造成异常测试用例的报文交互示意图

MPDU 帧载荷单跳 MAC 帧头的 SOF 帧有错误报文是否对被测模块造成异常测试用例的测试步骤如下：

步骤 1　初始化台体环境；

步骤 2　连接设备，将 DUT 上电初始化；

步骤 3　软件平台在不同的载波频段上各发送 20 次测试命令帧（TMI4），设置 DUT 的目标无线工作信道和目标载波工作频段；

步骤 4　软件平台发送 20 次测试命令帧（载波工作频段 /TMI4/PB136），使 DUT 进入 MAC 层透传测试模式；

步骤 5　启动 50 秒定时器，软件测试平台通过无线透明物理设备发送 SOF 帧，MSDU 长度为 100，MAC 帧头为单跳短帧头，MPDU 帧载荷长度 136；

步骤 6　在发送前，对 MPDU 帧载荷任意位置进行修改导致报文出错；之后，通过透明物理设备发送 SOF 帧，每 5 秒发送一次，一共发送 10 次；

步骤 7　在定时器结束前，查看 STA 或 CCO 串口是否会上报错误的 MSDU 报文，若没有报文上报则继续操作，若有报文上报则认为测试未通过；

步骤 8　启动 50 秒定时器，软件测试平台通过透明物理设备发送未修改的正确 SOF 报文，每 5 秒发送一次，一共发送 10 次；

步骤 9　在定时器结束前，若 STA 或 CCO 串口上报正确的 MSDU 报文则测试通过。

## 6.5.17　MPDU 帧载荷标准短 MAC 帧头的 SOF 帧有错误报文是否对被测模块造成异常测试用例

MPDU 帧载荷标准短 MAC 帧头的 SOF 帧有错误报文是否对被测模块造成异常测试用例依据《双模通信互联互通技术规范　第 4-2 部分：数据链路层通信协议》，来验证 MPDU 帧载荷长度为 136 字节，标准短 MAC 帧头（长度为 16 字节）是否能够进行解析处理，对帧载荷任意字段位置进行修改导致报文出错。本测试用例的检查项目如下：

（1）STA 或 CCO 串口不会上报错误的 MSDU 报文；

（2）STA 或 CCO 串口会上报正确的 MSDU 报文。

MPDU 帧载荷标准短 MAC 帧头的 SOF 帧有错误报文是否对被测模块造成异常测试用例的报文交互示意图如图 6-33 所示。

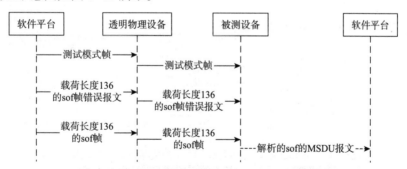

图 6-33　MPDU 帧载荷标准短 MAC 帧头的 SOF 帧有错误报文是否对被测模块造成异常测试用例的报文交互示意图

MPDU 帧载荷标准短 MAC 帧头的 SOF 帧有错误报文是否对被测模块造成异常测试用例的测试步骤如下：

步骤 1　初始化台体环境；

步骤 2　连接设备，将 DUT 上电初始化；

步骤 3　软件平台在不同的载波频段上各发送 20 次测试命令帧（TMI4），设置 DUT 的

目标无线工作信道和目标载波工作频段；

步骤4 软件平台发送20次测试命令帧（载波工作频段/TMI4/PB136），使DUT进入MAC层透传测试模式；

步骤5 启动50秒定时器，软件测试平台通过无线透明物理设备发送SOF帧，MSDU长度为100，MAC帧头为短帧头，MPDU帧载荷长度136；

步骤6 在发送前，对MPDU帧载荷任意位置进行修改导致报文出错；之后，通过透明物理设备发送SOF帧，每5秒发送一次，一共发送10次；

步骤7 在定时器结束前，查看STA或CCO串口是否会上报错误的MSDU报文，若没有报文上报则继续操作，若有报文上报则认为测试未通过；

步骤8 启动50秒定时器，软件测试平台通过透明物理设备发送未修改的正确SOF报文，每5秒发送一次，一共发送10次；

步骤9 在定时器结束前，若STA或CCO串口上报正确的MSDU报文则测试通过。

## 6.5.18 MPDU 帧载荷标准长 MAC 帧头的 SOF 帧有错误报文是否对被测模块造成异常测试用例

MPDU帧载荷标准长MAC帧头的SOF帧有错误报文是否对被测模块造成异常测试用例依据《双模通信互联互通技术规范 第4-2部分：数据链路层通信协议》，来验证MPDU帧载荷长度为136字节，标准长MAC帧头（长度为28字节）是否能够进行解析处理，对帧载荷任意字段位置进行修改导致报文出错。本测试用例的检查项目如下：

（1）STA或CCO串口不会上报错误的MSDU报文；

（2）STA或CCO串口会上报正确的MSDU报文。

MPDU帧载荷标准长MAC帧头的SOF帧有错误报文是否对被测模块造成异常测试用例的报文交互示意图如图6-34所示。

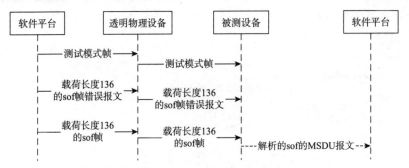

图6-34 MPDU 帧载荷标准长 MAC 帧头的 SOF 帧有错误报文
是否对被测模块造成异常测试用例的报文交互示意图

MPDU帧载荷标准长MAC帧头的SOF帧有错误报文是否对被测模块造成异常测试用例的测试步骤如下：

步骤1 初始化台体环境；

步骤2 连接设备，将DUT上电初始化；

步骤3 软件平台在不同的载波频段上各发送20次测试命令帧（TMI4），设置DUT的目标无线工作信道和目标载波工作频段；

步骤 4　软件平台发送 20 次测试命令帧（载波工作频段 /TMI4/PB136），使 DUT 进入 MAC 层透传测试模式；

步骤 5　启动 50 秒定时器，软件测试平台通过无线透明物理设备发送 SOF 帧，MSDU 长度为 100，MAC 帧头为长帧头，MPDU 帧载荷长度 136；

步骤 6　在发送前，对 MPDU 帧载荷任意位置进行修改导致报文出错；之后，通过透明物理设备发送 SOF 帧，每 5 秒发送一次，一共发送 10 次；

步骤 7　在定时器结束前，查看 STA 或 CCO 串口是否会上报错误的 MSDU 报文，若没有报文上报则继续操作，若有报文上报则认为测试未通过；

步骤 8　启动 50 秒定时器，软件测试平台通过透明物理设备发送未修改的正确 SOF 报文，每 5 秒发送一次，一共发送 10 次；

步骤 9　在定时器结束前，若 STA 或 CCO 串口上报正确的 MSDU 报文则测试通过。

# 6.6　数据链路层选择确认重传一致性测试用例

## 6.6.1　CCO 对符合标准的 SOF 帧的处理测试用例

CCO 对符合标准的 SOF 帧的处理测试用例依据《双模通信互联互通技术规范　第 4-2 部分：数据链路层通信协议》，来验证 CCO 对符合标准的 SOF 帧的处理，测试 CCO 在接收到关联请求、无线发现列表、抄表报文后的解析处理是否正确。本测试用例的检查项目如下：

（1）验证同网络、地址匹配、单播 / 广播、MPDU 帧载荷为 1 个物理块、长度为 40 的 SOF 帧是否能够被 CCO 回应对应的"选择确认帧（SACK）"；一致性模块分析接收到的 SACK 帧格式应符合以下描述：

①接收结果正确；

②网络标识匹配当前网络标识；

③源、目的 TEI 和 SOF 帧对应地址匹配；

④扩展帧类型符合标准规定；

⑤否则，测试不通过；

⑥一致性模块分析接收"选择确认帧"的时序应满足 SOF 帧对帧长的时间设定，即：SOF 帧载荷占用时间 + 回应帧间隔（Response Inter Frame Space, RIFS）（2300 微秒）+ SACK 帧占用时间 + 竞争帧间隔（Contention Inter Frame Space, CIFS）（400 微秒）= SOF 帧长；

⑦否则，测试不通过。

（2）验证同网络、地址匹配、单播 / 广播、MPDU 帧载荷为 1 个物理块、长度为 72 的 SOF 帧是否能够被 CCO 回应对应的"选择确认帧（SACK）"；一致性模块分析接收到的 SACK 帧格式和时序应符合描述如检测项目 1；

（3）验证同网络、地址匹配、单播 / 广播、MPDU 帧载荷为 1 个物理块、长度为 136 的 SOF 帧是否能够被 CCO 回应对应的"选择确认帧（SACK）"；一致性模块分析接收到的 SACK 帧格式和时序应符合描述如检测项目 1；

（4）验证同网络、地址匹配、单播 / 广播、MPDU 帧载荷为 1 个物理块、长度为 264 的 SOF 帧是否能够被 CCO 回应对应的"选择确认帧（SACK）"；一致性模块分析接收到的

SACK 帧格式和时序应符合描述如检测项目 1；

（5）验证同网络、地址匹配、单播 / 广播、MPDU 帧载荷为 1 个物理块、长度为 520 的 SOF 帧是否能够被 CCO 回应对应的"选择确认帧（SACK）"；一致性模块分析接收到的 SACK 帧格式和时序应符合描述如检测项目 1。

CCO 对符合标准的 SOF 帧的处理测试用例的报文交互示意图如图 6-35 所示。

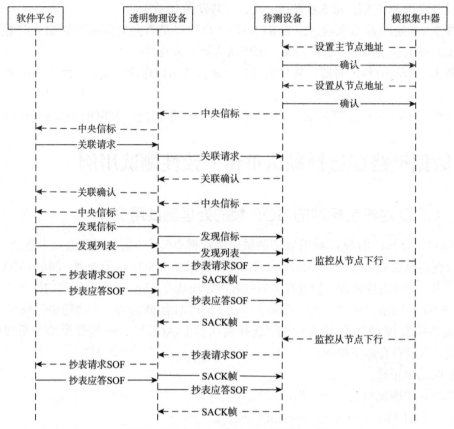

图 6-35　CCO 对符合标准的 SOF 帧的处理测试用例的报文交互示意图

CCO 对符合标准的 SOF 帧的处理测试用例的测试步骤如下：

步骤 1　初始化台体环境；

步骤 2　连接设备，将 DUT 上电初始化；

步骤 3　软件平台在不同的载波频段上各发送 20 次测试命令帧（TMI4），设置 DUT 的目标无线工作信道和目标载波工作频段；

步骤 4　软件平台模拟集中器，通过串口向待测 CCO 下发"设置主节点地址"命令，在收到"确认"后，再通过串口向待测 CCO 下发"添加从节点"命令，将目标网络站点的 MAC 地址下发到 CCO 中，等待"确认"［面向对象测试用例下发的从节点规约类型为 3（DL/T 698.45），面向非对象测试用例下发的从节点规约类型为 2（DL/T 645）］；

步骤 5　透明物理设备收到被测试 CCO 的中央信标后，上传给测试台体，再发送到一致性评价模块；一致性评价模块判断被测 CCO 的中央信标正确后，通知软件测试平台；

步骤 6　软件测试平台通过透明物理设备发起关联请求报文，并且申请入网，开启定时器（15 秒）；

步骤 7 被测 CCO 收到关联请求报文后，回复关联并确认报文；

步骤 8 在定时器结束前，透明物理设备收到被测 CCO 的关联确认报文后，上传给测试台体，再发送到一致性评价模块；若未接收到关联确认报文，则测试未通过；

步骤 9 一致性评价模块判断被测 CCO 的关联确认报文正确后，通知软件测试平台；

步骤 10 被测 CCO 发送中央信标，应该安排发现信标时隙、无线发现列表周期等参数；

步骤 11 透明物理设备收到被测 CCO 的中央信标后，上传给测试台体，再发送到一致性评价模块；

步骤 12 一致性评价模块判断中央信标正确后，通知软件测试平台；

步骤 13 测试用例根据中央信标的时隙和无线发现列表周期安排，通过透明物理设备发送发现信标和发现列表报文；

步骤 14 软件平台模拟集中器通过串口向待测 CCO 发送目标站点为 STA 的"监控从节点"命令（面向对象测试用例下发的报文内包含 DL/T 698.45 报文，面向非对象测试用例下发的报文内包含 DL/T 645 报文），并向透明物理设备发送 SACK 设定帧（接收结果：SOF 帧接收成功）；启动定时器（定时时长 15 秒）；

步骤 15 在定时器结束前，透明物理设备收到被测 CCO 发送的抄表请求 SOF 帧后，发送对应设定的 SACK 帧，并将抄表请求 SOF 帧上传给测试台体，再发送到一致性评价模块；若未接收到抄表请求 SOF 帧，则认为测试不通过；

步骤 16 一致性评价模块判断抄表请求 SOF 帧正确后，通知软件测试平台；

步骤 17 软件测试平台通过透明物理设备发送抄表应答 SOF 帧（无线信道编号为当前网络的信道编号；源 TEI=STA 的 TEI；目的 TEI=1；单播模式，重传标志置 0；物理块个数为 1，物理块大小为 72 字节，物理块校验正确；），并启动定时器（2 秒）；

步骤 18 在定时器结束前，透明物理设备收到被测 CCO 发送的 SACK 帧后，上传给测试台体，再发送到一致性评价模块；若未接收到 SACK 帧，则认为测试不通过；

步骤 19 一致性评价模块判断 SACK 帧正确后，通知软件测试平台；

步骤 20 软件运行平台重复 12～17 步骤，每次重复软件测试平台通过透明物理设备发送的抄表应答 SOF 帧按照以下描述选择：

网络标识为当前网络标识；源 TEI=STA 的 TEI；目的 TEI=1；单播 / 广播模式，重传标志置 0；物理块个数为 1，物理块大小为 72/136/264/520 字节，物理块校验正确。

## 6.6.2 CCO 对物理块校验异常的 SOF 帧的处理测试用例

CCO 对物理块校验异常的 SOF 帧的处理测试用例依据《双模通信互联互通技术规范 第 4-2 部分：数据链路层通信协议》，来验证 CCO 对物理块校验异常的 SOF 帧的处理。本测试用例的检查项目如下：

验证同网络、地址匹配、单播 / 广播、MPDU 帧载荷为 1 个物理块、物理块长度为 72/126/264/520，物理块 CRC24 故意校验错误的 SOF 帧是否能够被 CCO 回应对应"选择确认帧（SACK）"，一致性模块分析接收到的 SACK 帧格式应符合以下描述：

（1）接收结果有冗余校验失败；

（2）否则，测试未通过；

（3）一致性模块分析接收到的 SACK 的时序满足 SOF 帧对帧长的时间设定，即：SOF 帧载荷占用时间 + RIFS（2300 微秒）+ SACK 帧占用时间 + CIFS（400 微秒）= SOF 帧长；

（4）否则，测试未通过。

CCO 对物理块校验异常的 SOF 帧的处理测试用例的报文交互示意图如图 6-36 所示。

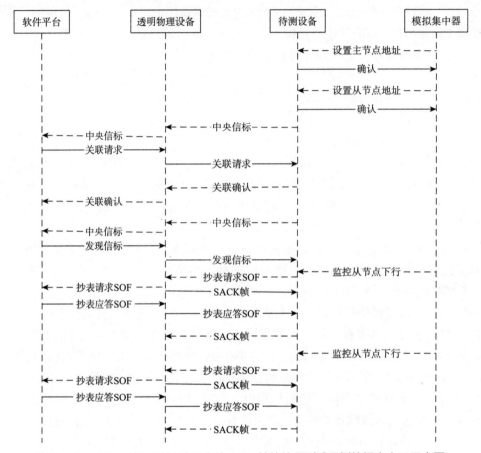

图 6-36　CCO 对物理块校验异常的 SOF 帧的处理测试用例的报文交互示意图

CCO 对物理块校验异常的 SOF 帧的处理测试用例的测试步骤如下：

步骤 1　初始化台体环境；

步骤 2　连接设备，将 DUT 上电初始化；

步骤 3　软件平台在不同的载波频段上各发送 20 次测试命令帧（TMI4），设置 DUT 的目标无线工作信道和目标载波工作频段；

步骤 4　软件平台模拟集中器，通过串口向待测 CCO 下发"设置主节点地址"命令，在收到"确认"后，再通过串口向待测 CCO 下发"添加从节点"命令，将目标网络站点的 MAC 地址下发到 CCO 中，等待"确认"［面向对象测试用例下发的从节点规约类型为 3（DL/T 698.45），面向非对象测试用例下发的从节点规约类型为 2（DL/T 645）］；

步骤 5　透明物理设备收到被测试 CCO 的中央信标后，上传给测试台体，再发送到一致性评价模块；一致性评价模块判断被测 CCO 的中央信标正确后，通知软件测试平台；

步骤 6　软件测试平台通过透明物理设备发起关联请求报文，并且申请入网，开启定时

器 (15 秒)；

步骤 7 被测 CCO 收到关联请求报文后，回复关联确认报文；

步骤 8 在定时器结束前，透明物理设备收到被测 CCO 的关联确认报文后，上传给测试台体，再发送到一致性评价模块；若未接收到关联确认报文，则测试未通过；

步骤 9 一致性评价模块判断被测 CCO 的关联确认报文正确后，通知软件测试平台；

步骤 10 被测 CCO 发送中央信标，应该安排发现信标时隙、代理站点发现列表周期等参数；

步骤 11 透明物理设备收到被测 CCO 的中央信标后，上传给测试台体，再发送到一致性评价模块；

步骤 12 一致性评价模块判断中央信标正确后，通知软件测试平台；

步骤 13 测试用例根据中央信标的时隙和路由周期的安排，通过透明物理设备发送发现信标报文；

步骤 14 软件平台模拟集中器通过串口向待测 CCO 发送目标站点为 STA 的"监控从节点"命令 (面向对象测试用例下发的报文内包含 DL/T 698.45 报文，面向非对象测试用例下发的报文内包含 DL/T 645 报文)，并向透明物理设备发送 SACK 设定帧 (接收结果：SOF 帧接收成功)；启动定时器 (定时时长 15 秒)；

步骤 15 在定时器结束前，透明物理设备收到被测 CCO 发送的抄表请求 SOF 帧后，发送对应设定的 SACK 帧，并将抄表请求 SOF 帧上传给测试台体，再发送到一致性评价模块；若未接收到抄表请求 SOF 帧，则测试未通过；

步骤 16 一致性评价模块判断抄表请求 SOF 帧正确后，通知软件测试平台；

步骤 17 软件测试平台通过透明物理设备发送抄表应答 SOF 帧 (无线信道编号为当前网络的信道编号；源 TEI=STA 的 TEI；目的 TEI=1；单播模式，重传标志置 0；物理块个数为 1，物理块大小为 72 字节，物理块校验错误；)，并启动定时器 (2 秒)；

步骤 18 在定时器结束前，透明物理设备收到被测 CCO 发送的 SACK 帧后，上传给测试台体，再发送到一致性评价模块；若未接收到 SACK 帧，则测试未通过；

步骤 19 一致性评价模块判断 SACK 帧正确后，通知软件测试平台；

步骤 20 软件运行平台重复 12～17 步骤，每次重复软件测试平台通过透明物理设备发送的抄表应答 SOF 帧按照以下描述选择：

网络标识为当前网络标识，源 TEI=STA 的 TEI，目的 TEI=1，单播 / 广播模式，重传标志置 0，物理块个数为 1，物理块大小为 72/136/264/520 字节，物理块 CRC24 校验错误。

### 6.6.3 CCO 对不同网络或地址不匹配的 SOF 帧的处理测试用例

CCO 对不同网络或地址不匹配的 SOF 帧的处理测试用例依据《双模通信互联互通技术规范 第 4-2 部分：数据链路层通信协议》，来验证 CCO 对不同网络或地址不匹配的 SOF 帧的处理。本测试用例的检查项目如下：

(1) 软件平台应无法监听到待测 CCO 在接收到类型 1 的 SOF 帧后，发送对应的 SACK 帧，若发送成功，则测试不通过；

(2) 软件平台应无法监听到待测 CCO 在接收到类型 2 的 SOF 帧后，发送对应的 SACK 帧，若发送成功，则测试不通过；

（3）软件平台应无法监听到待测 CCO 在接收到类型 3 的 SOF 帧后，发送对应的 SACK 帧，若发送成功，则测试不通过。

CCO 对不同网络或地址不匹配的 SOF 帧的处理测试用例的报文交互示意图如图 6-37 所示。

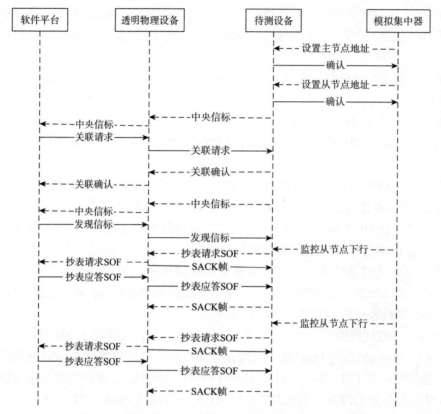

图 6-37　CCO 对不同网络或地址不匹配的 SOF 帧的处理测试用例的报文交互示意图

CCO 对不同网络或地址不匹配的 SOF 帧的处理测试用例的测试步骤如下：

步骤 1　初始化台体环境；

步骤 2　连接设备，将 DUT 上电初始化；

步骤 3　软件平台在不同的载波频段上各发送 20 次测试命令帧（TMI4），设置 DUT 的目标无线工作信道和目标载波工作频段；

步骤 4　软件平台模拟集中器，通过串口向待测 CCO 下发"设置主节点地址"命令，在收到"确认"后，再通过串口向待测 CCO 下发"添加从节点"命令，将目标网络站点的 MAC 地址下发到 CCO 中，等待"确认"［面向对象测试用例下发的从节点规约类型为 3（DL/T 698.45），面向非对象测试用例下发的从节点规约类型为 2（DL/T 645）］；

步骤 5　透明物理设备收到被测试 CCO 的中央信标后，上传给测试台体，再发送到一致性评价模块；一致性评价模块判断被测 CCO 的中央信标正确后，通知软件测试平台；

步骤 6　软件测试平台通过透明物理设备发起关联请求报文，并且申请入网，开启定时器（15 秒）；

步骤 7　被测 CCO 收到关联请求报文后，回复关联并确认报文；

步骤 8　在定时器结束前，透明物理设备收到被测 CCO 的关联确认报文后，上传给测试台体，再发送到一致性评价模块，若未接收到关联确认报文，则测试未通过；

步骤 9　一致性评价模块判断被测 CCO 的关联确认报文正确后，通知软件测试平台；

步骤 10　被测 CCO 发送中央信标，应该安排发现信标时隙、代理站点发现列表周期等参数；

步骤 11　透明物理设备收到被测 CCO 的中央信标后，上传给测试台体，再发送到一致性评价模块；

步骤 12　一致性评价模块判断中央信标正确后，通知软件测试平台；

步骤 13　测试用例根据中央信标的时隙和路由周期的安排，通过透明物理设备发送发现信标报文；

步骤 14　软件平台模拟集中器通过串口向待测 CCO 发送目标站点为 STA 的"监控从节点"命令（面向对象测试用例下发的报文内包含 DL/T 698.45 报文，面向非对象测试用例下发的报文内包含 DL/T 645 报文），并向透明物理设备发送 SACK 设定帧（接收结果：SOF 帧接收成功），启动定时器（定时时长 15 秒）；

步骤 15　在定时器结束前，透明物理设备收到被测 CCO 发送的抄表请求 SOF 帧后，发送对应设定的 SACK 帧，并将抄表请求 SOF 帧上传给测试台体，再发送到一致性评价模块，若未接收到抄表请求 SOF 帧，则测试未通过；

步骤 16　一致性评价模块判断抄表请求 SOF 帧正确后，通知软件测试平台；

步骤 17　软件测试平台通过透明物理设备发送抄表应答 SOF 帧（无线信道编号为当前网络的信道编号非组网用的信道编号；源 TEI=STA 的 TEI；目的 TEI=1；单播模式，重传标志置 0；物理块个数为 1，物理块大小为 520 字节，物理块校验正确，即类型 1），并启动定时器（2 秒）；

步骤 18　在定时器结束，透明物理设备未收到被测 CCO 发送的 SACK 帧，则定时器结束后将结果上传给测试台体，再发送到一致性评价模块，若接收到 SACK 帧，则测试未通过；

步骤 19　一致性评价模块判断测试结果正确后，通知软件测试平台；

步骤 20　软件运行平台重复 12～17 步骤，每次重复软件测试平台通过透明物理设备发送的抄表应答 SOF 帧从以下类型中依次选择：

类型 1：网络标识为当前网络标识；源 TEI=STA 的 TEI；目的 TEI=0xfff；广播模式，重传标志置 0；物理块个数为 1，物理块大小为 520 字节，物理块校验正确；

类型 2：网络标识为当前网络标识；源 TEI=STA 的 TEI；目的 TEI!=1 且不等于 0xfff；广播模式，重传标志置为 0；物理块个数为 1，物理块大小为 520 字节，物理块校验正确。

## 6.6.4　CCO 在发送单播 SOF 帧后，接收到对应的 SACK 帧能否正确处理测试用例

CCO 在发送单播 SOF 帧后，接收到对应的 SACK 帧能否正确处理测试用例依据《双模通信互联互通技术规范　第 4-2 部分：数据链路层通信协议》，来验证 CCO 在发送单播 SOF 帧后，接收到对应的 SACK 帧能否正确处理。本测试用例的检查项目如下：

（1）平台解析接收到的 DUT 发送的 SOF1 帧，检测其主要参数是否与以下条件相符：

①网络标识为当前网络标识；

②源 TEI = 1；

③目的 TEI 匹配标准设备模拟的 STA 的 TEI；

④单播模式；

⑤帧载荷有若干个物理块构成（CCO 自动选择），且 CRC 校验正确；

⑥若无 SOF1 帧或内容不符，则测试不通过；

（2）待测 CCO 在接收到接收结果为 0 的选择确认帧，将不再重传此 SOF 帧，否则测试不通过；

（3）待测 CCO 在接收到接收结果为 1 的选择确认帧，将重传此 SOF 帧，否则测试不通过。

CCO 在发送单播 SOF 帧后，接收到对应的 SACK 帧能否正确处理测试用例的报文交互示意图如图 6-38 所示。

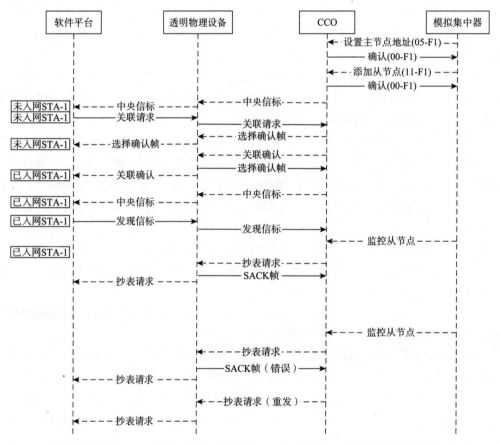

图 6-38 CCO 在发送单播 SOF 帧后，接收到对应的 SACK 帧能否正确处理测试用例的报文交互示意图

CCO 在发送单播 SOF 帧后，接收到对应的 SACK 帧能否正确处理测试用例的测试步骤如下：

步骤 1 初始化台体环境；

步骤 2 连接设备，将 DUT 上电初始化；

步骤 3 软件平台在不同的载波频段上各发送 20 次测试命令帧（TMI4），设置 DUT 的目标无线工作信道和目标载波工作频段；

步骤 4　软件平台模拟集中器，向待测 CCO 下发"设置主节点地址"命令，在收到"确认"后，向待测 CCO 下发"添加从节点"命令，将 STA 的 MAC 地址下发到 CCO 中，等待"确认"；

步骤 5　透明物理设备收到被测试 CCO 的无线中央信标后，上传给测试台体，再发送到一致性评价模块，一致性评价模块判断被测 CCO 的无线中央信标正确后，通知软件测试平台；

步骤 6　软件测试平台通过透明物理设备发起关联请求报文，并且申请入网，开启定时器（15 秒）；

步骤 7　被测 CCO 收到关联请求报文后，回复关联并确认报文；

步骤 8　在定时器结束前，透明物理设备收到被测 CCO 的关联确认报文后，上传给测试台体，再发送到一致性评价模块，若未接收到关联确认报文，则测试不通过；

步骤 9　一致性评价模块判断被测 CCO 的关联确认报文正确后，通知软件测试平台；

步骤 10　测试用例依据关联确认报文 MAC 帧头发送类型字段判断是否回复选择确认帧；

步骤 11　被测 CCO 发送中央信标，应该安排发现信标时隙、代理站点发现列表周期等参数；

步骤 12　透明物理设备收到被测 CCO 的中央信标后，上传给测试台体，再发送到一致性评价模块；

步骤 13　一致性评价模块判断中央信标正确后，通知软件测试平台；

步骤 14　软件平台模拟集中器通过串口向待测 CCO 发送目标站点为 STA 的"监控从节点"命令（由于无法控制待测 CCO 发送的 MPDU 模式，所以将"监控从节点"的抄表请求帧的内容长度控制在一个 40 字节的物理块的 MPDU 帧内，面向对象测试用例下发的报文内包含 DL/T 698.45 报文，面向非对象测试用例下发的报文内包含 DL/T 645 报文），并向透明物理设备发送 SACK 确定帧（接收结果 =0；源 / 目的 TEI 对应 SOF 的目的 / 源 TEI），启动定时器（定时时长 15 秒）；

步骤 15　在定时器结束前，透明物理设备未收到被测 CCO 发送的抄表请求 SOF 帧的重发帧，则测试台体将结果发送到一致性评价模块，若接收到抄表请求 SOF 帧的重发帧，则测试不通过；

步骤 16　一致性评价模块判断测试结果正确后，通知软件测试平台；

步骤 17　软件平台模拟集中器通过串口向待测 CCO 发送目标站点为 STA 的"监控从节点"命令面向对象测试用例下发的报文内包含 DL/T 698.45 报文，面向非对象测试用例下发的报文内包含 DL/T 645 报文，并向透明物理设备发送 SACK 设定帧（接收结果 = 1，源 / 目的 TEI 对应 SOF 的目的 / 源 TEI）；启动定时器（定时时长 15 秒）；

步骤 18　在定时器结束前，透明物理设备收到被测 CCO 发送的抄表请求 SOF 帧的重发帧，则测试台体将结果发送到一致性评价模块；若未接收到抄表请求 SOF 帧的重发帧，则测试不通过；

步骤 19　一致性评价模块判断测试结果。

## 6.6.5　CCO 在发送单播 SOF 帧后，接收非对应的 SACK 帧后能否正确处理测试用例

CCO 在发送单播 SOF 帧后，接收非对应的 SACK 帧后能否正确处理测试用例依据《双

模通信互联互通技术规范　第4-2部分：数据链路层通信协议》，来验证CCO在发送单播SOF帧后，接收到对应的SACK帧能否正确处理。本测试用例的检查项目如下：

（1）软件运行平台在定时器结束前，在接收到类型1、2、3、4的选择确认帧后，将接收到待测CCO的重传SOF帧，重传标志位置为1；否则，测试不通过；

（2）待测CCO关联确认通信链路类型为1（无线链路）。

CCO在发送单播SOF帧后，接收非对应的SACK帧后能否正确处理测试用例的报文交互示意图如图6-39所示。

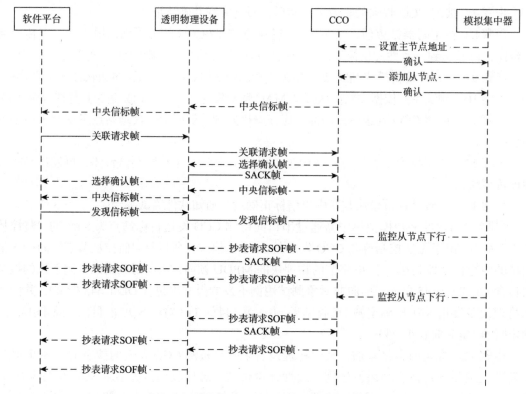

图6-39　CCO在发送单播SOF帧后，接收非对应的SACK帧
后能否正确处理测试用例的报文交互示意图

CCO在发送单播SOF帧后，接收非对应的SACK帧后能否正确处理测试用例的测试步骤如下：

步骤1　软件运行平台选择确认重传用例，给被测CCO上电；

步骤2　设置测试平台仅处理RF信道报文，将DUT与物理设备切换至指定无线信道；

步骤3　软件平台模拟集中器，通过串口向待测CCO下发"设置主节点地址"命令，在收到"确认"后，再通过串口向待测CCO下发"添加从节点"命令，将目标网络站点的MAC地址下发到CCO中，等待"确认"[面向对象测试用例下发的从节点规约类型为3（DL/T 698.45），面向非对象测试用例下发的从节点规约类型为2（DL/T 645）]；

步骤4　透明物理设备收到被测试CCO的中央信标后，上传给测试台体，再发送到一致性评价模块，一致性评价模块判断被测CCO的中央信标正确后，通知软件测试平台；

步骤5　软件测试平台通过透明物理设备发起关联请求报文，并且申请入网，开启定时

器 (15 秒);

步骤 6　被测 CCO 收到关联请求报文后, 回复关联并确认报文;

步骤 7　在定时器结束前, 透明物理设备收到被测 CCO 的关联确认报文后, 上传给测试台体, 再发送到一致性评价模块, 若未接收到关联确认报文, 则测试不通过;

步骤 8　一致性评价模块判断被测 CCO 的关联确认报文正确后, 通知软件测试平台;

步骤 9　测试用例依据关联确认报文 MAC 帧头发送类型字段判断是否回复选择确认帧;

步骤 10　被测 CCO 发送中央信标, 应该安排发现信标时隙、代理站点发现列表周期等参数;

步骤 11　透明物理设备收到被测 CCO 的中央信标后, 上传给测试台体, 再发送到一致性评价模块;

步骤 12　一致性评价模块判断中央信标正确后, 通知软件测试平台;

步骤 13　测试用例根据中央信标的时隙和路由周期的安排, 通过透明物理设备发送发现信标报文;

步骤 14　软件平台模拟集中器通过串口向待测 CCO 发送目标站点为 STA 的"监控从节点"命令 (由于无法控制待测 CCO 发送的 MPDU 模式, 所以将"监控从节点"的抄表请求帧的内容长度控制在一个 40 字节的物理块的 MPDU 帧内, 面向对象用例测试下发的报文内包含 DL/T 698.45 报文, 面向非对象测试用例下发的报文内包含 DL/T 645 报文), 并向透明物理设备发送 SACK 设定帧 (网络标识不是组网用的网络标识, 接收结果为 0; 源目的 TEI 对应 SOF 的目的源为 TEI), 启动定时器 (定时时长 15 秒);

步骤 15　在定时器结束前, 透明物理设备收到被测 CCO 发送的抄表请求 SOF 重发帧, 上传给测试台体, 再发送到一致性评价模块, 若未接收到抄表请求 SOF 重发帧, 则测试不通过;

步骤 16　一致性评价模块判断抄表请求 SOF 帧正确后, 通知软件测试平台;

步骤 17　软件运行平台重复 13~15 步骤, 每次重复软件测试平台通过透明物理设备发送的 SACK 帧从以下类型中依次选择:

类型 1 主要参数: 网络标识正确, 接收结果 =0(SOF 帧接收成功); 目的 TEI = 0xfff; 源 TEI = 对应 SOF 的目的 TEI;

类型 2 主要参数: 网络标识正确, 接收结果 =0(SOF 帧接收成功); 目的 TEI = 1 且不为 0xfff; 源 TEI = 对应 SOF 的目的 TEI;

类型 3 主要参数: 网络标识正确, 接收结果 =0(SOF 帧接收成功); 目的 TEI = 1, 源 TEI = 对应 SOF 帧的目的 TEI。

## 6.6.6　STA 对符合标准的 SOF 帧的处理测试用例

STA 对符合标准的 SOF 帧的处理测试用例依据《双模通信互联互通技术规范　第 4-2 部分: 数据链路层通信协议》, 来验证 STA 对符合标准的 SOF 帧的处理。本测试用例的检查项目如下:

(1) 验证同网络、地址匹配、单播 / 广播、MPDU 帧载荷为 1 为物理块、长度为 72 的 SOF 帧是否能够被 STA 回应对应"选择确认帧 (SACK)"; 一致性模块分析接收到的 SACK 帧格式应符合以下描述;

①接收结果正确；

②网络标识匹配当前网络标识；

③源、目的 TEI 和 SOF 帧对应地址匹配；

④扩展帧类型符合标准规定；

⑤否则，测试不通过；

⑥一致性模块分析接收"选择确认帧"的时序应满足 SOF 帧对帧长的时间设定，即：SOF 帧载荷占用时间 + RIFS（800～2300 微秒）+ SACK 帧占用时间 + CIFS（800 微秒）= SOF 帧长；

⑦否则，测试不通过。

（2）验证同网络、地址匹配、单播 / 广播、MPDU 帧载荷为 1 的物理块、长度为 136 的 SOF 帧是否能够被 STA 回应对应"选择确认帧（SACK）"；一致性模块分析接收到的 SACK 帧格式和时序应符合描述如检测项目 1；

（3）验证同网络、地址匹配、单播 / 广播、MPDU 帧载荷为 1 的物理块、长度为 264 的 SOF 帧是否能够被 STA 回应对应"选择确认帧（SACK）"；一致性模块分析接收到的 SACK 帧格式和时序应符合描述如检测项目 1；

（4）验证同网络、地址匹配、单播 / 广播、MPDU 帧载荷为 1 的物理块、长度为 520 的 SOF 帧是否能够被 STA 回应对应"选择确认帧（SACK）"；一致性模块分析接收到的 SACK 帧格式和时序应符合描述如检测项目 1。

STA 对符合标准的 SOF 帧的处理测试用例的报文交互示意图如图 6-40 所示。

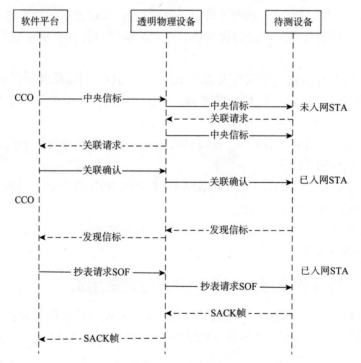

图 6-40　STA 对符合标准的 SOF 帧的处理测试用例的报文交互示意图

STA 对符合标准的 SOF 帧的处理测试用例的测试步骤如下：

步骤 1　初始化台体环境；

步骤 2　连接设备，将 DUT 上电初始化；

步骤 3　软件平台模拟电表，在收到待测 STA 的读表号请求后，向其下发表地址；

步骤 4　软件平台在不同的载波频段上各发送 20 次测试命令帧（TMI4），设置 DUT 的目标无线工作信道和目标载波工作频段；

步骤 5　软件测试平台通过透明物理设备发送中央信标帧，启动定时器（定时时长 15 秒），等待待测 STA 发出的"关联请求"报文；

步骤 6　待测 STA 收到中央信标帧后，发起关联请求报文，并且申请入网；

步骤 7　在定时器结束前，若透明物理设备收到待测试 STA 的关联请求报文，则将其上传给测试台体，再发送到一致性评价模块；若测试平台未接收到关联请求报文，则测试不通过；

步骤 8　一致性评价模块判断待测 STA 的关联请求报文正确后，通知软件测试平台；

步骤 9　软件测试平台通过透明物理设备发送关联确认报文；

步骤 10　软件测试平台通过透明物理设备发送中央信标报文，中央信标中安排待测 STA 发现信标时隙，并且启动定时器（定时时长 10 秒）；

步骤 11　在定时器结束前，若透明物理设备收到待测 STA 的发现信标报文，则将其上传给测试台体，再发送到一致性评价模块；若测试平台未接收到发现信标报文，则测试不通过；

步骤 12　一致性评价模块判断待测 STA 的发现信标报文正确后，通知软件测试平台；

步骤 13　软件测试平台通过透明物理设备模拟 CCO 模块发送抄表请求 SOF 帧（网络标识及地址匹配、单播模式、MPDU 帧载荷为 1 个物理块、物理块长度为 72），同时开启定时器（2 秒）（面向对象测试用例，抄表请求抄读数据内容符合 DL/T 698.45 规范；面向非对象测试用例，抄表请求报文抄读数据内容符合 DL/T 645 规范；下同，不再赘述）；

步骤 14　待测 STA 接收到 SOF 帧，应按时序回应对应的 SACK 帧；

步骤 15　在定时器时间耗尽前，若透明物理设备监听到待测 STA 响应的 SACK 帧，则将其上传到测试台体，再发送到一致性评价模块；若测试平台未接收到 SACK 帧，则测试不通过；

步骤 16　一致性评价模块判断待测 STA 的 SACK 帧正确后，通知软件测试平台；

步骤 17　软件测试平台通过透明物理设备模拟 CCO 模块发送抄表请求 SOF 帧（网络标识及地址匹配、单播模式、MPDU 帧载荷为 1 个物理块、物理块长度为 136），同时开启定时器（2 秒），重复步骤 14～16；

步骤 18　软件测试平台通过透明物理设备模拟 CCO 模块发送抄表请求 SOF 帧（网络标识及地址匹配、单播模式、MPDU 帧载荷为 1 个物理块、物理块长度为 264），同时开启定时器（2 秒），重复步骤 14～16；

步骤 19　软件测试平台通过透明物理设备模拟 CCO 模块发送抄表请求 SOF 帧（网络标识及地址匹配、单播模式、MPDU 帧载荷为 1 个物理块、物理块长度为 520），同时开启定时器（2 秒），重复步骤 14～16；

步骤 20　软件测试平台通过透明物理设备模拟 CCO 模块发送抄表请求 SOF 帧，其中将 SOF 帧参数修改为广播模式，重复步骤 14～16。

## 6.6.7　STA 对物理块校验异常的 SOF 帧的处理测试用例

STA 对物理块校验异常的 SOF 帧的处理测试用例依据《双模通信互联互通技术规范第 4-2 部分：数据链路层通信协议》，来验证 STA 对物理块校验异常的 SOF 帧的处理。本测试用例的检查项目如下：

验证同网络、地址匹配、单播 / 广播、MPDU 帧载荷为 1 的物理块、物理块长度为 72/136/264/520，物理块 CRC24 故意校验错误的 SOF 帧是否能够被 STA 回应对应"选择确认帧（SACK）"。一致性模块分析接收到的 SACK 帧格式应符合以下描述：

（1）接收结果有冗余校验失败；

（2）否则，测试不通过；

（3）一致性模块分析接收到的 SACK 的时序满足 SOF 帧对帧长的时间设定，即：SOF 帧载荷占用时间 + RIFS（800～2300 微秒）+ SACK 帧占用时间 + CIFS（800 微秒）= SOF 帧长，否认测试不通过。

STA 对物理块校验异常的 SOF 帧的处理测试用例的报文交互示意图如图 6-41 所示。

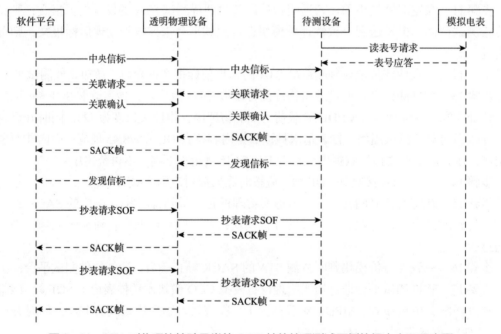

图 6-41　STA 对物理块校验异常的 SOF 帧的处理测试用例的报文交互示意图

STA 对物理块校验异常的 SOF 帧的处理测试用例的测试步骤如下：

步骤 1　初始化台体环境；

步骤 2　连接设备，将 DUT 上电初始化；

步骤 3　软件平台模拟电表，在收到待测 STA 的读表号请求后，向其下发表地址；

步骤 4　软件平台在不同的载波频段上各发送 20 次测试命令帧（TMI4），设置 DUT 的目标无线工作信道和目标载波工作频段；

步骤 5　软件测试平台通过透明物理设备发送中央信标帧，启动定时器（定时时长 15 秒），等待待测 STA 发出的"关联请求"报文；

步骤 6 待测 STA 收到中央信标帧后,发起关联请求报文,并且申请入网;

步骤 7 在定时器结束前,若透明物理设备收到待测试 STA 的关联请求报文,则将其上传给测试台体,再发送到一致性评价模块;若测试平台未接收到关联请求报文,则测试不通过;

步骤 8 一致性评价模块判断待测 STA 的关联请求报文正确后,通知软件测试平台;

步骤 9 软件测试平台通过透明物理设备发送关联确认报文;

步骤 10 软件测试平台通过透明物理设备发送中央信标报文,中央信标中安排待测 STA 发现信标时隙,启动定时器(定时时长 10 秒);

步骤 11 在定时器结束前,若透明物理设备收到待测 STA 的发现信标报文,则将其上传给测试台体,再发送到一致性评价模块;若测试平台未接收到发现信标报文,则测试不通过;

步骤 12 一致性评价模块判断待测 STA 的发现信标报文正确后,通知软件测试平台;

步骤 13 软件测试平台通过透明物理设备模拟 CCO 模块发送抄表请求 SOF 帧(网络标识及地址匹配、单播模式、MPDU 帧载荷为 1 个物理块、物理块长度为 72,物理块 CRC24 故意校验错误)(面向对象测试用例,抄表请求抄读数据内容符合 DL/T 698.45 规范;面向非对象测试用例,抄表请求报文抄读数据内容符合 DL/T 645 规范;下同,不再赘述),同时开启定时器(2 秒);

步骤 14 待测 STA 接收到 SOF 帧,应按时隙回应对应的 SACK 帧;

步骤 15 在定时器时间耗尽前,若透明物理设备监听到待测 STA 响应的 SACK 帧,则将其上传到测试台体,再发送到一致性评价模块;若测试平台未接收到 SACK 帧,则测试不通过;

步骤 16 一致性评价模块判断待测 STA 的 SACK 帧正确后,通知软件测试平台;

步骤 17 软件测试平台通过透明物理设备模拟 CCO 模块发送抄表请求 SOF 帧(其他参数与以上用例相同,遍历物理块长度为 136/264/520 的 SOF 帧),重复步骤 11~14。

## 6.6.8 STA 对不同网络或地址不匹配的 SOF 帧的处理测试用例

STA 对不同网络或地址不匹配的 SOF 帧的处理测试用例依据《双模通信互联互通技术规范 第 4-2 部分:数据链路层通信协议》,来验证 STA 对不同网络或地址不匹配的 SOF 帧的处理。本测试用例的检查项目如下:

(1)待测 STA 在接收到网络标识不与本站点所属网络的网络标识相等的 SOF 帧后,不作任何回应;否则,测试不通过;

(2)待测 STA 在接收到目的 TEI 不与本站点 TEI 相等的 SOF 帧后,不作任何回应;否则,测试不通过;

(3)待测 STA 在接收到目的 TEI 为广播 TEI 的 SOF 帧后,不作任何回应;否则,测试不通过;

STA 对不同网络或地址不匹配的 SOF 帧的处理测试用例的报文交互示意图如图 6-42 所示。

STA 对不同网络或地址不匹配的 SOF 帧的处理测试用例的测试步骤如下:

步骤 1 初始化台体环境;

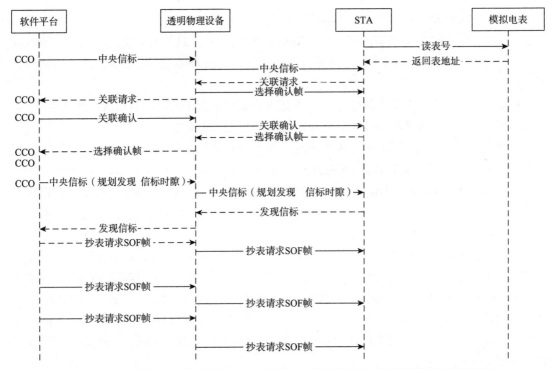

图 6-42　STA 对不同网络或地址不匹配的 SOF 帧的处理测试用例的报文交互示意图

步骤 2　连接设备，将 DUT 上电初始化；

步骤 3　软件平台模拟电表，在收到待测 STA 的读表号请求后，向其下发表地址；

步骤 4　软件平台在不同的载波频段上各发送 20 次测试命令帧（TMI4），设置 DUT 的目标无线工作信道和目标载波工作频段；

步骤 5　软件测试平台通过透明物理设备发送无线中央精简信标帧，启动定时器（定时时长 15 秒），等待待测 STA 发出的"关联请求"报文；

步骤 6　待测 STA 收到中央信标帧后，发起关联请求报文，并且申请入网；

步骤 7　在定时器结束前，若透明物理设备收到待测试 STA 的关联请求报文，则将其上传给测试台体，再发送到一致性评价模块；若测试平台未接收到关联请求报文，则测试不通过；

步骤 8　一致性评价模块判断待测 STA 的关联请求报文正确后，通知软件测试平台；

步骤 9　软件测试平台通过透明物理设备发送关联确认报文；

步骤 10　软件测试平台通过透明物理设备发送中央信标报文，中央信标中安排待测 STA 发现信标时隙，启动定时器（定时时长 10 秒）；

步骤 11　在定时器结束前，若透明物理设备收到待测 STA 的发现信标报文，则将其上传给测试台体，再发送到一致性评价模块；若测试平台未接收到发现信标报文，则测试不通过；

步骤 12　一致性评价模块判断待测 STA 的发现信标报文正确后，通知软件测试平台；

步骤 13　软件测试平台通过透明物理设备模拟 CCO 模块发送抄表请求 SOF 帧（其 FC 的网络标识与组网的网络标识不同，物理块个数为 1，物理块长度为 520，广播 / 单播，目的 TEI 及其他参数均符合标准），同时开启定时器（2 秒）（面向对象测试用例，抄表请求抄读数据内容符合 DL/T 698.45 规范；面向非对象测试用例，抄表请求报文抄读数据内容符合 DL/T 645 规范；下同，不再赘述）；

步骤 14　在定时器结束前，若透明物理设备未收到待测试 STA 的 SACK 帧，则在定时器结束后需测试台体将结果发送到一致性评价模块；若测试平台接收到 SACK 帧，则测试不通过；

步骤 15　一致性评价模块判断结果正确后，通知软件测试平台；

步骤 16　软件测试平台通过透明物理设备模拟 CCO 模块发送抄表请求 SOF 帧（其 FC 的目标 TEI 与待测 TEI 不匹配，且不为广播地址，物理块个数为 1，物理块长度为 520，广播 / 单播，其他参数均符合标准），同时开启定时器（2 秒）；

步骤 17　在定时器结束前，若透明物理设备未收到待测试 STA 的 SACK 帧，则在定时器结束后需测试台体将结果发送到一致性评价模块；若测试平台接收到 SACK 帧，则测试不通过；

步骤 18　一致性评价模块判断结构正确后，通知软件测试平台；

步骤 19　软件测试平台通过透明物理设备模拟 CCO 模块发送抄表请求 SOF 帧（其 FC 的目标 TEI 为广播地址，物理块个数为 1，物理块长度为 520，广播 / 单播，其他参数均符合标准），同时开启定时器（2 秒）；

步骤 20　在定时器结束前，若透明物理设备未收到待测试 STA 的 SACK 帧，则在定时器结束后需测试台体将结果发送到一致性评价模块；若测试平台接收到 SACK 帧，则测试不通过；

步骤 21　一致性评价模块判断测试结果是否正确。

## 6.6.9　STA 在发送单播 SOF 帧后，接收到对应的 SACK 帧能否正确处理测试用例

STA 在发送单播 SOF 帧后，接收到对应的 SACK 帧能否正确处理测试用例依据《双模通信互联互通技术规范　第 4-2 部分：数据链路层通信协议》，来验证 STA 在发送单播 SOF 帧后，接收对应的 SACK 帧能否正确处理。本测试用例的检查项目如下：

（1）平台解析接收到的 DUT 发送的 SOF 帧，检测其主要参数是否与以下条件相符：

①无线信道号为当前网络的信号编号；

②源 TEI = 待测 STA 的 TEI；

③目的 TEI=1；

④帧载荷 CRC 校验正确；

⑤广播标志位 =0；

⑥收发数据相符；

⑦若无 SOF 帧或内容不符，则测试不通过。

（2）待测 STA 在接收到接收结果为 0 的选择确认帧，将不再重传此 SOF 帧；否则，测试不通过。

（3）待测 STA 在接收到接收结果为 1 的选择确认帧，将重传此 SOF 帧，且 FC 的重传标识位置为 1；否则，测试不通过。

STA 在发送单播 SOF 帧后，接收到对应的 SACK 帧能否正确处理测试用例的报文交互示意图如图 6-43 所示。

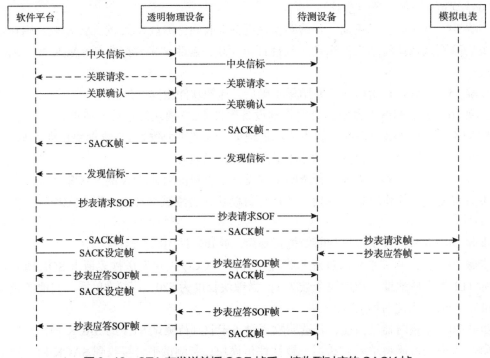

图 6-43  STA 在发送单播 SOF 帧后，接收到对应的 SACK 帧
能否正确处理测试用例的报文交互示意图

STA 在发送单播 SOF 帧后，接收到对应的 SACK 帧能否正确处理测试用例的测试步骤如下：

步骤 1  初始化台体环境；

步骤 2  连接设备，将 DUT 上电初始化；

步骤 3  软件平台模拟电表，在收到待测 STA 的读表号请求后，向其下发表地址；

步骤 4  软件平台在不同的载波频段上各发送 20 次测试命令帧（TMI4），设置 DUT 的目标无线工作信道和目标载波工作频段；

步骤 5  软件测试平台通过透明物理设备发送中央信标帧，启动定时器（定时时长 15 秒），等待待测 STA 发出的"关联请求"报文；

步骤 6  待测 STA 收到中央信标帧后，发起关联请求报文，并且申请入网；

步骤 7  在定时器结束前，若透明物理设备收到待测试 STA 的关联请求报文，则将其上传给测试台体，再发送到一致性评价模块；若测试平台未接收到关联请求报文，则测试不通过；

步骤 8  一致性评价模块判断待测 STA 的关联请求报文正确后，通知软件测试平台；

步骤 9  软件测试平台通过透明物理设备发送关联确认报文；

步骤 10  软件测试平台通过透明物理设备发送中央信标报文，中央信标中安排待测 STA 发现信标时隙，并且启动定时器（定时时长 10 秒）；

步骤 11  在定时器结束前，若透明物理设备收到待测试 STA 的发现信标报文，则将其上传给测试台体，再发送到一致性评价模块；若测试平台未接收到发现信标报文，则测试不通过；

步骤 12　一致性评价模块判断待测 STA 的发现信标报文正确后，通知软件测试平台；

步骤 13　软件测试平台通过透明物理设备按照设定发送抄表请求 SOF 帧到无线信道；启动定时器（定时时长 2 秒）（面向对象测试用例，抄表请求抄读数据内容符合 DL/T 698.45 规范；面向非对象测试用例，抄表请求报文抄读数据内容符合 DL/T 645 规范）；

步骤 14　待测 STA 接收到抄表请求 SOF 帧，返回对应的 SACK 帧，并从串口将抄表请求帧发送到模拟电表；

步骤 15　模拟电表判断接收到抄表请求帧正确后，返回抄表应答帧（由于无法控制待测 STA 发送的 MPDU 模式，所以将应答帧内容长度控制在一个 72 字节的物理块的 MPDU 帧内）并发给待测 STA；

步骤 16　在标准规定的时隙内，若透明物理设备收到待测 STA 的选择确认报文，则将其上传给测试台体，再发送到一致性评价模块，若一致性评价模块判断选择确认帧的内容和时序正确，则通知软件测试平台；若不正确，则测试不通过；若测试平台未接收到对应的选择确认帧，则测试不通过；

步骤 17　测试用例设定透明物理设备的选择确认帧发送内容〔接收结果 =1（接收物理块有校验失败）〕，启动定时器（10 秒）；

步骤 18　在定时器结束前，若透明物理设备收到待测 STA 的抄表应答 SOF 帧，则按规定时隙发送设定的选择确认帧，且将接收的抄表应答 SOF 帧上传给测试台体，再发送到一致性评价模块，若测试平台未能够接收到抄表应答 SOF 帧，则测试不通过；

步骤 19　一致性评价模块判断待测 STA 的抄表应答 SOF 帧正确后，通知软件测试平台；

步骤 20　测试用例设定透明物理设备的选择确认帧发送内容〔接收结果 =0（接收成功）〕，并且启动定时器（10 秒）；

步骤 21　在定时器结束前，若透明物理设备收到待测 STA 的抄表应答 SOF 帧，则按规定时隙发送设定的选择确认帧，且将接收的抄表应答 SOF 帧上传给测试台体，再发送到一致性评价模块，若测试平台未接收到抄表应答 SOF 帧，则测试不通过；

步骤 22　一致性评价模块判断待测 STA 的抄表应答 SOF 帧正确后，通知软件测试平台；

步骤 23　测试用例启动定时器（10 秒）；

步骤 24　在定时器结束前，若透明物理设备未收到待测 STA 的抄表应答 SOF 帧，则定时器结束后将结果发送到一致性评价模块，若测试平台接收到抄表应答 SOF 帧，则测试不通过；

步骤 25　当定时器结束时，一致性评价模块判断测试结果是否正确。

## 6.6.10　STA 在发送单播 SOF 帧后，接收到非对应的 SACK 帧能否正确处理测试用例

STA 在发送单播 SOF 帧后，接收到非对应的 SACK 帧能否正确处理测试用例依据《双模通信互联互通技术规范　第 4-2 部分：数据链路层通信协议》，来验证 STA 在发送单播 SOF 帧后，接收到非对应的 SACK 帧能否正常处理。本测试用例的检查项目如下：

待测 STA 在发送单播 SOF 帧后，接收非对应的选择确认帧（以上四种类型 SACK 帧），

将竞争重传 SOF 帧，重传标志位置为 1，否则测试不通过；待测 STA 关联请求通信链路类型为 1（无线链路）。

STA 在发送单播 SOF 帧后，接收到非对应的 SACK 帧能否正确处理测试用例的报文交互示意图如图 6-44 所示。

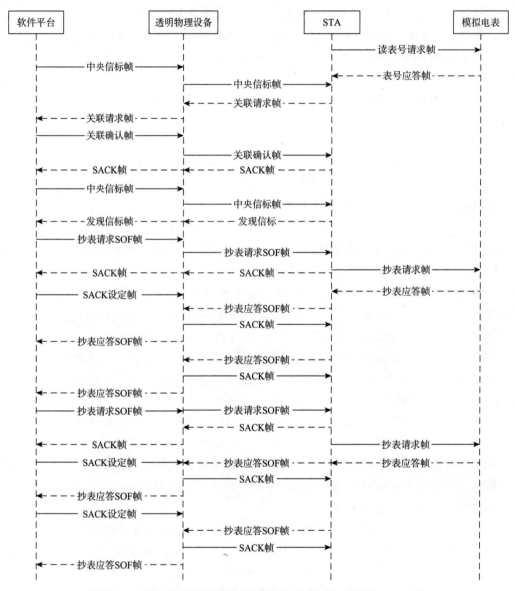

图 6-44  STA 在发送单播 SOF 帧后，接收到非对应的 SACK 帧
能否正确处理测试用例的报文交互示意图

STA 在发送单播 SOF 帧后，接收到非对应的 SACK 帧能否正确处理测试用例的测试步骤如下：

步骤 1  初始化台体环境；

步骤 2  连接设备，将 DUT 上电初始化；

步骤 3  软件平台模拟电表，在收到待测 STA 的读表号请求后，向其下发表地址；

步骤 4　软件平台在不同的载波频段上各发送 20 次测试命令帧（TMI4），设置 DUT 的目标无线工作信道和目标载波工作频段；

步骤 5　软件测试平台通过透明物理设备发送中央信标帧，启动定时器（定时时长 15秒），等待待测 STA 发出的"关联请求"报文；

步骤 6　待测 STA 收到中央信标帧后，发起关联请求报文，并且申请入网；

步骤 7　在定时器结束前，若透明物理设备能够收到待测试 STA 的关联请求报文，则将其上传给测试台体，再发送到一致性评价模块；若测试平台未接收到关联请求报文，则测试不通过；

步骤 8　一致性评价模块判断待测 STA 的关联请求报文正确后，通知软件测试平台；

步骤 9　软件测试平台通过透明物理设备发送关联确认报文，关联确认报文 MAC 帧头发送类型字段为 0（单播，需要确认回应），启动定时器（定时时长 2 秒）；

步骤 10　待测 STA 收到关联确认报文后，发送选择确认报文；

步骤 11　在定时器结束前，若透明物理设备能够收到待测 STA 的选择确认报文，则将其上传给测试台体，再发送到一致性评价模块，若一致性评价模块判断选择确认帧的内容和时序均正确，则通知软件测试平台；若不正确，则测试不通过；若测试平台未接收到对应的选择确认帧，则测试不通过；

步骤 12　软件测试平台通过透明物理设备发送中央信标报文，中央信标中安排待测STA 发现信标时隙，启动定时器（定时时长 10 秒）；

步骤 13　在定时器结束前，若透明物理设备收到待测试 STA 的发现信标报文，则将其上传给测试台体，再发送到一致性评价模块；若测试平台未接收到发现信标报文，则测试不通过；

步骤 14　一致性评价模块判断待测 STA 的发现信标报文正确后，通知软件测试平台；

步骤 15　软件测试平台通过透明物理设备按照设定发送抄表请求 SOF 帧，启动定时器（定时时长 2 秒）（面向对象测试用例，抄表请求抄读数据内容符合 DL/T 698.45 规范；面向非对象测试用例，抄表请求报文抄读数据内容符合 DL/T 645 规范）；

步骤 16　待测 STA 接收到抄表请求 SOF 帧，返回对应的 SACK 帧，并从串口将抄表请求帧发送到模拟电表；

步骤 17　模拟电表判断接收到抄表请求帧正确后，返回抄表应答帧（由于无法控制待测 STA 发送的 MPDU 模式，所以将应答帧内容长度控制在一个 72 字节的物理块的 MPDU帧内）给待测 STA；

步骤 18　在标准规定的时隙内，若透明物理设备能够收到待测 STA 的选择确认报文，则将其上传给测试台体，再发送到一致性评价模块，若一致性评价模块判断选择确认帧的内容和时序均正确，则通知软件测试平台；若不正确，则测试不通过；若测试平台未接收到对应的选择确认帧，则测试不通过；

步骤 19　测试用例设定透明物理设备的选择确认帧发送内容（网络标识非组网用网络标识，接收结果为 0，源目的 TEI 对应 SOF 的目的源 TEI），启动定时器（10 秒）；

步骤 20　在定时器结束前，若透明物理设备收到待测 STA 的抄表应答 SOF 帧，则按规定时隙发送设定的选择确认帧，且将接收的抄表应答 SOF 帧上传给测试台体，再发送到一致性评价模块，若测试平台未接收到抄表应答 SOF 帧，则测试不通过；

步骤21 一致性评价模块判断待测 STA 的抄表应答 SOF 帧正确后，通知软件测试平台；

步骤22 测试用例设定透明物理设备的选择确认帧发送内容（网络标识是组网用的网络标识，接收结果为 0；源目的 TEI 对应 SOF 的源目的 TEI），启动定时器（10 秒）；

步骤23 在定时器结束前，若透明物理设备收到待测 STA 的抄表应答 SOF 帧，则按规定时隙发送设定的选择确认帧，且将接收的抄表应答 SOF 帧上传给测试台体，再发送到一致性评价模块，若测试平台未接收到抄表应答 SOF 帧，则测试未通过；

步骤24 一致性评价模块判断待测 STA 的抄表应答 SOF 帧正确后，通知软件测试平台；

步骤25 测试用例启动定时器（10 秒）；

步骤26 在定时器结束前，若透明物理设备未收到待测 STA 的抄表应答 SOF 帧，则定时器结束后将结果发送到一致性评价模块，若测试平台接收到抄表应答 SOF 帧，则测试不通过；

步骤27 在定时器结束且一致性评价模块判断测试结果正确后，通知软件测试平台；

步骤28 测试用例重复 13～25 步骤，在重复第 21 步骤时，依次按如下类型设定 SACK 帧：

类型 1 主要参数：网络标识正确，接收结果 = 0，目的 TEI = 0xfff；源 TEI = 对应 SOF 的目的 TEI；

类型 2 主要参数：网络标识正确，接收结果 = 0，目的 TEI = 对应 SOF 的源 TEI 且不为 0xfff；源 TEI = 对应 SOF 的目的 TEI；

类型 3 主要参数：网络标识正确，接收结果 = 0，目的 TEI = 被测设备 TEI，源 TEI = 对应 SOF 的目的 TEI。

# 6.7 数据链路层报文过滤一致性测试用例

## 6.7.1 CCO 处理全网广播报文测试用例

CCO 处理全网广播报文测试用例依据《双模通信互联互通技术规范 第 4-2 部分：数据链路层通信协议》，来验证 CCO 在全网广播情况下是否能够通过报文过滤测试，能正确处理全网广播报文以完成报文控制目的。本测试用例的检查项目如下：

（1）软件平台在发送 SOF1 后，若在 10 秒定时器结束之前能接收到待测 CCO 的上报，则测试通过，接收不到则测试不通过；

（2）软件平台在发送 SOF2 之后，若在 10 秒定时器结束前后均接收不到待测 CCO 的上报，则测试通过，接收到则测试不通过；

CCO 处理全网广播报文测试用例的报文交互示意图如图 6-45 所示。

CCO 处理全网广播报文测试用例的测试步骤如下：

步骤 1 初始化台体环境；

步骤 2 连接设备，将 DUT 上电初始化；

步骤 3 软件平台在不同的载波频段上各发送 20 次测试命令帧（TMI4），设置 DUT 的目标无线工作信道和目标载波工作频段；

步骤 4 软件平台模拟集中器，向待测 CCO 下发"设置主节点地址"命令，在收到"确

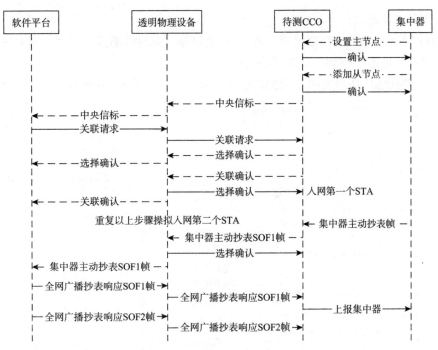

图 6-45　CCO 处理全网广播报文测试用例的报文交互示意图

认"后，向待测 CCO 下发"添加从节点"命令，将 STA 的 MAC 地址下发到 CCO 中，等待"确认"；

　　步骤 5　软件平台接收到待测 CCO 发出的"中央信标报文"后，模拟第一个 STA 入网，发送"关联请求报文"；

　　步骤 6　软件平台收到待测 CCO 发出的"关联确认报文"之后，重复以上步骤模拟第二个 STA 入网（以上步骤的目的是给待测 CCO 构造两个已入网的 STA 情况，默认组网过程是正常的，且不作为检查项目）；

　　步骤 7　软件平台模拟集中器，向待测 CCO 下发"集中器主动抄表"；

　　步骤 8　软件平台收到待测 CCO 发出的"集中器主动抄表 SOF 帧"后，模拟第一个入网的 STA，发送全网广播形式的"STA 抄表响应 SOF1"报文，并设定 10 秒的定时器；

　　步骤 9　在 10 秒定时器结束之前软件平台判断是否会收到待测 CCO 上报的响应内容，软件平台模拟第二个入网的 STA，发出 SOF2 帧（是对 SOF1 帧的转发），并设定 10 秒的定时器；

　　步骤 10　是 10 秒定时器结束之前软件平台判断是否会收到待测 CCO 上报的响应报文（SOF2 帧）。

## 6.7.2　CCO 处理代理广播报文测试用例

　　CCO 处理代理广播报文测试用例依据《双模通信互联互通技术规范　第 4-2 部分：数据链路层通信协议》，来验证 CCO 在代理广播报文情况下是否能够通过报文过滤测试，能正确过滤相同的代理广播报文以完成报文控制目的。本测试用例的检查项目如下：

　　（1）若软件平台在 10 秒定时器结束之前能接收到待测 CCO 的上报，则测试通过；若接收不到，则测试不通过；

（2）软件平台在发送 SOF2 之后，若 10 秒定时器结束前后都接收不到待测 CCO 的上报，则测试通过；若能够接收到，则测试不通过。

CCO 处理代理广播报文测试用例的报文交互示意图如图 6-46 所示。

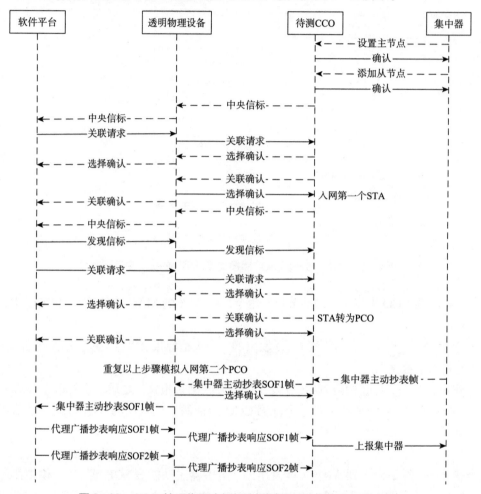

图6-46　CCO 处理代理广播报文测试用例的报文交互示意图

CCO 处理代理广播报文测试用例的测试步骤如下：

步骤1　初始化台体环境；

步骤2　连接设备，将 DUT 上电初始化；

步骤3　软件平台在不同的载波频段上各发送 20 次测试命令帧（TMI4），设置 DUT 的目标无线工作信道和目标载波工作频段；

步骤4　软件平台模拟集中器，向待测 CCO 下发"设置主节点地址"命令，在收到"确认"后，向待测 CCO 下发"添加从节点"命令，将 STA 的 MAC 地址下发到 CCO 中，等待"确认"；

步骤5　软件平台接收到待测 CCO 发出的"中央信标报文"后，模拟第一个 STA 入网，发送"关联请求报文"；

步骤6　软件平台在收到待测 CCO 发出的"关联确认报文"和中央信标之后，发送"发现信标报文"；

步骤7　软件平台发送"发现信标报文"之后，模拟第一个入网的 STA 转发待入网 STA 的入网请求；

步骤8　软件平台收到待测 CCO 的"关联确认报文"之后，此时，第一个入网的 STA 已转为 PCO。重复以上步骤，模拟第二个 PCO 入网（以上步骤的目的是给待测 CCO 构造两个已入网的 PCO 的情况，默认组网过程是正常的且不作为检查项目）；

步骤9　待第二个 PCO 入网之后，软件平台模拟集中器，向待测 CCO 下发"集中器主动抄表"；

步骤10　软件平台收到待测 CCO 发出的"集中器主动抄表 SOF 帧"后，模拟第一个入网的 PCO，发送代理广播形式的"STA 抄表响应 SOF1"报文，并设定 10 秒的定时器；

步骤11　在 10 秒定时器结束之前软件平台判断是否会收到待测 CCO 上报的响应内容，软件平台模拟第二个入网的 PCO，发出 SOF2 帧（第二个 PCO 是对 SOF1 帧的代理广播转发），并设定 10 秒的定时器；

步骤12　在 10 秒定时器结束之前软件平台判断是否会收到待测 CCO 上报的响应报文（SOF2 帧）。

## 6.7.3　全网广播情况下处理相同 MSDU 号和相同重启次数的报文测试用例

STA 全网广播情况下处理相同 MSDU 号和相同重启次数的报文测试用例依据《双模通信互联互通技术规范　第 4-2 部分：数据链路层通信协议》，来验证 STA 在全网广播报文情况下是否能够通过报文过滤测试，且不会转发具有相同 MSDU 号和相同重启次数的站点的 MPDU 报文且完成报文控制目的。本测试用例的检查项目如下：

（1）若软件平台在 10 秒定时器结束之前能接收到 SOF2 帧，则测试通过；若接收不到，则测试不通过；

（2）若软件平台在 10 秒定时器结束前后都不会收到别的转发报文帧（SOF3），则测试通过；如果能够收到，则测试不通过。

STA 全网广播情况下处理相同 MSDU 号和相同重启次数的报文测试用例的报文交互示意图如图 6-47 所示。

STA 全网广播情况下处理相同 MSDU 号和相同重启次数的报文测试用例的测试步骤如下：

步骤1　初始化台体环境；

步骤2　连接设备，将 DUT 上电初始化；

步骤3　软件平台模拟电表，在收到待测 STA 的读表号请求后，向其下发表地址；

步骤4　软件平台在不同的载波频段上各发送 20 次测试命令帧（TMI4），设置 DUT 的目标无线工作信道和目标载波工作频段；

步骤5　软件平台模拟 CCO 向 DUT 发送"中央信标"；

步骤6　软件平台模拟 CCO 在收到待测 STA 发送的"关联请求报文"后，向待测 STA 发送"关联确认报文"；

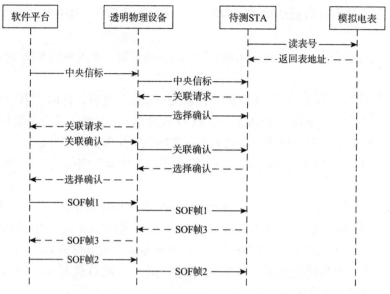

**图6-47　STA全网广播情况下处理相同 MSDU 号**
**和相同重启次数的报文测试用例的报文交互示意图**

步骤7　软件平台模拟 CCO 在收到待测 STA 发送的"选择确认报文"之后，发送 SOF1 帧（全网广播抄表报文）（面向对象测试用例，抄表报文抄读数据内容符合 DL/T 698.45 规范；面向非对象测试用例，抄表报文抄读数据内容符合 DL/T 645 规范），并设定 10 秒的定时器；

步骤8　软件平台在收到待测 STA 转发的 SOF2 帧（对 SOF1 帧的转发）之后，模拟 STA 转发出全网广播 SOF3 帧（对 SOF1 帧的转发），并设定 10 秒的定时器；

步骤9　在 10 秒定时器结束之前软件平台判断是否会收到待测 STA 上报的 SOF3 帧。

## 6.7.4　STA 全网广播情况下处理具有相同 MSDU 号和不同重启次数的报文测试用例

STA 全网广播情况下处理具有相同 MSDU 号和不同重启次数的报文测试用例依据《双模通信互联互通技术规范　第4-2部分：数据链路层通信协议》，来验证 STA 在全网广播报文情况下是否能够通过报文过滤测试，会转发具有相同 MSDU 号和不同重启次数站点的 MPDU 报文以完成报文控制目的。本测试用例的检查项目如下：

（1）若软件平台在 10 秒定时器结束之前能接收到 SOF2 帧，则测试通过；若接收不到，则测试不通过；

（2）若软件平台在 10 秒定时器结束之前能接收到 SOF3 帧，则测试通过；若接收不到，则测试不通过。

STA 全网广播情况下处理具有相同 MSDU 号和不同重启次数的报文测试用例的报文交互示意图如图 6-48 所示。

STA 全网广播情况下处理具有相同 MSDU 号和不同重启次数的报文测试用例的测试步骤如下：

步骤1　初始化台体环境；

步骤2　连接设备，将 DUT 上电初始化；

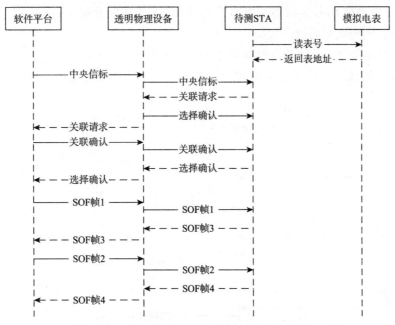

图6-48  STA全网广播情况下处理具有相同 MSDU 号
和不同重启次数的报文测试用例的报文交互示意图

步骤3  软件平台模拟电表，在收到待测 STA 的读表号请求后，向其下发表地址；

步骤4  软件平台在不同的载波频段上各发送 20 次测试命令帧（TMI4），设置 DUT 的目标无线工作信道和目标载波工作频段；

步骤5  软件平台模拟 CCO 向 DUT 发送"中央信标"；

步骤6  软件平台模拟 CCO 在收到待测 STA 发送的"关联请求报文"后，向待测 STA 发送"关联确认报文"；

步骤7  软件平台模拟 CCO 在收到待测 STA 发送的"选择确认报文"之后，发送 SOF1 帧（全网广播抄表报文），并设定 10 秒的等待定时器（面向对象测试用例，抄表报文抄读数据内容符合 DL/T 698.45 规范；面向非对象测试用例，抄表报文抄读数据内容符合 DL/T 645 规范；下同，不再赘述）；

步骤8  软件平台在收到待测 STA 转发的 SOF2 帧之后，发出 SOF3 帧（与 SOF1 帧有相同的 MSDU 号但重启次数不同），并设定 10 秒的定时器。

## 6.7.5  STA 代理广播情况下处理相同 MSDU 号和相同重启次数的报文测试用例

STA 代理广播情况下处理相同 MSDU 号和相同重启次数的报文测试用例依据《双模通信互联互通技术规范  第 4-2 部分：数据链路层通信协议》，来验证 PCO 在代理广播报文情况下是否能够通过报文过滤测试，不会转发具有相同 MSDU 号和相同重启次数的站点的 MPDU 报文以完成报文控制目的。本测试用例的检查项目如下：

（1）若软件平台在 10 秒定时器结束之前能接收到 SOF2 帧则测试通过；若接收不到，则测试不通过；

（2）若软件平台在10秒定时器结束前后都不会收到别的转发报文帧（SOF3）则测试通过；如果能够收到，则测试不通过；

（3）待测STA关联请求通信链路类型为1（无线链路）。

STA代理广播情况下处理相同MSDU号和相同重启次数的报文测试用例的报文交互示意图如图6-49所示。

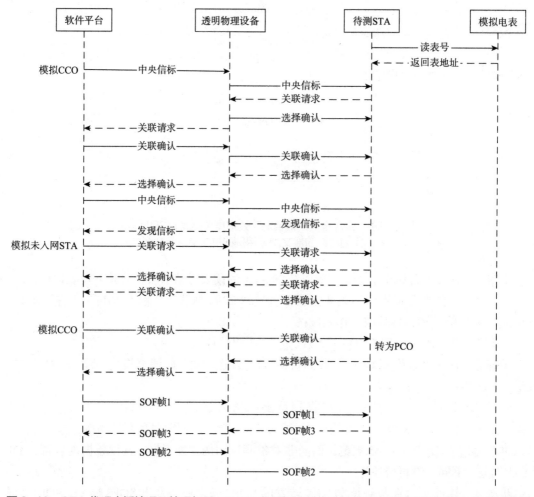

图6-49 STA代理广播情况下处理相同MSDU号和相同重启次数的报文测试用例的报文交互示意图

STA代理广播情况下处理相同MSDU号和相同重启次数的报文测试用例的测试步骤如下：

步骤1 初始化台体环境；

步骤2 连接设备，将DUT上电初始化；

步骤3 软件平台模拟电表，在收到待测STA的读表号请求后，向其下发表地址；

步骤4 软件平台在不同的载波频段上各发送20次测试命令帧（TMI4），设置DUT的目标无线工作信道和目标载波工作频段；软件平台模拟CCO向DUT发送"中央信标"；

步骤5 软件平台模拟CCO在收到待测STA发送的"关联请求报文"后，向待测STA发送"关联确认报文"；

步骤 6　软件平台模拟 CCO 在收到待测 STA 发送的"选择确认报文"之后，发送"中央信标"，并在信标时隙中安排待测 STA 发送发现信标；

步骤 7　软件平台收到"发现信标报文"之后，模拟未入网 STA，向待测 STA 发送"关联请求报文"；

步骤 8　软件平台收到待测 STA 转发的"关联请求报文"，模拟 CCO 发出"关联确认消息"，待测 STA 收到"关联确认报文"，站点身份应转为 PCO（以上步骤是为了待测 STA 入网并转变身份为 PCO，具体结果不作为检查项目且认为组网功能是正常的）；

步骤 9　软件平台收到待测 STA 发送的"选择确认报文"之后，模拟 CCO 向待测 PCO 发送代理广播 SOF1 帧，设定 10 秒的定时器；

步骤 10　软件平台在 10 秒定时器结束之前收到待测 PCO 转发的 SOF2 帧后，模拟 PCO 转发代理广播 SOF3 帧（对 SOF1 帧的转发），并设置 10 秒的定时器。

## 6.7.6　STA 代理广播情况下处理具有相同 MSDU 号和不同重启次数的报文测试用例

STA 代理广播情况下处理具有相同 MSDU 号和不同重启次数的报文测试用例依据《双模通信互联互通技术规范　第 4-2 部分：数据链路层通信协议》，来验证 PCO 在代理广播报文情况下是否能够通过报文过滤测试，且会转发具有相同 MSDU 号和不同重启次数的站点的 MPDU 报文以完成报文控制目的。本测试用例的检查项目如下：

（1）若软件平台在 10 秒定时器结束之前接收到 SOF2 帧则测试通过，无则测试不通过；

（2）若软件平台在 10 秒定时器结束之前接收到 SOF3 帧则测试通过，无则测试不通过；

（3）待测 STA 关联请求通信链路类型为 1（无线链路）。

STA 代理广播情况下处理具有相同 MSDU 号和不同重启次数的报文测试用例的报文交互示意图如图 6-50 所示。

STA 代理广播情况下处理具有相同 MSDU 号和不同重启次数的报文测试用例的测试步骤如下：

步骤 1　初始化台体环境；

步骤 2　连接设备，将 DUT 上电初始化；

步骤 3　软件平台模拟电表，在收到待测 STA 的读表号请求后，向其下发表地址；

步骤 4　软件平台在不同的载波频段上各发送 20 次测试命令帧（TMI4），设置 DUT 的目标无线工作信道和目标载波工作频段；软件平台模拟 CCO 向 DUT 发送"中央信标"；

步骤 5　软件平台模拟 CCO 在收到待测 STA 发送的"关联请求报文"后，向待测 STA 发送"关联确认报文"；

步骤 6　软件平台模拟 CCO 在收到待测 STA 发送的"选择确认报文"之后，发送"中央信标"，并在信标时隙中安排待测 STA 发送发现信标；

步骤 7　软件平台收到"发现信标报文"之后，模拟未入网 STA，向待测 STA 发送"关联请求报文"；

步骤 8　软件平台收到待测 STA 转发的"关联请求报文"，模拟 CCO 发出"关联确认消息"，待测 STA 收到"关联确认报文"，站点身份应转为 PCO（以上步骤是为了待测 STA 入网并转变身份为 PCO，具体结果不作为检查项目且认为组网功能是正常的）；

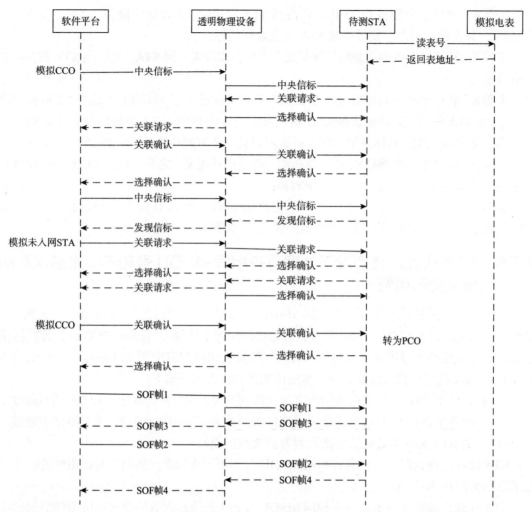

图6-50　STA代理广播情况下处理具有相同MSDU号和不同重启次数的报文测试用例的报文交互示意图

步骤9　软件平台收到待测STA发送的"选择确认报文"之后，模拟CCO向待测PCO发送代理广播SOF1帧，设定10秒的定时器；

步骤10　软件平台在10秒定时器结束之前收到待测PCO转发的SOF2帧后，模拟CCO发出代理广播SOF3帧（与SOF1帧的MSDU序列号相同，但重启次数不同），并设置10秒的定时器。

## 6.7.7　STA单播报文情况下站点的报文过滤测试用例

STA单播报文情况下站点的报文过滤测试用例依据《双模通信互联互通技术规范　第4-2部分：数据链路层通信协议》，来验证STA在单播报文情况下是否能够通过报文过滤测试，并且能正确过滤相同的单播重复报文，以完成报文控制目的。本测试用例的检查项目如下：

（1）待测STA在接收SOF1帧之后，软件平台将模拟电表，进而收到STA上报的报文内容；

（2）待测STA接收SOF1帧（重发）之后，仅会回复选择确认帧，但是不会上报模拟电表的报文内容；

(3) 待测 STA 关联请求通信链路类型为 1(无线链路)。

STA 单播报文情况下站点的报文过滤测试用例的报文交互示意图如图 6-51 所示。

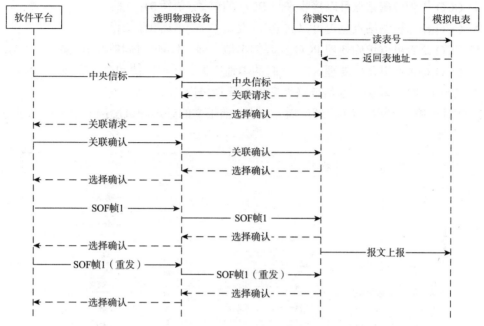

图 6-51　STA 单播报文情况下站点的报文过滤测试用例的报文交互示意图

STA 单播报文情况下站点的报文过滤测试用例的测试步骤如下:

步骤 1　初始化台体环境;

步骤 2　连接设备,将 DUT 上电初始化;

步骤 3　软件平台模拟电表,在收到待测 STA 的读表号请求后,向其下发表地址;

步骤 4　软件平台在不同的载波频段上各发送 20 次测试命令帧(TMI4),设置 DUT 的目标无线工作信道和目标载波工作频段,软件平台模拟 CCO 向 DUT 发送"中央信标";

步骤 5　软件平台模拟 CCO 在收到待测 STA 发送的"关联请求报文"后,向待测 STA 发送"关联确认报文";

步骤 6　软件平台模拟 CCO 在收到待测 STA 发送的"选择确认报文"之后,发送 SOF1 帧(单播抄表报文);

步骤 7　软件平台模拟 CCO 在收到待测 STA 发送的"选择确认报文"之后,重发之前的 SOF1 帧(单播抄表报文)。

## 6.8　数据链路层单播 / 广播一致性测试用例

### 6.8.1　CCO 对单播 / 全网广播 / 代理广播 / 本地广播报文的处理测试用例

CCO 对单播 / 全网广播 / 代理广播 / 本地广播报文的处理测试用例依据《双模通信互联互通技术规范　第 4-2 部分:数据链路层通信协议》,来验证 CCO 对单播 / 全网广播 / 代理广播 / 本地广播报文的处理。本测试用例的检查项目如下:

(1) CCO 作为被测站点可以转发来自 STA 的单播 (单播 6);

(2) CCO 作为被测站点是否可以间接向 STA 发送单播 (单播 7);

(3) CCO 作为被测站点可以接收来自 PCO 的单播 (单播 8);

(4) CCO 作为被测站点是否可以向 PCO 发送单播 (单播 9);

(5) CCO 是否可以正确处理 PCO 发起的本地广播、代理广播和全网广播 (广播 3);

(6) CCO 是否可以正确处理 STA 发起的本地广播、代理广播和全网广播 (广播 4);

(7) 待测 CCO 关联确认通信链路类型为 1(无线链路)。

CCO 对单播 / 全网广播 / 代理广播 / 本地广播报文的处理测试用例的报文交互示意图如图 6-52 所示。

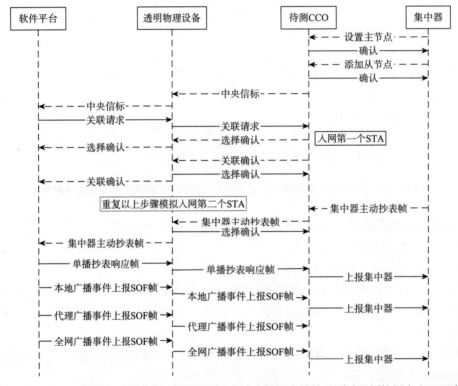

图 6-52　CCO 对单播 / 全网广播 / 代理广播 / 本地广播报文的处理测试用例的报文交互示意图

CCO 对单播 / 全网广播 / 代理广播 / 本地广播报文的处理测试用例的测试步骤如下:

步骤 1　初始化台体环境;

步骤 2　连接设备,将 DUT 上电初始化;

步骤 3　软件平台在不同的载波频段上各发送 20 次测试命令帧 (TMI4),设置 DUT 的目标无线工作信道和目标载波工作频段;

步骤 4　软件平台模拟集中器,通过串口向待测 CCO 下发"设置主节点地址"命令,在收到"确认"后,再通过串口向待测 CCO 下发"添加从节点"命令,将目标网络站点的 MAC 地址下发到 CCO 中,等待"确认";

步骤 5　软件平台收到待测 CCO 发送的"中央信标"后,查看其是否是在规定的中央信标时隙内发出的;

①若在中央信标时隙发出"中央信标"，则测试通过；

②若出现其他情况，则测试不通过。

步骤 6　软件平台模拟未入网 STA 通过透明物理设备向待测 CCO 设备发送"关联请求报文"，查看其是否收到相应的"选择确认报文"；

①未收到对应的"选择确认帧"，则测试不通过；

②能够收到对应的"选择确认帧"，则测试通过。

步骤 7　启动定时器 (定时时长 10 秒)，查看其是否是在规定的 CSMA 时隙内收到待测 CCO 发出的"关联确认报文"；

①在规定的 CSMA 时隙内收到正确的"关联确认报文"，则测试通过；

②在规定的 CSMA 时隙内收到"关联确认报文"，但报文错误，则测试不通过；

③在定时器结束后，未收到"关联确认报文"，则测试不通过；

④若出现其他情况，则测试不通过。

步骤 8　软件平台收到待测 CCO 发送的"中央信标"后，判断其是否对已入网 STA 进行了发现信标时隙的规划；

①检测到发现信标时隙规划，则测试通过；

②未检测到发现信标时隙规划，则测试不通过。

步骤 9　软件平台模拟已入网的 STA 在 CSMA 时隙内通过透明物理设备转发未入网 STA 的"关联请求报文"，判断是否收到相应的"选择确认报文"；

①若未收到对应的"选择确认帧"，则测试不通过；

②若能够收到对应的"选择确认帧"，则测试通过。

步骤 10　启动定时器 (定时时长 10 秒)，判断其是否在规定的 CSMA 时隙内收到待测 CCO 发出的"关联确认报文"；

①若在规定 CSMA 时隙收到正确的"关联确认报文"，则测试通过；

②若在规定 CSMA 时隙收到"关联确认报文"，但报文错误，则测试不通过；

③在定时器结束后，未收到"关联确认报文"，则测试不通过；

④若出现其他情况，则测试不通过。

步骤 11　软件平台收到待测 CCO 发送的"中央信标"后，判断其是否对新入网的 STA2 进行了无线精简发现信标时隙的规划，是否对虚拟 PCO1 进行了无线标准代理信标时隙的规划；

①对 STA2 进行了无线精简发现信标时隙的规划且对 PCO1 进行了无线标准代理信标时隙的规划，则测试通过；

②未对 STA2 进行无线精简发现信标时隙的规划或未对 PCO1 进行无线标准代理信标时隙的规划，则测试不通过；

③若出现其他情况，则测试不通过。

步骤 12　软件平台模拟未入网 STA1 通过透明物理设备向待测 CCO 设备发送"关联请求报文"，查看其是否能够收到相应的"选择确认报文"；

①若未收到对应的"选择确认帧"，则测试不通过；

②若能够收到对应的"选择确认帧"，则测试通过。

步骤 13　启动定时器 (定时时长 10 秒)，查看其是否是在规定的 CSMA 时隙内收到待

测 CCO 发出的"关联确认报文";

①若在规定 CSMA 时隙收到正确"关联确认报文",则测试通过;

②若在规定 CSMA 时隙收到"关联确认报文",但报文错误,则测试不通过;

③在定时器结束后,未收到"关联确认报文",则测试不通过;

④若出现其他情况,则测试不通过。

步骤 14 软件平台模拟集中器通过串口向待测 CCO 发送目标站点为 STA2 的"监控从节点"命令,启动定时器(定时时长 10 秒),查看其是否收到"监控从节点"上行报文;

①定时器结束前,若收到正确"监控从节点"上行报文,则测试通过;

②定时器结束,若未收到正确"监控从节点"上行报文,则测试不通过;

③若出现其他情况,则测试不通过。

步骤 15 软件平台查看是否是在规定的 CSMA 时隙内收到正确的下行"抄表报文";

①在规定的 CSMA 时隙内收到正确的下行"抄表报文"(考察代理主路径标识、路由总跳数、路由剩余跳数、原始源 MAC 地址、原始目的 MAC 地址是否正确),则测试通过;

②若在规定的 CSMA 时隙收到下行"抄表报文",但报文错误,则测试不通过;

③若在定时器结束后,未收到下行"抄表报文",则测试不通过;

④若出现其他情况,则测试不通过。

步骤 16 软件平台模拟 STA2 经 PCO 转发向待测 CCO 发送上行"抄表报文"命令;

①若在规定的 CSMA 时隙内收到正确的上行"抄表报文"并上报集中器,则测试通过;

②若出现其他情况,则测试不通过。

步骤 17 软件平台模拟集中器通过串口向待测 CCO 发送目标站点为 PCO1 的"监控从节点"命令,启动定时器(定时时长 10 秒),查看其是否收到"监控从节点"上行报文;

①在定时器结束前,若收到正确"监控从节点"上行报文,则测试通过;

②在定时器结束后,若未收到正确"监控从节点"上行报文,则测试不通过;

③若出现其他情况,则测试不通过。

步骤 18 软件平台查看其是否是在规定的 CSMA 时隙内收到正确的下行"抄表报文";

①若在规定的 CSMA 时隙内收到正确的下行"抄表报文"(考察代理主路径标识、路由总跳数、路由剩余跳数、原始源 MAC 地址、原始目的 MAC 地址是否正确),则测试通过;

②若在规定的 CSMA 时隙收到下行"抄表报文",但报文错误,则测试不通过;

③在定时器结束后,未收到下行"抄表报文",则测试不通过;

④若出现其他情况,则测试不通过。

步骤 19 软件平台模拟 PCO1 向待测 CCO 发送上行"抄表报文"命令;

①若在规定的 CSMA 时隙内收到正确的上行"抄表报文"并上报集中器,则测试通过;

②若出现其他情况,则测试不通过。

步骤 20 软件平台模拟 STA1 向待测 CCO 发送上行、本地广播、应用层为"事件上报报文"命令,启动定时器(定时时长 10 秒);

①若在规定的 CSMA 时隙内收到正确的上行"事件上报报文"并上报集中器,则测试通过;

②若出现其他情况,则测试不通过。

步骤 21 软件平台模拟 PCO1 向待测 CCO 发送下行、代理广播、应用层为"事件上报报文"命令，启动定时器 (定时时长 10 秒)；

①若定时器超时后集中器未收到"事件上报报文"，则测试通过；

②若出现其他情况，则测试不通过。

**步骤 22**　软件平台模拟 STA2 向待测 CCO 发送上行、全网广播，应用层为"事件上报报文"命令，启动定时器 (定时时长 10 秒)。

①若在规定的 CSMA 时隙内收到正确的上行"事件上报报文"并上报集中器，超时也未发现 CCO 转发广播帧，则测试通过；

②若出现其他情况，则测试不通过。

## 6.8.2　STA 对单播 / 全网广播 / 代理广播 / 本地广播报文的处理测试用例

STA 对单播 / 全网广播 / 代理广播 / 本地广播报文的处理测试用例依据《双模通信互联互通技术规范　第 4-2 部分：数据链路层通信协议》，来验证 STA 对单播 / 全网广播 / 代理广播 / 本地广播报文的处理。本测试用例的检查项目如下：

(1) STA 站点是否可以按照给定的目的 TEI 正确返回或者不返回 SACK (单播 1)；

(2) STA 作为被测站是否可以接收来自 CCO 的单播 (单播 2)；

(3) STA 作为被测站是否可以发送单播给 CCO (单播 3)；

(4) STA 是否可以正确处理 CCO 发起的本地广播、代理广播和全网广播 (广播 1)；

(5) STA 是否可以正确处理 PCO 发起的本地广播、代理广播和全网广播 (广播 2)；

(6) 待测 STA 关联请求通信链路类型为 1(无线链路)。

STA 对单播 / 全网广播 / 代理广播 / 本地广播报文的处理测试用例的报文交互示意图如图 6-53 所示。

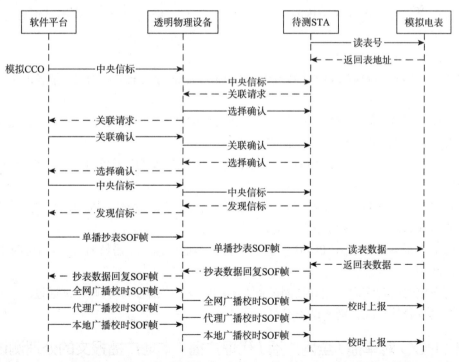

图 6-53　STA 对单播 / 全网广播 / 代理广播 / 本地广播报文的处理测试用例的报文交互示意图

STA 对单播 / 全网广播 / 代理广播 / 本地广播报文的处理测试用例的测试步骤如下：

步骤 1　初始化台体环境；

步骤 2　连接设备，将 DUT 上电初始化；

步骤 3　软件平台模拟电表，在收到待测 STA 的读表号请求后，向其下发表地址；

步骤 4　软件平台在不同的载波频段上各发送 20 次测试命令帧（TMI4），设置 DUT 的目标无线工作信道和目标载波工作频段；软件平台模拟入网的 PCO1 通过透明物理设备向待测 STA 设备发送"无线标准代理信标"；

步骤 5　查看被测 STA2 设备发送"关联请求报文"，查看其是否收到关联请求报文；

①若收到关联请求，则进入下一个步骤；

②若未收到关联请求，则测试不通过。

步骤 6　软件平台模拟 PCO1 转发的关联确认包给 STA2；

①若未收到对应的"选择确认帧"，则测试不通过；

②若收到对应的"选择确认帧"，则进入下一步骤。

步骤 7　软件平台模拟已入网 STA 在 CSMA 时隙内通过透明物理设备转发未入网 STA 的"关联请求报文"，查看其是否收到相应的"选择确认报文"；

①若未收到对应的"选择确认帧"，则测试不通过；

②若收到对应的"选择确认帧"，则测试通过。

步骤 8　软件平台模拟 PCO1 转发的来自 CCO 的下行"抄表报文"，启动定时器（定时时长 10 秒）；

①若在规定的 CSMA 时隙内收到正确的上行"抄表报文"（考察代理主路径标识、路由总跳数、路由剩余跳数、原始源 MAC 地址、原始目的 MAC 地址是否正确），则测试通过；

②若在规定的 CSMA 时隙内收到上行"抄表报文"，但报文错误，则测试不通过；

③在定时器结束后，未收到下行"抄表报文"，则测试不通过；

④若出现其他情况，则测试不通过。

步骤 9　软件平台模拟 PCO1 转发的来自 CCO 的下行、全网广播"广播校时"，启动定时器（定时时长 10 秒）；

①若在定时器时间内收到正确的被测设备发出的转发"广播校时"，则测试通过。

②若出现其他情况，则测试不通过。

步骤 10　软件平台模拟 PCO1 发送的下行、代理广播"广播校时"，启动定时器（定时时长 10 秒）；

①若在定时器过期后未收到被测设备发出的转发"广播校时"，则测试通过；

②若出现其他情况，则测试不通过。

步骤 11　软件平台模拟 PCO1 发送的下行、本地广播"广播校时"，启动定时器（定时时长 10 秒）。

①若在定时器时间内未收到被测设备发出的转发"广播校时"，则测试通过；

②若出现其他情况，则测试不通过。

## 6.8.3　PCO 对单播 / 全网广播 / 代理广播 / 本地广播报文的处理测试用例

PCO 对单播 / 全网广播 / 代理广播 / 本地广播报文的处理测试用例依据《双模通信互联

互通技术规范　第 4-2 部分：数据链路层通信协议》，来验证 PCO 对单播 / 全网广播 / 代理广播 / 本地广播报文的处理。本测试用例的检查项目如下：

（1）PCO 作为被测站是否可以接收来自 CCO 的单播（单播 4）；

（2）PCO 作为被测站是否可以发送单播给 CCO（单播 5）；

（3）PCO 是否可以正确处理 CCO 发起本地广播、代理广播和全网广播（广播 6）；

（4）PCO 是否可以正确处理 STA 发起的本地广播、代理广播和全网广播（广播 7）；

（5）待测 STA 关联请求通信链路类型为 1（无线链路）。

PCO 对单播 / 全网广播 / 代理广播 / 本地广播报文的处理测试用例的报文交互示意图如图 6-54 所示。

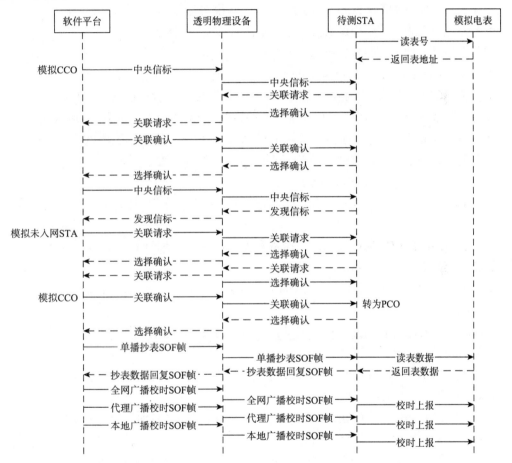

图 6-54　PCO 对单播 / 全网广播 / 代理广播 / 本地广播报文的处理测试用例的报文交互示意图

PCO 对单播 / 全网广播 / 代理广播 / 本地广播报文的处理测试用例的测试步骤如下：

步骤 1　初始化台体环境；

步骤 2　连接设备，将 DUT 上电初始化；

步骤 3　软件平台模拟电表，在收到待测 STA 的读表号请求后，向其下发表地址；

步骤 4　软件平台在不同的载波频段上各发送 20 次测试命令帧（TMI4），设置 DUT 的目标无线工作信道和目标载波工作频段；软件平台模拟 CCO 通过透明物理设备向待测 STA 设备发送"中央信标"，启动定时器（10 秒），查看被测 STA 设备发送"关联请求报文"；

①若定时器在未过期时间内收到对应的"关联请求报文"，则测试通过；

②若出现其他情况，则测试不通过。

步骤 5　软件平台模拟 CCO 发送关联确认包给 STA；

①若在定时器内收到对应的"选择确认帧"，则测试通过；

②若出现其他情况，则测试不通过。

步骤 6　软件平台模拟 CCO 通过透明物理设备向待测 STA 设备发送"中央信标"；

步骤 7　软件平台模拟 STA2 发送"关联请求报文"给 STA，启动定时器（10 秒）；

①若定时器在未过期时间内到达对应的转发"关联请求报文"，则测试通过；

②若出现其他情况，则测试不通过。

步骤 8　软件平台模拟 PCO 转发的"关联确认报文"给 STA，启动定时器（10 秒）；

①若在定时器内收到对应的转发的"关联确认报文"，则测试通过；

②若出现其他情况，则测试不通过。

步骤 9　软件平台模拟 CCO 发送的下行"抄表报文"，启动定时器（定时时长 10 秒）；

①在规定的 CSMA 时隙内收到正确的上行"抄表报文"（考察代理主路径标识、路由总跳数、路由剩余跳数、原始源 MAC 地址、原始目的 MAC 地址是否正确），则测试通过；

②在规定的 CSMA 时隙内收到上行"抄表报文"，但报文错误，则测试不通过；

③在定时器结束后，未收到下行"抄表报文"，则测试不通过；

④若出现其他情况，则测试不通过。

步骤 10　软件平台模拟 CCO 的下行经 PCO1、全网广播"广播校时"，启动定时器（定时时长 10 秒）；

①在定时器时间内收到正确的被测设备发出的转发"广播校时"，则测试通过；

②若出现其他情况，则测试不通过。

步骤 11　软件平台模拟 STA2 发送的上行、代理广播"广播校时"，启动定时器（定时时长 10 秒）；

①在定时器时间内收到正确的被测设备发出的转发"广播校时"，则测试通过；

②若出现其他情况，则测试不通过。

步骤 12　软件平台模拟 PCO1 发送的下行、本地广播"广播校时"，同时要求 STA2 回复 SACK，启动定时器（定时时长 10 秒）；

①在定时器时间内未收到正确的被测设备转发出的"广播校时"，则测试通过；

②若出现其他情况，则测试不通过。

# 6.9　数据链路层 PHY 时钟与网络时间同步一致性测试用例

## 6.9.1　CCO 的网络时钟同步测试用例

CCO 的网络时钟同步测试用例依据《双模通信互联互通技术规范　第 4-2 部分：数据链路层通信协议》，来验证 CCO 的网络时钟同步；本测试用例的检查项目如下：

（1）CCO 收到发现信标后，是否会调整自身的 NTB；

（2）CCO 收到代理信标后，是否会调整自身的 NTB。

CCO 的网络时钟同步测试用例的报文交互示意图如图 6-55 所示。

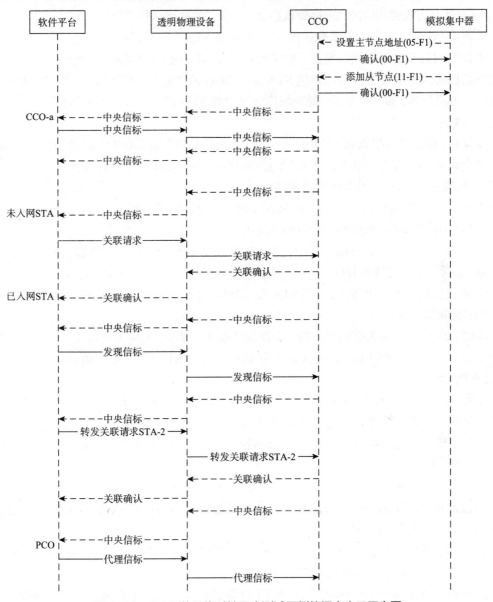

图 6-55　CCO 的网络时钟同步测试用例的报文交互示意图

CCO 的网络时钟同步测试用例的测试步骤如下:

步骤 1　初始化台体环境;

步骤 2　连接设备, 将 DUT 上电初始化;

步骤 3　软件平台在不同的载波频段上各发送 20 次测试命令帧 (TMI4), 设置 DUT 的目标无线工作信道和目标载波工作频段;

步骤 4　软件平台模拟集中器, 向待测 CCO 下发 "设置主节点地址" 命令, 在收到 "确认" 后, 向待测 CCO 下发 "添加从节点" 命令, 将 STA 的 MAC 地址下发到 CCO 中, 等待 "确认";

步骤 5　软件平台模拟未入网 STA 通过透明物理设备向待测 CCO 发送"关联请求报文"，查看其是否收到相应的"选择确认报文"以及"关联确认报文"；

步骤 6　若 STA 收到"关联确认报文"，则表示 STA 入网成功；

步骤 7　待测 CCO 周期的发送"中央信标帧"，若"中央信标帧"对新入网的 STA 规划了发现信标时隙，软件平台模拟入网 STA 接收 CCO 的"中央信标帧"，软件平台分别记录收到的第 1 帧和第 2 帧"中央信标帧"的信标时间戳 T1、T2，计算待测 CCO "中央信标帧"周期 $\Delta T=T2-T1$；

步骤 8　软件平台接收到 CCO 的第 $n$ 包"中央信标帧"后（$n>2$），记录信标时间戳 $Tn$，软件平台设置第 $n+1$ 包"中央信标帧"的预期接收时间 $Tnext=Tn+\Delta T$，同时软件平台发送"发现信标帧"，且信标周期起始时间 STA=T1；

步骤 9　软件平台接收到 CCO 的第 $n+1$ 包"中央信标帧"后（$n>2$），记录信标时间戳 $T(n+1)$，对比 $T(n+1)$ 与预期接收时间 Tnext；

步骤 10　若 $T(n+1)=Tnext$，则待测 CCO 收到发现信标后，并未调整自身的 NTB，反之待测 CCO 调整了自身的 NTB；

步骤 11　软件平台模拟已入网 STA 在 CSMA 时隙内通过透明物理设备转发未入网 STA 的"关联请求报文"；

步骤 12　查看其是否收到相应的"选择确认报文"以及"关联确认报文"；

步骤 13　若已入网 STA 收到 CCO 发往请求入网的 STA2 的"关联确认报文"，则表示 STA2 入网成功；

步骤 14　待测 CCO 周期的发送"中央信标帧"，若"中央信标帧"中对 PCO 进行了代理信标时隙的规划，软件平台模拟 PCO 接收 CCO 的"中央信标帧"，软件平台分别记录收到的第 1 帧和第 2 帧"中央信标帧"的信标时间戳 T1、T2，计算待测 CCO "中央信标帧"周期 $\Delta T=T2-T1$；

步骤 15　软件平台接收到 CCO 的第 $n$ 包"中央信标帧"后（$n>2$），记录信标时间戳 $Tn$，软件平台设置第 $n+1$ 包"中央信标帧"的预期接收时间 $Tnext=Tn+\Delta T$，同时软件平台发送"代理信标帧"，且信标周期起始时间 STA=T1；

步骤 16　软件平台接收到 CCO 的第 $n+1$ 包"中央信标帧"后（$n>2$），记录信标时间戳 $T(n+1)$，对比 $T(n+1)$ 与预期接收时间 Tnext；

步骤 17　若 $T(n+1)=Tnext$，则待测 CCO 收到代理信标后并未调整自身的 NTB，反之待测 CCO 已调整了自身的 NTB。

## 6.9.2　STA/PCO 的网络时钟同步测试用例（中央信标指引入网）

STA/PCO 的网络时钟同步测试用例（中央信标指引入网）依据《双模通信互联互通技术规范　第 4-2 部分：数据链路层通信协议》，来验证 STA/PCO 的网络时钟同步情况（中央信标指引入网）。本测试用例的检查项目如下：

（1）未入网 STA 在仅接收到中央信标后，是否调整自身的 NTB；

（2）已入网 STA 在收到中央信标后，是否调整自身的 NTB 并使其与中央信标的时间戳同步；

（3）PCO 在收到中央信标后，是否调整自身的 NTB 使其与中央信标的时间戳同步。

STA/PCO 的网络时钟同步测试用例（中央信标指引入网）的报文交互示意图如图 6-56 所示。

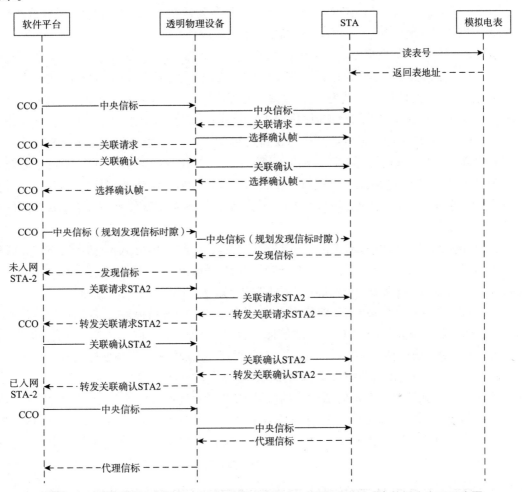

图 6-56　STA/PCO 的网络时钟同步测试用例（中央信标指引入网）的报文交互示意图

STA/PCO 的网络时钟同步测试用例（中央信标指引入网）的测试步骤如下：

步骤 1　初始化台体环境；

步骤 2　连接设备，将 DUT 上电初始化；

步骤 3　软件平台模拟电表，在收到待测 STA 的读表号请求后，向其下发表地址；

步骤 4　软件平台在不同的载波频段上各发送 20 次测试命令帧（TMI4），设置 DUT 的目标无线工作信道和目标载波工作频段；

步骤 5　软件平台模拟 CCO 通过透明物理设备向待测未入网 STA 设备发送"中央信标帧"，规划 CSMA 时隙（T 秒～Te），软件平台记录本平台的"中央信标帧"的信标时间戳 T1，设置待测 STA 发送的"关联请求"预期接收时间段 ΔTr 为（T1+T 秒）～（T1+Te），启动定时器（定时时长 10 秒），查看其是否在规定的 CSMA 时隙内收到待测 STA 发出的"关联请求"报文；

步骤 6　若软件平台在定时器时长内收到 STA 的"关联请求"，记录软件平台实际接收时间为 TR，对比 ΔTr 与 TR。若 TR 不在 ΔTr 范围内，则未入网 STA 收到中央信标后不会调整自身的 NTB；反之，未入网 STA 在收到中央信标后会调整自身的 NTB；

步骤 7 软件平台模拟 CCO 向请求入网 STA 设备发送"选择确认"以及"关联确认帧"，若 STA 收到"关联确认帧"后，则表示 STA 请求入网成功；

步骤 8 软件平台模拟 CCO 向待测入网 STA 设备发送"中央信标帧"，规划发现信标时隙，设置待测 STA 在发现信标时隙（T 秒～T$n$）内发送"发现信标帧"，软件平台记录"中央信标帧"的信标时间戳为 T1，设置"发现信标帧"的预期接收时间段 ΔTr 为（T1+T 秒）～（T1+T$n$），启动定时器（定时时长 10 秒）；

步骤 9 若软件平台在定时器时长内收到入网 STA 的"发现信标帧"，记录软件平台实际接收时间 TR 与"发现信标帧"信标时间戳为 T2，对比 ΔTr 与 TR、ΔTr 与 T2。若 TR、T2 均在 ΔTr 范围内，则表示已入网 STA 在收到中央信标后，调整了自身的 NTB 并使其与中央信标的时间戳同步。反之，则表示 STA 并未调整自身的 NTB 使其与中央信标的时间戳同步；

步骤 10 软件平台模拟未入网 STA2 发起"关联请求"，由已入网 STA 转发"关联请求"，软件平台模拟 CCO 接收已入网 STA 转发的"关联请求"，并发送"选择确认"以及"关联确认"给 PCO，PCO 转发"关联确认"给 STA2，表示 STA2 请求入网成功；

步骤 11 软件平台模拟 CCO 向待测 PCO 设备发送"中央信标帧"，规划代理信标时隙和发现信标时隙，设置待测 PCO 在代理信标的时隙（T 秒～T$n$）内发送"代理信标帧"，软件平台记录"中央信标帧"的信标时间戳为 T1，设置"代理信标帧"预期接收时间段 ΔTr 为（T1+T 秒）～（T1+T$n$），启动定时器（定时时长 10 秒）；

步骤 12 若软件平台在定时器时长内收到 PCO 的"代理信标帧"，记录软件平台实际接收时间 TR 与"代理信标帧"信标时间戳为 T2，对比 ΔTr 与 TR、ΔTr 与 T2。若 TR、T2 均在 ΔTr 范围内，则表示 PCO 收到中央信标后，调整了自身的 NTB 并使其与中央信标的时间戳同步。反之，则表示 PCO 并未调整自身的 NTB 使其与中央信标的时间戳同步。

## 6.9.3 STA/PCO 的网络时钟同步测试用例（发现信标指引入网）

STA/PCO 的网络时钟同步测试用例（发现信标指引入网）依据《双模通信互联互通技术规范 第 4-2 部分：数据链路层通信协议》，来验证 STA/PCO 的网络时钟同步情况（发现信标指引入网）。本测试用例的检查项目如下：

（1）未入网 STA 在收到发现信标后，是否会调整自身的 NTB；

（2）已入网 STA 在收到代理信标后，是否调整自身的 NTB 使其与代理信标的时间戳同步；

（3）PCO 在收到代理信标后，是否调整自身的 NTB 使其与代理信标的时间戳同步。

STA/PCO 的网络时钟同步测试用例（发现信标指引入网）的报文交互示意图如图 6-57 所示：

STA/PCO 的网络时钟同步测试用例（发现信标指引入网）的测试步骤如下：

步骤 1 初始化台体环境；

步骤 2 连接设备，将 DUT 上电初始化；

步骤 3 软件平台模拟电表，在收到待测 STA 的读表号请求后，向其下发表地址；

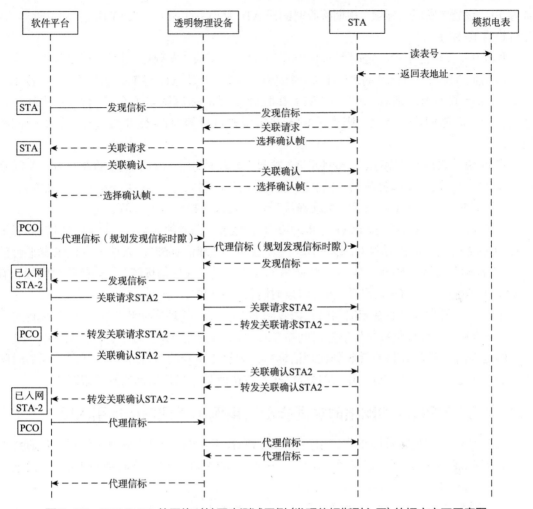

图 6-57　STA/PCO 的网络时钟同步测试用例（发现信标指引入网）的报文交互示意图

步骤 4　软件平台在不同的载波频段上各发送 20 次测试命令帧（TMI4），设置 DUT 的目标无线工作信道和目标载波工作频段；

步骤 5　软件平台模拟已入网 STA 通过透明物理设备向待测未入网 STA 设备发送"发现信标帧"，规划 CSMA 时隙（T 秒～Te），软件平台记录本平台的"发现信标帧"的信标时间戳为 T1，设置待测 STA 发送的"关联请求"预期接收时间段 ΔTr 为（T1+T 秒）～（T1+Te），启动定时器（定时时长 10 秒），查看其是否在规定的 CSMA 时隙内收到待测 STA 发出的关联请求"报文；

步骤 6　若软件平台在定时器时长内收到 STA 的"关联请求"，记录软件平台实际接收时间为 TR，对比 ΔTr 与 TR。若 TR 不在 ΔTr 范围内，则表示未入网 STA 收到代理信标后不会调整自身的 NTB；反之，未入网 STA 收到代理信标后会调整自身的 NTB；

步骤 7　软件平台模拟已入网 STA 向请求入网 STA 设备发送"选择确认"以及"关联确认帧"，若 STA 收到"关联确认帧"，则表示 STA 请求入网成功；

步骤 8　软件平台模拟 PCO 向已入网 STA 设备发送"代理信标帧"，设置待测 STA 在发现信标时隙（T 秒～Tn）内发送"发现信标帧"，软件平台记录"代理信标帧"的信标时间戳为 T1，设置"发现信标帧"预期接收时间段 $\Delta Tr$ 为 (T1+T 秒)~(T1+T$n$)，启动定时器 (定时时长为 10 秒)；

步骤 9　若软件平台在定时器时长内收到入网 STA 的"发现信标帧"，记录软件平台实际接收时间 TR 与"发现信标帧"信标时间戳为 T2，对比 $\Delta Tr$ 与 TR、$\Delta Tr$ 与 T2。若 TR、T2 均在 $\Delta Tr$ 范围内，则表示已入网 STA 在收到代理信标后调整了自身的 NTB 使其与代理信标的时间戳同步；反之，则表示 STA 并未调整自身的 NTB 使其与代理信标的时间戳同步；

步骤 10　软件平台模拟未入网 STA2 发起"关联请求"，由已入网 STA 转发"关联请求"，软件平台模拟 PCO 接收已入网 STA 转发的"关联请求"，并发送"选择确认"以及"关联确认"给 PCO-2，PCO-2 转发"关联确认"给 STA2，STA2 请求入网成功；

步骤 11　软件平台模拟 PCO 向 PCO-2 设备发送"代理信标帧"，规划代理信标时隙，设置 PCO-2 在代理信标时隙 (T 秒~T$n$) 内发送的"代理信标帧"，软件平台记录本平台的"代理信标帧"的信标时间戳为 T1，设置 PCO-2 发送的"代理信标帧"预期接收时间段 $\triangle Tr$ 为 (T1+T 秒) ~ (T1+T$n$)，启动定时器 (定时时长为 10 秒)；

步骤 12　若软件平台在定时器时长内收到 PCO-2 的"代理信标帧"，记录软件平台实际接收时间 TR 与"代理信标帧"信标时间戳 T2，对比 $\Delta Tr$ 与 TR、$\Delta Tr$ 与 T2。若 TR、T2 均在 $\Delta Tr$ 范围内，则表示 PCO-2 收到代理信标后，调整了自身的 NTB 使其与代理信标的时间戳同步；反之，则表示 PCO-2 并未调整自身的 NTB 使其与代理信标的时间戳同步。

## 6.9.4　STA/PCO 的网络时钟同步测试用例（代理信标指引入网）

STA/PCO 的网络时钟同步测试用例 (代理信标指引入网) 依据《双模通信互联互通技术规范　第 4-2 部分：数据链路层通信协议》，来验证 STA/PCO 的网络时钟同步情况 (代理信标指引入网)。本测试用例的检查项目如下：

未入网 STA 在仅接收到代理信标后，是否会调整自身的 NTB。

STA/PCO 的网络时钟同步测试用例 (代理信标指引入网) 的报文交互示意图如图 6-58 所示。

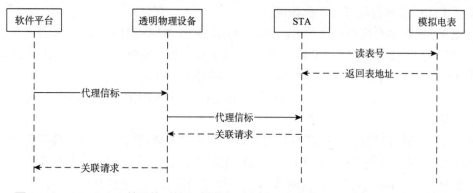

图 6-58　STA/PCO 的网络时钟同步测试用例 (代理信标指引入网) 的报文交互示意图

STA/PCO 的网络时钟同步测试用例 (代理信标指引入网) 测试步骤如下：

步骤 1　初始化台体环境；

步骤 2　连接设备，将 DUT 上电初始化；

步骤 3　软件平台模拟电表，在收到待测 STA 的读表号请求后，向其下发表地址；

步骤 4　软件平台在不同的载波频段上各发送 20 次测试命令帧（TMI4），设置 DUT 的目标无线工作信道和目标载波工作频段；

步骤 5　软件平台模拟 PCO 通过透明物理设备向待测未入网 STA 设备发送"代理信标帧"，规划 CSMA 时隙（T 秒～Te），软件平台记录本平台的"代理信标帧"的信标时间戳为 T1，设置待测 STA 发送的"关联请求"预期接收时间段 $\Delta Tr$ 为（T1+T 秒）～（T1+Te），启动定时器（定时时长为 10 秒），查看其是否在规定的 CSMA 时隙内收到待测 STA 发出的"关联请求"报文；

步骤 6　若软件平台在定时器时长内收到 STA 的"关联请求"，记录软件平台实际接收时间为 TR，对比 $\Delta Tr$ 与 TR。若 TR 不在 $\Delta Tr$ 范围内，则表示未入网 STA 在收到代理信标后不会调整自身的 NTB；反之，则表示未入网 STA 在收到代理信标后会调整自身的 NTB。

# 6.10　数据链路层多网共存及协调一致性测试用例

## 6.10.1　无线信道 CCO 邻居网络信道与本网络无线信道冲突时协商测试用例——无线信道变更

无线信道 CCO 邻居网络信道与本网络无线信道冲突时协商测试用例——无线信道变更依据《双模通信互联互通技术规范　第 4-2 部分：数据链路层通信协议》，来验证 CCO 在与邻居网络信道发生冲突时，是否能在 60 秒内做出调整。本测试用例的检查项目如下：

（1）待测 CCO 是否会变更无线信道编号；

（2）信标无线变更条目是否正确。

无线信道 CCO 邻居网络信道与本网络无线信道发生冲突时协商测试用例——无线信道变更的报文交互示意图如图 6-59 所示。

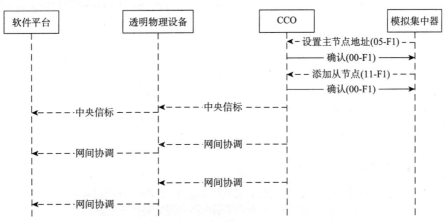

图 6-59　无线信道 CCO 邻居网络信道与本网络无线信道冲突时
协商测试用例——无线信道变更的报文交互示意图

无线信道 CCO 邻居网络信道与本网络无线信道发生冲突时协商测试用例——无线信道

变更的测试步骤如下：

步骤1　初始化台体环境；

步骤2　连接设备，将 DUT 上电初始化；

步骤3　软件平台在不同的载波频段上各发送 20 次测试命令帧（TMI4），设置 DUT 的目标无线工作信道和目标载波工作频段；

步骤4　软件平台模拟集中器通过串口向待测 CCO 下发"设置主节点地址"命令，在收到"确认"后，向待测 CCO 下发"添加从节点"命令，将目标网络站点的 MAC 地址下发到 CCO 中，等待"确认"；

步骤5　软件平台收到待测 CCO 发出的"中央信标"及"网间协调帧后"，在 60 秒内持续发送无线信道编号以及与待测 CCO 网络相同的信标帧，启动定时器（定时时长为 60 秒）；

步骤6　软件平台在定时器内继续监测 CCO 网间协调帧和信标帧。

①若在 60 秒内待测 CCO 更改了无线信道编号，则测试通过；

②若在 60 秒内待测 CCO 保持无线信道编号，则测试不通过。

## 6.10.2　无线信道 CCO 邻居网络信道与本网络无线信道冲突时协商测试用例——无线信道保持

无线信道 CCO 邻居网络信道与本网络无线信道冲突时协商测试用例——无线信道保持依据《双模通信互联互通技术规范　第 4-2 部分：数据链路层通信协议》，来验证 CCO 在与邻居网络信道发生冲突时，且在本网络 MAC 地址较大的条件下，其是否在 60 秒内不做出调整；本测试用例的检查项目如下：

待测 CCO 网间协调报文是否保持无线信道编号不变。

无线信道 CCO 邻居网络信道与本网络无线信道发生冲突时协商测试用例——无线信道保持的报文交互示意图如图 6-60 所示。

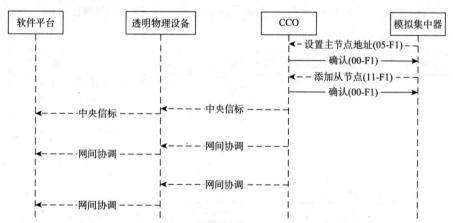

图 6-60　无线信道 CCO 邻居网络信道与本网络无线信道冲突时
协商测试用例——无线信道保持的报文交互示意图

无线信道 CCO 邻居网络信道与本网络无线信道冲突时协商测试用例——无线信道保持的测试步骤如下：

步骤1　初始化台体环境；

步骤 2　连接设备，将 DUT 上电初始化；

步骤 3　软件平台在不同的载波频段上各发送 20 次测试命令帧（TMI4），设置 DUT 的目标无线工作信道和目标载波工作频段；

步骤 4　软件平台模拟集中器通过串口向待测 CCO 下发"设置主节点地址"命令，在收到"确认"后，向待测 CCO 下发"添加从节点"命令，将目标网络站点的 MAC 地址下发到 CCO 中，等待"确认"；

步骤 5　软件平台收到待测 CCO 发出的"中央信标"及"网间协调帧后"，在 1 秒内发送无线信道编号以及与待测 CCO 网络相同的信标帧；

步骤 6　软件平台继续监测 CCO 网间协调帧和信标帧 60 秒。

①若在 60 秒内待测 CCO 更改了无线信道编号，则测试不通过；

②若在 60 秒内待测 CCO 保持无线信道编号，则测试通过。

## 6.10.3　无线信道 CCO 通过收到 STA 无线信道冲突上报报文调整信道测试用例——无线信道保持

无线信道 CCO 通过收到 STA 无线信道冲突上报报文调整信道测试用例——无线信道保持依据《双模通信互联互通技术规范　第 4-2 部分：数据链路层通信协议》，来验证无线信道 CCO 通过收到 STA 无线信道冲突上报报文调整信道测试——无线信道变更（本网络 MAC 地址较大）。本测试用例的检查项目如下：

待测 CCO 是否在超时结束之前保持现有信道不变。

无线信道 CCO 通过收到 STA 无线信道冲突上报报文调整信道测试用例——无线信道保持的报文交互示意图如图 6-61 所示。

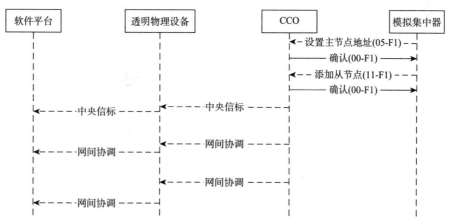

图 6-61　无线信道 CCO 通过收到 STA 无线信道冲突上报报文
调整信道测试用例——无线信道保持的报文交互示意图

无线信道 CCO 邻居网络信道与本网络无线信道冲突时协商测试用例——无线信道保持的测试步骤如下：

步骤 1　初始化台体环境；

步骤 2　连接设备，将 DUT 上电初始化；

步骤 3　软件平台在不同的载波频段上各发送 20 次测试命令帧（TMI4），设置 DUT 的

目标无线工作信道和目标载波工作频段；

步骤4 软件平台模拟集中器通过串口向待测 CCO 下发"设置主节点地址"命令，在收到"确认"后，向待测 CCO 下发"添加从节点"命令，将目标网络站点的 MAC 地址下发到 CCO 中，等待"确认"；

步骤5 测试平台模拟 STA1 入网；

步骤6 测试平台模拟 STA1 向待测 CCO 发送网络冲突上报报文（无线信道号与当前网络相同，但 MAC 地址比当前网络小）；

步骤7 若待测 CCO 在 60 秒之内保持现有信道不变（协议要求"如果冲突状态持续 30 分钟，则变更本网络的无线信道"，所以此处超时时间暂定为 60 秒，后续待协商），则测试通过；若发生变更，则测试不通过。

## 6.10.4 无线信道 CCO 通过收到 STA 无线信道冲突上报报文调整信道测试用例——无线信道变更

无线信道 CCO 通过收到 STA 无线信道冲突上报报文调整信道测试用例——无线信道变更依据《双模通信互联互通技术规范　第 4-2 部分：数据链路层通信协议》，来验证无线信道 CCO 通过收到 STA 无线信道冲突上报报文调整信道测试 --- 无线信道变更（本网络MAC 地址较小）。本测试用例的检查项目如下：

（1）是否进行无线信道号变更；

（2）信标无线变更条目是否正确。

无线信道 CCO 通过收到 STA 无线信道冲突上报报文调整信道测试用例——无线信道变更的报文交互示意图如图 6-62 所示。

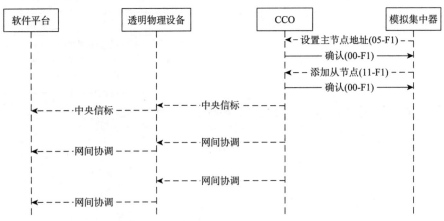

图 6-62　无线信道 CCO 通过收到 STA 无线信道冲突上报报文
调整信道测试用例——无线信道变更的报文交互示意图

无线信道 CCO 通过收到 STA 无线信道冲突上报报文调整信道测试用例——无线信道变更的测试步骤如下：

步骤1 初始化台体环境；

步骤2 连接设备，将 DUT 上电初始化；

步骤3 软件平台在不同的载波频段上各发送 20 次测试命令帧（TMI4），设置 DUT 的

目标无线工作信道和目标载波工作频段；

步骤 4　软件平台模拟集中器通过串口向待测 CCO 下发"设置主节点地址"命令，在收到"确认"后，向待测 CCO 下发"添加从节点"命令，将目标网络站点的 MAC 地址下发到 CCO 中，等待"确认"；

步骤 5　测试平台模拟 STA1 入网；

步骤 6　测试平台模拟 STA1 向待测 CCO 发送网络冲突上报报文（无线信道号与当前网络相同，但 MAC 地址比当前网络大）；

步骤 7　若待测 CCO 在超时时间内进行信道变更，且发送的无线信标中携带正确的无线变更条目则测试通过；否则，测试不通过。

## 6.10.5　STA 无线信道冲突上报测试用例

STA 无线信道冲突上报测试用例依据《双模通信互联互通技术规范　第 4-2 部分：数据链路层通信协议》，来进行 STA 无线信道冲突上报测试。本测试用例的检查项目如下：

测试 STA 是否正确发出无线信道冲突报文。

STA 无线信道冲突上报测试用例的报文交互示意图如图 6-63 所示。

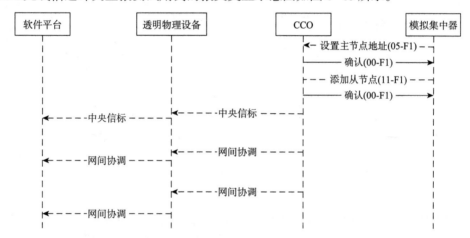

图 6-63　STA 无线信道冲突上报测试用例的报文交互示意图

STA 无线信道冲突上报测试用例的测试步骤如下：

步骤 1　初始化台体环境；

步骤 2　连接设备，将 DUT 上电初始化；

步骤 3　软件平台模拟电表，在收到待测 STA 的读表号请求后，向其下发表地址；

步骤 4　软件平台在不同的载波频段上各发送 20 次测试命令帧（TMI4），设置 DUT 的目标无线工作信道和目标载波工作频段；软件平台模拟 CCO1 向 DUT 发送"中央信标"；

步骤 5　软件平台模拟 CCO1 在收到待测 STA 发送的"关联请求报文"后，向待测 STA 发送"关联确认报文"；

步骤 6　软件平台模拟 CCO2 向待测 STA 发送"中央信标"，保持信标无线信道参数与CCO1 相同；

步骤 7　等待 STA 发送无线信道网络冲突报文，调用协议一致性评价模块以检查报文。

## 6.10.6 CCO认证STA入网测试用例

CCO认证STA入网测试用例依据《双模通信互联互通技术规范　第4-2部分：数据链路层通信协议》，来验证CCO认证STA入网情况。本测试用例的检查项目如下：

（1）测试CCO未收到非白名单中的STA发来的关联请求时，是否拒绝入网；

（2）测试CCO收到在白名单中的STA发来的关联请求，是否允许入网。

CCO认证STA入网测试用例的报文交互示意图如图6-64所示。

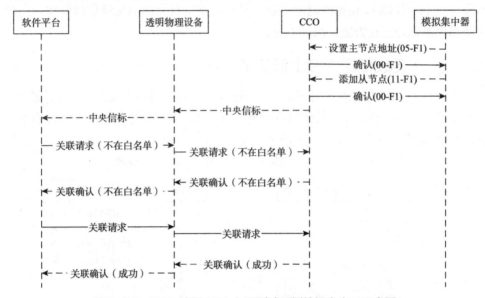

图6-64　CCO认证STA入网测试用例的报文交互示意图

CCO认证STA入网测试用例的测试步骤如下：

步骤1　初始化台体环境；

步骤2　连接设备，将DUT上电初始化；

步骤3　软件平台在不同的载波频段上各发送20次测试命令帧（TMI4），设置DUT的目标无线工作信道和目标载波工作频段；

步骤4　软件平台模拟集中器，向待测CCO下发"设置主节点地址"命令，在收到"确认"后，向待测CCO下发"添加从节点"命令，将STA的MAC地址下发到CCO中，等待"确认"；

步骤5　软件平台模拟非白名单中的未入网STA，并通过透明物理设备向待测CCO发送"关联请求报文"，查看其是否收到相应的"选择确认帧"；

①若未收到对应的"选择确认帧"，则测试不通过；

②若收到了对应的"选择确认帧"，则测试通过。

步骤6　启动定时器（定时时长为10秒），软件平台查看在定时器结束前是否收到了"关联确认报文"(结果字段为不在白名单中的站点)；

①定时器未结束，若收到正确的"关联确认报文"，结果为拒绝，原因为不在白名单内，则测试通过；

②定时器未结束，若收到正确的"关联确认报文"，结果为拒绝，但原因错误，则测试

不通过；

③定时器未结束，若收到正确的"关联确认报文"，但结果为成功，则测试不通过；

④定时器未结束，若收到"关联确认报文"，但报文错误，则测试不通过；

⑤定时器结束，若未收到关联确认报文，则测试不通过；

⑥若出现其他情况，则测试不通过。

步骤 7　软件平台模拟在白名单中的未入网 STA，并通过透明物理设备向待测 CCO 发送"关联请求报文"，查看其是否收到相应的"选择确认帧"；

①若未收到对应的"选择确认帧"，则测试不通过；

②若收到对应的"选择确认帧"，则测试通过。

步骤 8　启动定时器 (定时时长为 10 秒)，查看定时器在结束前是否收到了"关联确认报文"(结果字段为成功)。

①定时器未结束，若收到正确的"关联确认报文"，结果为成功，则测试通过；

②定时器未结束，若收到正确的"关联确认报文"，结果为拒绝，则测试不通过；

③定时器未结束，若收到"关联确认报文"，但报文错误，则测试不通过；

④定时器结束，若未收到"关联确认报文"，则测试不通过；

⑤若出现其他情况，则测试不通过。

注：需要"选择确认帧"确认的，若没有收到"选择确认帧"，则测试不通过；"发现列表报文""心跳检测报文"等其他不作为判断依据的报文被收到后，直接丢弃。

## 6.10.7　STA 多网络环境下的主动入网测试用例

STA 多网络环境下的主动入网测试用例依据《双模通信互联互通技术规范　第 4-2 部分：数据链路层通信协议》，来验证多网络环境下的 STA 主动入网情况。本测试用例的检查项目如下：

(1) 测试多网络环境下，在 STA 入网请求被某 CCO 拒绝后 (指定重新关联请求时间)，是否进行等待并重新发起入网请求；

(2) 测试多网络环境下，在 STA 入网请求被某 CCO 忽略后，是否选择其他 CCO 发起入网请求。

STA 多网络环境下的主动入网测试用例的报文交互示意图如图 6-65 所示。

STA 多网络环境下的主动入网测试用例的测试步骤如下：

步骤 1　初始化台体环境；

步骤 2　连接设备，将 DUT 上电初始化；

步骤 3　软件平台模拟电表，在收到待测 STA 的读表号请求后，向其下发表地址；

步骤 4　软件平台在不同的载波频段上各发送 20 次测试命令帧 (TMI4)，设置 DUT 的目标无线工作信道和目标载波工作频段；

步骤 5　软件平台模拟 CCO1，并通过透明物理设备向 DUT 发送"中央信标"；

步骤 6　软件平台的模拟 CCO1 在收到待测 STA 发送的"关联请求报文"后，通过透明物理设备向待测 STA 发送"关联确认报文"(拒绝入网，指定重新关联时间为 10 秒)；

步骤 7　启动定时器为 T1(定时时长为 10 秒)，定时器为 T2(定时时长为 20 秒)，查看定时器 T1 结束前是否再次收到"关联请求报文"，以及定时器 T1 结束后定时器 T2 结束前是

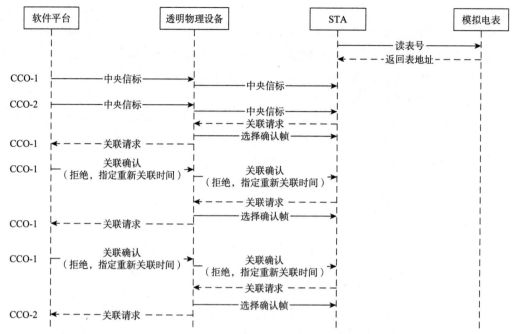

图6-65　STA多网络环境下的主动入网测试用例的报文交互示意图

否再次收到"关联请求报文";

①若定时器 T1 未结束,收到"关联请求报文",则测试不通过;

②若定时器 T1 结束,定时器 T2 未结束,收到"关联请求报文",但报文错误,则测试不通过;

③若定时器 T1 结束,定时器 T2 未结束,收到正确的"关联请求报文",则测试通过;

④若定时器 T1 结束,定时器 T2 结束,未收到"关联请求报文",则测试不通过;

⑤若出现其他情况,则测试不通过。

步骤8　软件平台的模拟 CCO1 在收到待测 STA 再次发送的"关联请求报文"后,通过透明物理设备向待测 STA 发送"关联确认报文"(拒绝入网,未指定重新关联时间);

步骤9　软件平台模拟 CCO2,并通过透明物理设备向 DUT 发送"中央信标",启动定时器(定时时长为15秒),查看软件平台的模拟 CCO2 是否能收到待测 STA 发出的"关联请求报文"。

①若定时器未结束,收到正确的"关联请求报文",则测试通过;

②若定时器未结束,收到"关联请求报文",但报文错误,则测试不通过;

③若定时器结束,未收到"关联请求报文",则测试不通过;

④若出现其他情况,则测试不通过。

注①:需要"选择确认帧"确认的,且没有收到"选择确认帧",则测试不通过;"发现列表报文""心跳检测报文"等其他不作为判断依据的报文被收到后,直接丢弃;

注②:测试第7步骤之前发送的关联确认帧中的"结果"字段应使用"不在白名单""在黑名单",明确告之待测 STA 应向其他网络申请关联请求入网。

## 6.10.8　STA 单网络环境下的主动入网测试用例

STA 单网络环境下的主动入网测试用例依据《双模通信互联互通技术规范　第 4-2 部分：数据链路层通信协议》，来验证单网络环境下的 STA 主动入网情况。本测试用例的检查项目如下：

（1）测试单网络环境下，在 STA 被拒绝入网后，是否进行等待并重新发起入网请求；

（2）测试单网络环境下，在 STA 被允许入网后，是否成功入网，并且软件测试平台是否能在规定的时隙内收到正确的发现信标。

STA 单网络环境下的主动入网测试用例的报文交互示意图如图 6-66 所示。

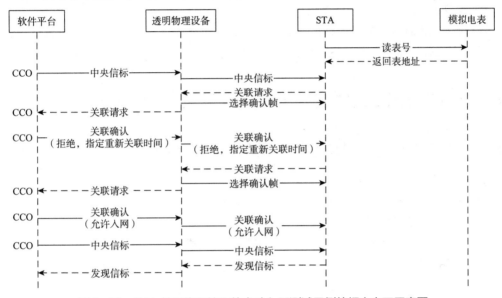

图 6-66　STA 单网络环境下的主动入网测试用例的报文交互示意图

STA 单网络环境下的主动入网测试用例的测试步骤如下：

步骤 1　初始化台体环境；

步骤 2　连接设备，将 DUT 上电初始化；

步骤 3　软件平台模拟电表，在收到待测 STA 的读表号请求后，向其下发表地址；

步骤 4　软件平台在不同的载波频段上各发送 20 次测试命令帧（TMI4），设置 DUT 的目标无线工作信道和目标载波工作频段；

步骤 5　软件平台模拟 CCO 向 DUT 发送"无线中央精简信标"；

步骤 6　软件平台模拟 CCO 在收到待测 STA 发送的"关联请求报文"后，向待测 STA 发送"关联确认报文"（拒绝入网，指定重新关联时间为 10 秒）；

步骤 7　启动定时器为 T1（定时时长为 10 秒），定时器为 T2（定时时长为 20 秒）查看定时器结束时是否再次收到"关联请求报文"；

①定时器 T1 未结束，若收到"关联请求报文"，则测试不通过；

②定时器 T1 结束，定时器 T2 未结束，若收到报文，但报文错误，则测试不通过；

③定时器 T1 结束，定时器 T2 未结束，若收到正确的"关联请求报文"，则测试通过；

④定时器 T1 结束，定时器 T2 结束，若未收到"关联请求报文"，则测试不通过；

⑤若出现其他情况，则测试不通过。

步骤8　软件平台模拟CCO在收到待测STA再次发送的"关联请求报文"后，通过透明物理设备向待测STA发送"关联确认报文"(允许入网)；

步骤9　软件平台模拟CCO通过透明物理设备向待测STA发送"无线中央信标"，安排其发送"发现信标"，并启动定时器(定时时长为10秒)，查看其是否收到待测STA发送的"发现信标"，以确认其已经成功入网。

①若在规定时隙内收到正确的"发现信标"，则测试通过；

②若在规定时隙内收到错误的"发现信标"，则测试不通过；

③若在规定时隙未收到"发现信标"，则测试不通过；

④若出现其他情况，则测试不通过。

注：需要"选择确认帧"确认的，若没有收到"选择确认帧"，则测试不通过；"发现列表报文""心跳检测报文"等其他不作为判断依据的报文被收到后，直接丢弃。

# 6.11　数据链路层单网络组网一致性测试用例

## 6.11.1　CCO通过1级单站点入网测试用例（允许）

CCO通过1级单站点入网测试用例(允许)依据《双模通信互联互通技术规范　第4-2部分：数据链路层通信协议》，来验证待测CCO通过1级单站点入网测试情况(允许)。本测试用例的检查项目如下：

验证待测CCO通过1级单站点入网测试情况(允许)。

CCO通过1级单站点入网测试用例(允许)的报文交互示意图如图6-67所示。

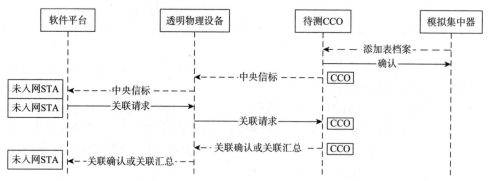

图6-67　CCO通过1级单站点入网测试用例(允许)的报文交互示意图

CCO通过1级单站点入网测试用例(允许)的测试步骤如下：

步骤1　初始化台体环境；

步骤2　连接设备，将DUT上电初始化；

步骤3　软件平台在不同的载波频段上各发送20次测试命令帧(TMI4)，设置DUT的目标无线工作信道和目标载波工作频段；

步骤4　软件平台向待测CCO下发"添加从节点"命令，将目标网络站点的MAC地址下发到CCO中，等待"确认"；

步骤 5　软件平台在收到待测 CCO 发出的"中央信标"后，模拟 STA 设备发送"关联请求"帧，启动定时器 15 秒；

步骤 6　若在定时时间内收不到"关联请求"帧的"结果"为 0 或 10 的"关联确认"或者"关联汇总"报文，则测试不通过；在收到后，调用一致性评价模块，若一致则测试通过，若不一致则测试不通过。

## 6.11.2　CCO 通过 1 级单站点入网测试用例（拒绝）

CCO 通过 1 级单站点入网测试用例（拒绝）依据《双模通信互联互通技术规范　第 4-2 部分：数据链路层通信协议》，来验证待测 CCO 通过 1 级单站点入网测试情况（拒绝）。本测试用例的检查项目如下：

验证待测 CCO 通过 1 级单站点入网测试情况（拒绝）。

CCO 通过 1 级单站点入网测试用例（拒绝）的报文交互示意图如图 6-68 所示。

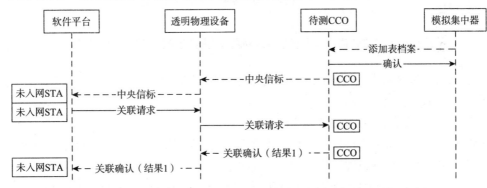

图 6-68　CCO 通过 1 级单站点入网测试用例（拒绝）的报文交互示意图

CCO 通过 1 级单站点入网测试用例（拒绝）的测试步骤如下：

步骤 1　初始化台体环境；

步骤 2　连接设备，将 DUT 上电初始化；

步骤 3　软件平台在不同的载波频段上各发送 20 次测试命令帧（TMI4），设置 DUT 的目标无线工作信道和目标载波工作频段；

步骤 4　软件平台向待测 CCO 下发"添加从节点"命令，将随机下发的非目标网络站点的 MAC 地址下发到 CCO 中，等待"确认"；

步骤 5　软件平台在收到待测 CCO 发出的"中央信标"后，模拟 STA 设备发送"关联请求"帧，启动定时器 15 秒；

步骤 6　若在定时时间内收不到"关联请求"帧的"结果"为 1 的"关联确认"报文，则测试不通过；在收到后；在调用一致性评价模块，若一致则测试通过，若不一致则测试不通过。

## 6.11.3　CCO 通过 1 级多站点入网测试用例（允许）

CCO 通过 1 级多站点入网测试用例（允许）依据《双模通信互联互通技术规范　第 4-2 部分：数据链路层通信协议》，来验证待测 CCO 通过 1 级多站点入网测试情况（允许）。本测试用例的检查项目如下：

验证待测 CCO 通过 1 级多站点入网测试情况（允许）。

CCO 通过 1 级多站点入网测试用例（允许）的报文交互示意图如图 6-69 所示。

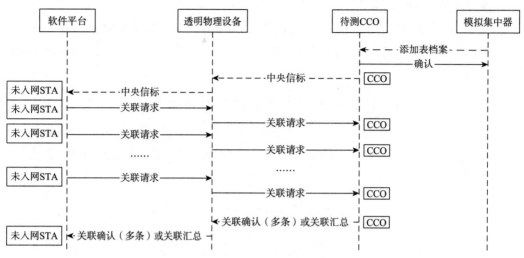

图 6-69　CCO 通过 1 级多站点入网测试用例（允许）的报文交互示意图

CCO 通过 1 级多站点入网测试用例（允许）的测试步骤如下：

步骤 1　初始化台体环境；

步骤 2　连接设备，将 DUT 上电初始化；

步骤 3　软件平台在不同的载波频段上各发送 20 次测试命令帧（TMI4），设置 DUT 的目标无线工作信道和目标载波工作频段；

步骤 4　软件平台向待测 CCO 下发"添加从节点"命令，将 MAC 地址为 000000000002-000000000010 下发到 CCO 中，等待"确认"；

步骤 5　软件平台收到待测 CCO 发出的"中央信标"后，需在 CSMA 时隙内模拟多个 STA 设备（MAC 地址为 000000000002-000000000010）发送"关联请求"，启动定时 15 秒；

步骤 6　若在定时时间内，收不到针对其所发送的"关联请求"的"关联确认"帧（结果为 0）或者"关联汇总"帧，则测试不通过；在收到后，调用一致性评价模块，若一致性不符则测试不通过，若符合则测试通过。

## 6.11.4　CCO 通过多级单站点入网测试用例（允许）

CCO 通过多级单站点入网测试用例（允许）依据《双模通信互联互通技术规范　第 4-2 部分：数据链路层通信协议》，来验证待测 CCO 通过多级单站点入网测试情况（允许）。本测试用例的检查项目如下：

验证待测 CCO 通过多级单站点入网测试情况（允许）。

CCO 通过多级单站点入网测试用例（允许）的报文交互示意图如图 6-70 所示。

CCO 通过多级单站点入网测试用例（允许）的测试步骤如下：

步骤 1　初始化台体环境；

步骤 2　连接设备，将 DUT 上电初始化；

步骤 3　软件平台在不同的载波频段上各发送 20 次测试命令帧（TMI4），设置 DUT 的目标无线工作信道和目标载波工作频段；

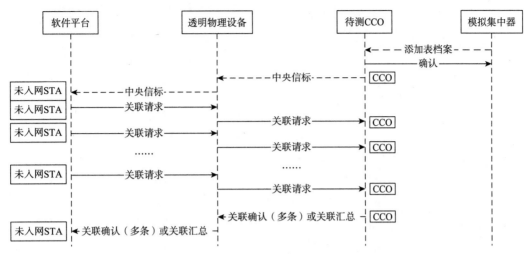

图 6-70　CCO 通过多级单站点入网测试用例 (允许) 的报文交互示意图

步骤 4　软件平台向待测 CCO 下发 "添加从节点" 命令, 将表号为 000000000002 和 000000000003 的 MAC 地址下发到 CCO 中, 等待 "确认";

步骤 5　软件平台在收到待测 CCO 发出的 "中央信标" 后, 模拟 STA 设备入网 (MAC 地址 000000000002) 成功后, 安排 STA 在规定的时隙内发送 "发信信标", 并启动定时 15 秒;

步骤 6　在定时时间结束后, 软件平台选择在 CSMA 的时隙, 发送已入网 STA (MAC 地址 000000000002) 转发的 "关联请求" 帧 (MAC 地址 000000000003), 并启动定时 10 秒;

步骤 7　在定时时间内, 若收不到 "关联确认" 帧 (结果为 0), 则测试不通过; 在收到后, 调用一致性评价模块, 若一致性不符则测试不通过, 若符合则测试通过。

## 6.11.5　CCO 通过多级单站点入网测试用例 (拒绝)

CCO 通过多级单站点入网测试用例 (拒绝) 依据《双模通信互联互通技术规范　第 4-2 部分: 数据链路层通信协议》, 来验证待测 CCO 通过多级单站点入网测试情况 (拒绝)。本测试用例的检查项目如下:

验证待测 CCO 通过多级单站点入网测试情况 (拒绝)。

CCO 通过多级单站点入网测试用例 (拒绝) 的报文交互示意图如图 6-71 所示。

CCO 通过多级单站点入网测试用例 (拒绝) 的测试步骤如下:

步骤 1　初始化台体环境;

步骤 2　连接设备, 将 DUT 上电初始化;

步骤 3　软件平台在不同的载波频段上各发送 20 次测试命令帧 (TMI4), 设置 DUT 的目标无线工作信道和目标载波工作频段;

步骤 4　软件平台向待测 CCO 下发 "添加从节点" 命令, 将表号为 000000000002 的 MAC 地址下发到 CCO 中, 等待 "确认";

步骤 5　软件平台收到待测 CCO 发出的 "中央信标" 后, 模拟 STA 设备入网 (MAC 地址 000000000002) 成功后, 启动定时 15 秒;

步骤 6　在定时时间结束后, 软件平台模拟 PCO 选择在 CSMA 的时隙, 发送转发的 "关联请求" 帧 (MAC 地址 000000000003, 未在白名单内), 并启动定时 10 秒;

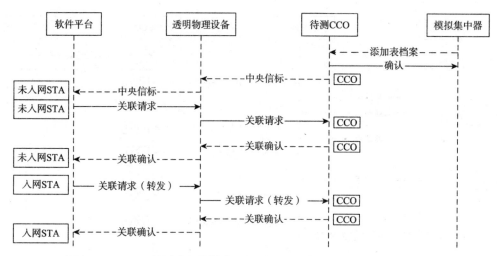

图6-71 CCO通过多级单站点入网测试用例（拒绝）的报文交互示意图

步骤7 若在定时时间内，未收到"关联确认"帧（结果为1），则测试不通过；在收到后，调用一致性评价模块，若一致性不符则测试不通过，若符合则测试通过。

## 6.11.6 STA通过中央信标中关联标志位入网测试用例

STA通过中央信标中关联标志位入网测试用例依据《双模通信互联互通技术规范 第4-2部分：数据链路层通信协议》，来验证待测STA通过中央信标中关联标志位入网测试情况。本测试用例的检查项目如下：

验证待测STA通过中央信标中关联标志位入网测试情况。

STA通过中央信标中关联标志位入网测试用例的报文交互示意图如图6-72所示。

STA通过中央信标中关联标志位入网测试用例的测试步骤如下：

步骤1 连接设备，将待测STA上电初始化；

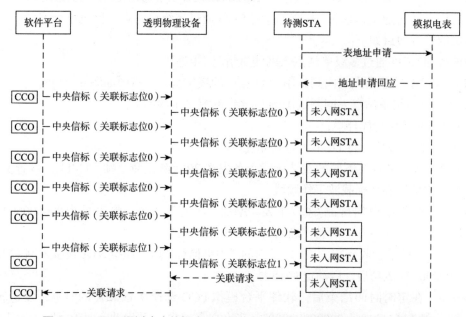

图6-72 STA通过中央信标中关联标志位入网测试用例的报文交互示意图

步骤 2　软件平台模拟电表，在收到待测 STA 的读表号请求后，向其下发表地址；

步骤 3　软件平台模拟 CCO 周期性向待测 STA 设备发送"中央信标"，在前 5 个信标周期中，信标帧载荷"开始关联标志位"为 0，查看站点是否发起关联。若收到关联请求，则认为不通过；若输出测试不通过记录，则测试结束；

步骤 4　从第 6 个周期开始，信标帧载荷"开始关联标志位"为 1，启动定时器（定时时长为 15 秒），等待待测 STA 发出的"关联请求"报文；

步骤 5　若在定时时间内软件平台收不到站点发出的"关联请求"报文，则测试不通过；在收到后，调用一致性评价模块并测试协议一致性，若一致则通过，若不一致则测试不通过。

## 6.11.7　STA 通过作为 2 级站点入网测试用例

STA 通过作为 2 级站点入网测试用例依据《双模通信互联互通技术规范　第 4-2 部分：数据链路层通信协议》，来验证待测 STA 通过作为 2 级站点入网测试情况。本测试用例的检查项目如下：

验证待测 STA 通过作为 2 级站点入网测试情况。

STA 通过作为 2 级站点入网测试用例的报文交互示意图如图 6-73 所示。

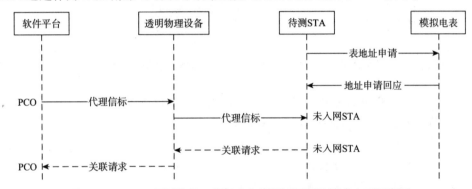

图 6-73　STA 通过作为 2 级站点入网测试用例的报文交互示意图

STA 通过作为 2 级站点入网测试用例的测试步骤如下：

步骤 1　连接设备，将待测 STA 上电初始化；

步骤 2　软件平台模拟电表，在收到待测 STA 的读表号请求后，向其下发表地址；

步骤 3　软件平台模拟 PCO 周期性地向待测 STA 设备发送"代理信标"（站点层级 1），同时启用定时器 15 秒；

步骤 4　在定时时间内软件平台等待待测 STA 向 PCO 发出"关联请求"报文；

步骤 5　若在定时时间内软件平台收不到站点发出的"关联请求"报文，则测试失败；在收到后，调用一致性评价模块并测试协议一致性，若一致则通过，若不一致则测试不通过。

## 6.11.8　STA 通过作为 1 级 PCO 功能使站点入网测试用例

STA 通过作为 1 级 PCO 功能使站点入网测试用例依据《双模通信互联互通技术规范　第 4-2 部分：数据链路层通信协议》，来验证待测 STA 通过作为 1 级 PCO 功能使站点入网测试情况。本测试用例的检查项目如下：

验证待测 STA 通过作为 1 级 PCO 功能使站点入网测试情况。

STA 通过作为 1 级 PCO 功能使站点入网测试用例的报文交互示意图如图 6-74 所示。

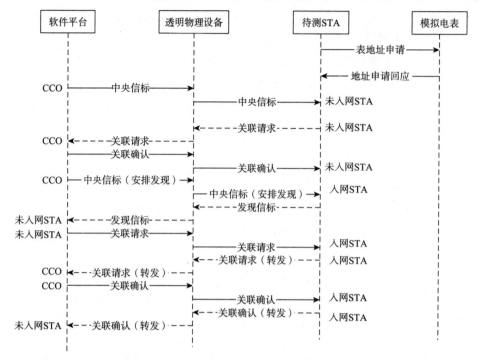

图 6-74　STA 通过作为 1 级 PCO 功能使站点入网测试用例的报文交互示意图

STA 通过作为 1 级 PCO 功能使站点入网测试用例的测试步骤如下：

步骤 1　连接设备，将待测 STA 上电初始化；

步骤 2　软件平台模拟电表，在收到待测 STA 的读表号请求后，向其下发表地址；

步骤 3　软件平台模拟 CCO 周期性地向待测 STA 设备发送"中央信标"帧，收到"关联请求"帧后，回复"关联确认"帧，使站点入网成功；

步骤 4　软件平台模拟 CCO 发送安排站点发送"发现信标"时隙的"中央信标"帧，启动定时时间为 15 秒，若在定时时间内软件平台收不到站点发出的"发现信标"报文，则测试失败；在收到后，调用一致性评价模块并测试协议一致性，若不一致则输出不通过；

步骤 5　软件平台模拟 STA 发送"关联请求"，启动定时时间为 15 秒，若在定时时间内收不到待测 STA 转发的"关联请求"帧，则测试不通过；在收到后，调用一致性评价模块并测试协议一致性，若不一致则输出不通过；

步骤 6　软件平台模拟 CCO 发送"关联确认"，启动定时时间为 10 秒，若在定时时间内收不到待测 STA 转发的"关联确认"帧，则测试不通过；在收到后，调用一致性评价模块并测试协议一致性，若不一致则测试不通过，若一致则测试通过。

## 6.11.9　STA 通过作为多级 PCO 功能使站点入网测试用例

STA 通过作为多级 PCO 功能使站点入网测试用例依据《双模通信互联互通技术规范　第 4-2 部分：数据链路层通信协议》，来验证待测 STA 通过作为多级 PCO 功能使站点入网测试情况。本测试用例的检查项目如下：

验证待测 STA 通过作为多级 PCO 功能使站点入网测试情况。

STA 通过作为多级 PCO 功能使站点入网测试用例的报文交互示意图如图 6-75 所示。

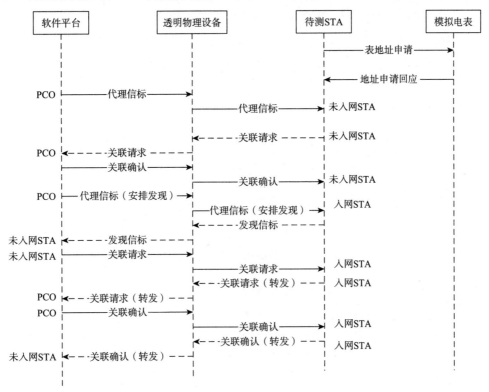

图 6-75　STA 通过作为多级 PCO 功能使站点入网测试用例的报文交互示意图

STA 通过作为多级 PCO 功能使站点入网测试用例的测试步骤如下：

步骤 1　连接设备，将待测 STA 上电初始化；

步骤 2　软件平台模拟电表，在收到待测 STA 的读表号请求后，向其下发表地址；

步骤 3　软件平台模拟 PCO 周期性地向待测 STA 设备发送"代理信标"帧，收到"关联请求"帧后，回复"关联确认"帧，使站点入网成功；

步骤 4　软件平台模拟 PCO 发送安排站点发送"发现信标"时隙的"代理信标"帧，启动定时时间为 15 秒，若在定时时间内软件平台收不到站点发出的"发现信标"报文，则测试失败；在收到后，调用一致性评价模块并测试协议一致性，若不通过则输出不通过；

步骤 5　软件平台模拟 STA 发送"关联请求"，启动定时时间为 15 秒，若在定时时间内收不到待测 STA 转发的"关联请求"帧，则测试不通过；在收到后，调用一致性评价模块并测试协议一致性，若不通过则输出不通过；

步骤 6　软件平台模拟 PCO 发送"关联确认"，启动定时时间为 10 秒，若在定时时间内收不到待测 STA 转发的"关联确认"帧，则测试不通过；在收到后，调用一致性评价模块并测试协议一致性，若不一致则输出不通过，若一致则测试通过。

## 6.11.10　STA 通过作为 15 级站点入网测试用例

STA 通过作为 15 级站点入网测试用例依据《双模通信互联互通技术规范　第 4-2 部分：

数据链路层通信协议》，来验证待测 STA 通过作为 15 级站点入网测试情况。本测试用例的检查项目如下：

验证待测 STA 通过作为 15 级站点入网测试情况。

STA 通过作为 15 级站点入网测试用例的报文交互示意图如图 6-76 所示。

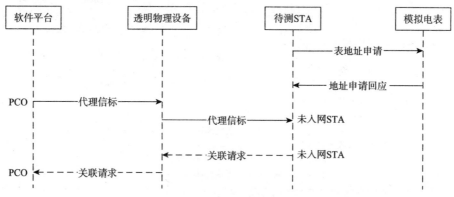

图 6-76　STA 通过作为 15 级站点入网测试用例的报文交互示意图

STA 通过作为 15 级站点入网测试用例的测试步骤如下：

步骤 1　连接设备，将待测 STA 上电初始化；

步骤 2　软件平台模拟电表，在收到待测 STA 的读表号请求后，向其下发表地址；

步骤 3　软件平台模拟 PCO 周期性地向待测 STA 设备发送"代理信标"（站点层级 14），同时启用定时器 15 秒；

步骤 4　在定时时间内软件平台等待待测 STA14 级代理节点发出的"关联请求"报文；

步骤 5　若在定时时间内软件平台收不到站点发出的"关联请求"报文，则测试失败；在收到后，调用一致性评价模块并测试协议一致性，若一致则通过，若不一致则测试不通过。

# 6.12　数据链路层网络维护一致性测试用例

## 6.12.1　CCO 无线发现列表报文测试用例

CCO 无线发现列表报文测试用例依据《双模通信互联互通技术规范　第 4-2 部分：数据链路层通信协议》，来验证 CCO 无线发现列表报文测试情况。本测试用例的检查项目如下：

（1）被测 CCO 无线发现列表报文及邻居节点信道信息；

（2）被测 CCO 中央信标，信标周期、路由周期、无线发现列表报文周期；

（3）测试用例计算完成时路由周期通信成功率不出现异常值（大于 0，小于等于 100）。

CCO 发现列表报文测试用例的报文交互示意图如图 6-77 所示。

CCO 无线发现列表报文测试用例的测试步骤如下：

步骤 1　选择链路层网络维护测试用例，给被测 CCO 上电；

步骤 2　信道侦听单元在收到被测试 CCO 的中央信标后，上传给测试台体，再发送到一致性评价模块，一致性评价模块判断被测 CCO 的中央信标正确后，通知软件测试平台；

步骤 3　软件测试平台通过透明物理设备发起关联请求报文，并申请入网；

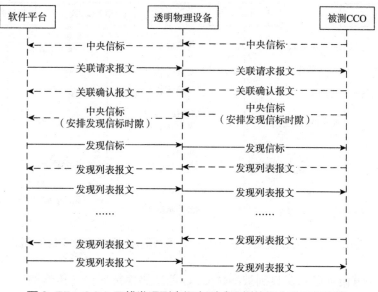

图 6-77　CCO 无线发现列表报文测试用例的报文交互示意图

步骤 4　被测 CCO 收到关联请求报文后，回复关联确认报文；

步骤 5　信道侦听单元收到被测 CCO 的关联确认报文后，上传给测试台体，再发送到一致性评价模块，一致性评价模块判断被测 CCO 的关联确认报文正确后，通知软件测试平台；

步骤 6　被测 CCO 发送中央信标，应该安排发现信标时隙、无线发现列表周期、路由周期、信标周期等参数；

步骤 7　信道侦听单元收到被测 CCO 的中央信标后，上传给测试台体，再发送到一致性评价模块；

步骤 8　测试用例根据中央信标的时隙和路由周期安排，通过透明物理设备发送发现信标报文、无线发现列表报文；

步骤 9　被测 CCO 根据中央信标无线发现列表周期发送无线发现列表报文；

步骤 10　信道侦听单元收到被测 CCO 的无线发现列表报文后，上传给测试台体，再发送到一致性评价模块；

步骤 11　测试用例依据被测 CCO 的无线发现列表报文，计算与被测 CCO 的通信成功率。

## 6.12.2　CCO 发离线指示让 STA 离线测试用例

CCO 发离线指示让 STA 离线测试用例依据《双模通信互联互通技术规范　第 4-2 部分：数据链路层通信协议》，来验证 CCO 离线指示让 STA 离线测试情况。本测试用例的检查项目如下：

被测 CCO 离线指示报文情况。

CCO 发离线指示让 STA 离线测试用例的报文交互示意图如图 6-78 所示。

CCO 发离线指示让 STA 离线测试用例的测试步骤如下：

步骤 1　选择链路层网络维护测试用例，给被测 CCO 上电，通过串口给 CCO 加载白名单；

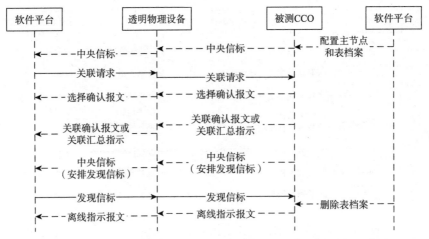

图6-78　CCO发离线指示让STA离线测试用例的报文交互示意图

步骤2　信道侦听单元在收到被测试CCO的中央信标后，上传给测试台体，再发送到一致性评价模块，一致性评价模块判断被测CCO的中央信标正确后，通知软件测试平台；

步骤3　软件测试平台通过透明物理设备发起关联请求报文，并申请入网；

步骤4　被测CCO收到关联请求报文后，回复关联确认报文；

步骤5　信道侦听单元收到被测CCO的关联确认报文后，上传给测试台体，再发送到一致性评价模块，一致性评价模块判断被测CCO的关联确认报文正确后，通知软件测试平台；

步骤6　被测CCO发送中央信标，应该安排无线发现信标时隙、无线发现列表周期、路由周期、信标周期等参数；

步骤7　信道侦听单元收到被测CCO的中央信标后，上传给测试台体，再发送到一致性评价模块；

步骤8　测试用例根据中央信标的时隙和路由周期安排，通过透明物理设备发送无线发现信标报文、无线发现列表报文；

步骤9　测试台体通过串口删除CCO白名单；

步骤10　被测CCO白名单变更生效后，发送离线指示报文；

步骤11　信道侦听单元收到被测CCO的离线指示报文后，上传给测试台体，再发送到一致性评价模块。

## 6.12.3　CCO判断STA离线未入网测试用例

CCO判断STA离线未入网测试用例依据《双模通信互联互通技术规范　第4-2部分：数据链路层通信协议》，来验证CCO判断STA离线未入网测试情况。本测试用例的检查项目如下：

被测CCO离线指示报文情况。

CCO判断STA离线未入网测试用例的报文交互示意图如图6-79所示。

CCO判断STA离线未入网测试用例的测试步骤如下：

步骤1　选择链路层网络维护测试用例，给被测CCO上电，通过串口给CCO加载白

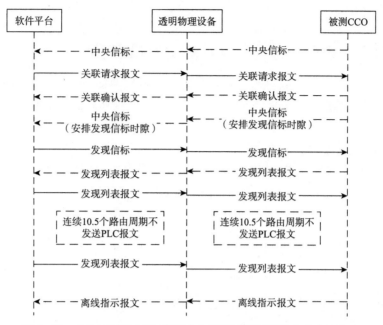

图6-79　CCO判断STA离线未入网测试用例的报文交互示意图

名单；

步骤2　信道侦听单元收到被测试CCO的中央信标后，上传给测试台体，再发送到一致性评价模块，一致性评价模块判断被测CCO的中央信标正确后，通知软件测试平台；

步骤3　软件测试平台通过透明物理设备发起关联请求报文，并申请入网；

步骤4　被测CCO收到关联请求报文后，回复关联确认报文；

步骤5　信道侦听单元收到被测CCO的关联确认报文后，上传给测试台体，再发送到一致性评价模块，一致性评价模块判断被测CCO的关联确认报文正确后，通知软件测试平台；

步骤6　测试用例依据关联确认报文MAC帧头发送类型字段判断是否回复选择确认帧；

步骤7　被测CCO发送中央信标，应该安排无线发现信标时隙、无线发现列表周期（10～255秒）、路由周期（20～420秒）、信标周期（1～15秒）等参数；

步骤8　信道侦听单元收到被测CCO的中央信标后，上传给测试台体，再发送到一致性评价模块；

步骤9　测试用例根据中央信标的时隙和路由周期安排，通过透明物理设备发送无线发现信标报文、无线发现列表报文；

步骤10　测试用例停止发送任何报文，持续10.5个路由周期；

步骤11　信道侦听单元收到被测CCO的信标帧后，上传给测试台体，再发送到一致性评价模块；

步骤12　在测试用例停止发送任何报文10.5个路由周期后，软件测试平台通过透明物理设备发送无线发现列表报文；

步骤13　被测CCO收到无线发现列表报文后，发送离线指示报文；

步骤14　信道侦听单元收到被测CCO的离线指示报文后，上传给测试台体，再发送到一致性评价模块。

### 6.12.4　STA一级站点无线发现列表报文测试用例

STA一级站点无线发现列表报文测试用例依据《双模通信互联互通技术规范　第4-2部分：数据链路层通信协议》，来验证STA一级站点无线发现列表报文测试情况。本测试用例的检查项目如下：

被测STA无线发现列表报文情况。

STA一级站点无线发现列表报文测试用例的报文交互示意图如图6-80所示。

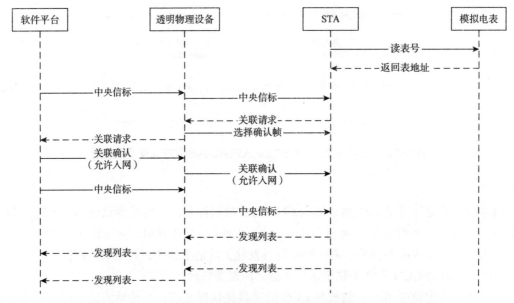

图6-80　STA一级站点无线发现列表报文测试用例的报文交互示意图

STA一级站点无线发现列表报文测试用例的测试步骤如下：

步骤1　选择链路层网络维护测试用例，给被测STA上电；

步骤2　软件测试平台通过透明物理设备发送中央信标帧，路由周期为20秒；

步骤3　被测STA收到中央信标帧后，发起关联请求报文，申请入网；

步骤4　信道侦听单元收到被测试STA的关联请求报文后，上传给测试台体，再发送到一致性评价模块；

步骤5　一致性评价模块判断被测STA的关联请求报文正确后，通知软件测试平台；

步骤6　软件测试平台通过透明物理设备发送关联并确认报文；

步骤7　被测STA收到关联确认报文；

步骤8　软件测试平台通过透明物理设备发送中央信标报文，中央信标安排被测STA无线发现信标时隙，路由周期为20秒，发现站点发现列表周期为2秒；

步骤9　被测STA收到中央信标帧后，根据无线发现列表周期发送无线发现列表报文；

步骤10　信道侦听单元在收到被测STA的无线发现列表报文后，上传给测试台体，再发送到一致性评价模块，在一个路由周期内（20秒）应接收到多个被测STA无线发现列表报文。

## 6.12.5 STA 二级站点无线发现列表报文测试用例

STA 二级站点无线发现列表报文测试用例依据《双模通信互联互通技术规范 第 4-2 部分：数据链路层通信协议》，来验证 STA 二级站点无线发现列表报文测试情况。本测试用例的检查项目如下：

被测 STA 无线发现列表报文

站点属性信息、站点路由信息、邻居节点信道信息。

STA 二级站点无线发现列表报文测试用例的报文交互示意图如图 6-81 所示。

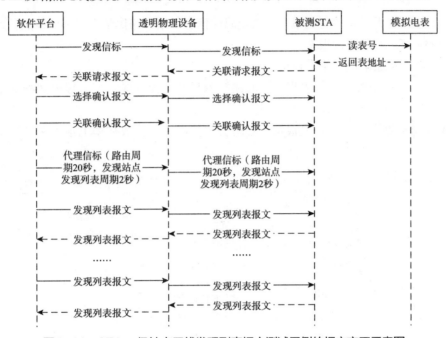

图 6-81 STA 二级站点无线发现列表报文测试用例的报文交互示意图

STA 二级站点无线发现列表报文测试用例的测试步骤如下：

步骤 1 选择链路层网络维护测试用例，给被测 STA 上电；

步骤 2 软件测试平台通过透明物理设备发送无线发现信标帧；

步骤 3 被测 STA 收到无线发现信标帧后，发起关联请求报文，申请入网；

步骤 4 信道侦听单元收到被测试 STA 的关联请求报文后，上传给测试台体，再发送到一致性评价模块；

步骤 5 一致性评价模块判断被测 STA 的关联请求报文正确后，通知软件测试平台；

步骤 6 软件测试平台通过透明物理设备发送关联确认报文；

步骤 7 被测 STA 收到关联确认报文；

步骤 8 软件测试平台通过透明物理设备发送无线代理信标报文，无线代理信标中安排被测 STA 无线发现信标时隙，路由周期为 20 秒，无线发现列表周期为 2 秒；

步骤 9 被测 STA 收到无线代理信标帧后，根据无线发现列表周期发送无线发现列表报文；

步骤 10 软件测试平台通过透明物理设备按照无线发现列表周期发送无线发现列表报文；

步骤 11 信道侦听单元收到被测 STA 的无线发现列表报文后，上传给测试台体，再发送到一致性评价模块，在一个路由周期内（20秒）应接收到多个被测 STA 无线发现列表报文。

## 6.12.6 STA 代理站点无线发现列表报文、心跳检测报文、通信成功率上报报文测试用例

STA 代理站点无线发现列表报文、心跳检测报文、通信成功率上报报文测试用例依据《双模通信互联互通技术规范　第 4-2 部分：数据链路层通信协议》，来验证 STA 代理站点无线发现列表报文、心跳检测报文、通信成功率上报报文测试情况。本测试用例的检查项目如下：

（1）被测 STA 无线发现列表报文、站点属性信息、站点路由信息、邻居节点信道信息；

（2）被测 STA 心跳检测报文；

（3）被测 STA 通信成功率上报报文。

STA 代理站点无线发现列表报文、心跳检测报文、通信成功率上报报文测试用例的报文交互示意图如图 6-82 所示。

STA 代理站点无线发现列表报文、心跳检测报文、通信成功率上报报文测试用例的测试步骤如下：

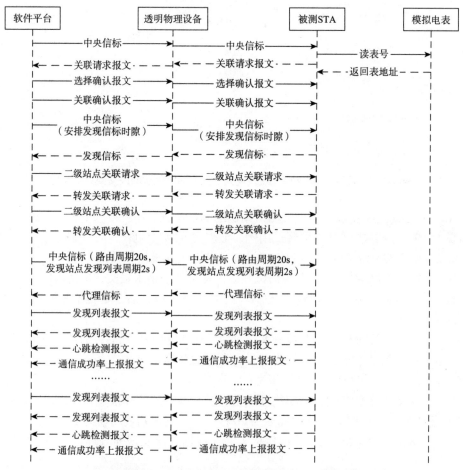

图 6-82　STA 代理站点无线发现列表报文、心跳检测报文、
通信成功率上报报文测试用例的报文交互示意图

步骤 1　选择链路层网络维护测试用例，给被测 STA 上电；

步骤 2　软件测试平台通过透明物理设备发送中央信标帧；

步骤 3　被测 STA 收到中央信标帧后，发起关联请求报文，申请入网；

步骤 4　信道侦听单元收到被测试 STA 的关联请求报文后，上传给测试台体，再发送到一致性评价模块；

步骤 5　一致性评价模块判断被测 STA 的关联请求报文正确后，通知软件测试平台；

步骤 6　软件测试平台通过透明物理设备发送关联确认报文；

步骤 7　被测 STA 收到关联确认报文；

步骤 8　软件测试平台通过透明物理设备发送中央信标报文，中央信标中安排被测 STA 无线发现信标时隙，路由周期为 20 秒，无线发现列表周期为 2 秒；

步骤 9　被测 STA 收到中央信标帧后，根据无线发现信标时隙发送无线发现信标；

步骤 10　软件测试平台通过透明物理设备模拟二级站点关联请求报文给被测 STA，信道侦听单元收到被测 STA 转发的关联请求报文后，上传给测试台体，再发送到一致性评价模块；

步骤 11　软件测试平台通过透明物理设备发送二级站点关联确认报文给被测 STA；

步骤 12　被测 STA 收到二级站点关联确认报文后，转发二级站点关联确认报文；

步骤 13　信道侦听单元收到被测 STA 转发的二级站点关联确认报文后，上传给测试台体，再发送到一致性评价模块；

步骤 14　软件测试平台通过透明物理设备发送中央信标，中央信标中安排被测 STA 无线代理信标时隙，二级站点发现信标时隙，路由周期为 20 秒，无线发现列表周期为 2 秒；

步骤 15　被测 STA 收到中央信标后，发送无线代理信标；

步骤 16　信道侦听单元收到被测 STA 的无线代理信标后，上传给测试台体，再发送到一致性评价模块；

步骤 17　软件测试平台通过透明物理设备发送无线发现信标报文；

步骤 18　测试用例按照无线发现列表周期通过透明物理设备发送 CCO 无线发现列表报文；

步骤 19　被测 STA 按照无线发现列表周期发送无线发现列表报文；

步骤 20　软件测试平台通过透明物理设备按照无线发现列表周期发送无线发现列表报文；

步骤 21　被测 STA 按照 1/8 路由周期发送心跳检测报文，按照 4 个路由周期发送通信成功率上报报文；

步骤 22　信道侦听单元收到被测 STA 的无线发现列表报文、心跳检测报文、通信成功率上报报文后，上传给测试台体，再发送到一致性评价模块，在一个路由周期内应接收到多个被测 STA 无线发现列表报文，一个路由周期内应受到多个心跳检测报文，四个路由周期内至少收到一次通信成功率上报报文。

## 6.12.7　STA 收到离线指示报文后主动离线测试用例

STA 收到离线指示报文后主动离线测试用例依据《双模通信互联互通技术规范　第 4-2 部分：数据链路层通信协议》，来验证 STA 收到离线指示报文后主动离线测试情况。本测试用例的检查项目如下：

（1）被测 STA 入网后，收到 CCO 离线指示报文，应主动离线；

（2）被测 STA 主动离线后，在收到中央信标报文时，应再次发起关联请求并加入网络。

STA 收到离线指示报文后主动离线测试用例的报文交互示意图如图 6-83 所示。

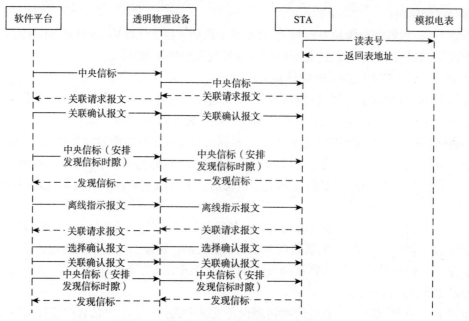

图6-83　STA收到离线指示报文后主动离线测试用例的报文交互示意图

STA 收到离线指示报文后主动离线测试用例的测试步骤如下：

步骤1　选择链路层网络维护测试用例，给被测 STA 上电；

步骤2　软件测试平台通过透明物理设备发送中央信标帧；

步骤3　被测 STA 在收到中央信标帧后，发起关联请求报文，申请入网；

步骤4　信道侦听单元收到被测试 STA 的关联请求报文后，上传给测试台体，再发送到一致性评价模块；

步骤5　一致性评价模块判断被测 STA 的关联请求报文正确后，通知软件测试平台；

步骤6　软件测试平台通过透明物理设备发送关联确认报文；

步骤7　被测 STA 收到关联确认报文；

步骤8　软件测试平台通过透明物理设备发送中央信标报文，中央信标中安排被测 STA 无线发现信标时隙；

步骤9　被测 STA 收到中央信标帧后，根据中央信标安排的时隙发送无线发现信标报文；

步骤10　信道侦听单元收到被测 STA 的无线发现信标报文后，上传给测试台体，再发送到一致性评价模块；

步骤11　软件测试平台通过透明物理设备发送被测 STA 离线指示报文；

步骤12　被测 STA 在收到离线指示报文后，应主动离线；

步骤13　测试用例按照信标周期通过透明物理设备发送中央信标，被测 STA 在收到中央信标后，重新发起关联请求加入网络；

步骤 14　信道侦听单元收到被测 STA 的关联请求报文后，上传给测试台体，再发送到一致性评价模块；

步骤 15　一致性评价模块判断被测 STA 的关联请求报文正确后，通知软件测试平台；

步骤 16　软件测试平台通过透明物理设备发送关联确认报文；

步骤 17　被测 STA 收到关联确认报文；

步骤 18　软件测试平台通过透明物理设备发送中央信标报文，中央信标中安排被测 STA 无线发现信标时隙；

步骤 19　被测 STA 收到中央信标帧后，根据中央信标安排的时隙发送无线发现信标报文；

步骤 20　信道侦听单元收到被测 STA 的无线发现信标报文后，上传给测试台体，再发送到一致性评价模块。

## 6.12.8　STA 检测到其层级超过 15 级主动离线测试用例

STA 检测到其层级超过 15 级主动离线测试用例依据《双模通信互联互通技术规范　第 4-2 部分：数据链路层通信协议》，来验证 STA 检测到其层级超过 15 级主动离线测试情况。本测试用例的检查项目如下：

（1）被测 STA 入网后，发现本身站点层级超过 15 级，应主动离线；

（2）被测 STA 主动离线后，收到中央信标报文，应再次发起关联请求并加入网络。

STA 检测到其层级超过 15 级主动离线测试用例的报文交互示意图如图 6-84 所示。

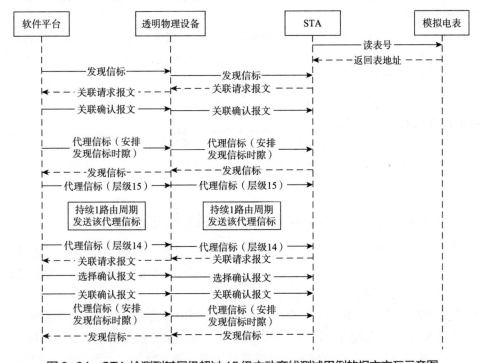

图 6-84　STA 检测到其层级超过 15 级主动离线测试用例的报文交互示意图

STA 检测到其层级超过 15 级主动离线测试用例的测试步骤如下：

步骤 1　选择链路层网络维护测试用例，给被测 STA 上电；

步骤 2　软件测试平台通过透明物理设备发送无线发现信标帧；

步骤 3　被测 STA 收到无线发现信标帧后，发起关联请求报文，申请入网；

步骤 4　信道侦听单元收到被测试 STA 的关联请求报文后，上传给测试台体，再发送到一致性评价模块；

步骤 5　一致性评价模块判断被测 STA 的关联请求报文正确后，通知软件测试平台；

步骤 6　软件测试平台通过透明物理设备发送关联确认报文；

步骤 7　被测 STA 收到关联确认报文；

步骤 8　软件测试平台通过透明物理设备发送无线代理信标报文，无线代理信标中安排被测 STA 无线发现信标时隙；

步骤 9　被测 STA 收到无线代理信标帧后，根据无线发现信标时隙发送无线发现信标；

步骤 10　信道侦听单元收到被测 STA 的无线发现信标报文后，上传给测试台体，再发送到一致性评价模块；

步骤 11　软件测试平台通过透明物理设备按照信标时隙，发送无线代理信标，其站点能力条目层级变更为 15 级，连续发送 1 个路由周期；

步骤 12　被测 STA 收到无线代理信标帧后，应主动离线；

步骤 13　软件测试平台通过透明物理设备按照信标时隙，发送无线代理信标，站点能力条目中 STA 层级变更为 14 级；

步骤 14　被测 STA 收到代理信标帧后，发起关联请求；

步骤 15　信道侦听单元收到被测试 STA 的关联请求报文后，上传给测试台体，再发送到一致性评价模块；

步骤 16　一致性评价模块判断被测 STA 的关联请求报文正确后，通知软件测试平台；

步骤 17　软件测试平台通过透明物理设备发送关联确认报文；

步骤 18　被测 STA 收到关联确认报文；

步骤 19　软件测试平台通过透明物理设备发送无线代理信标报文，无线代理信标中安排被测 STA 无线发现信标时隙；

步骤 20　被测 STA 在收到中央信标帧后，根据无线发现信标时隙发送无线发现信标；

步骤 21　信道侦听单元收到被测 STA 的无线发现信标报文后，上传给测试台体，再发送到一致性评价模块。

## 6.12.9　STA 两个路由周期收不到信标主动离线测试用例

STA 两个路由周期收不到信标主动离线测试用例依据《双模通信互联互通技术规范第 4-2 部分：数据链路层通信协议》，来验证 STA 连续两个路由周期均收不到信标主动离线测试情况。本测试用例的检查项目如下：

（1）被测 STA 入网后，超过两个路由周期在收不到信标的情况下，应主动离线；

（2）被测 STA 主动离线后，收到中央信标报文，应再次发起关联请求并加入网络。

STA 两个路由周期收不到信标主动离线测试用例的报文交互示意图如图 6-85 所示。

STA 两个路由周期收不到信标主动离线测试用例的测试步骤如下：

步骤 1　选择链路层网络维护测试用例，给被测 STA 上电；

步骤 2　软件测试平台通过透明物理设备发送中央信标帧；

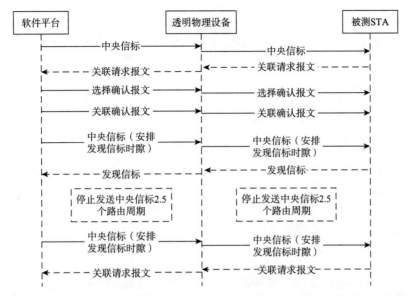

图 6-85　STA 两个路由周期收不到信标主动离线测试用例的报文交互示意图

步骤 3　被测 STA 收到中央信标帧后，发起关联请求报文，申请入网；

步骤 4　信道侦听单元收到被测试 STA 的关联请求报文后，上传给测试台体，再发送到一致性评价模块；

步骤 5　一致性评价模块判断被测 STA 的关联请求报文正确后，通知软件测试平台；

步骤 6　软件测试平台通过透明物理设备发送关联确认报文；

步骤 7　被测 STA 收到关联确认报文；

步骤 8　软件测试平台通过透明物理设备发送中央信标报文，中央信标中安排被测 STA 无线发现信标时隙；

步骤 9　被测 STA 在收到中央信标帧后，根据中央信标安排的时隙发送无线发现信标报文；

步骤 10　信道侦听单元收到被测 STA 的无线发现信标报文后，上传给测试台体，再发送到一致性评价模块；

步骤 11　测试用例停止发送中央信标，应超过 2.5 个路由周期后再发送中央信标；

步骤 12　信道侦听单元在 $n$ 秒内接收，到被测 STA 的关联请求报文后，上传给测试台体，再发送到一致性评价模块，超时未收到被测 STA 的关联请求则认为测试不通过。

## 6.12.10　STA 连续四个路由周期通信成功率为 0 主动离线测试用例

STA 连续四个路由周期通信成功率为 0 主动离线测试用例依据《双模通信互联互通技术规范　第 4-2 部分：数据链路层通信协议》，来验证 STA 连续四个路由周期通信成功率为 0 主动离线测试情况。本测试用例的检查项目如下：

（1）被测 STA 入网后，连续超过四个路由周期收不到无线发现列表报文，计算通信成功率为 0，应主动离线；

（2）被测 STA 主动离线后，接收到中央信标报文，应再次发起关联请求，加入网络。

STA 连续四个路由周期通信成功率为 0 主动离线测试用例的报文交互示意图如图 6-86

所示。

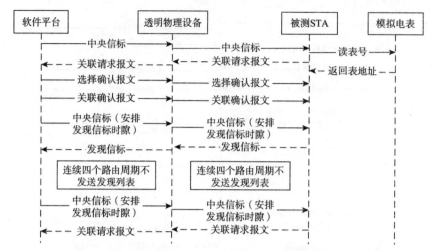

图6-86 STA连续四个路由周期通信成功率为0主动离线测试用例的报文交互示意图

STA连续四个路由周期通信成功率为0主动离线测试用例的测试步骤如下：

步骤1 选择链路层网络维护测试用例，给被测STA上电；

步骤2 软件测试平台通过透明物理设备发送中央信标帧；

步骤3 被测STA收到中央信标帧后，发起关联请求报文，申请入网；

步骤4 信道侦听单元收到被测试STA的关联请求报文后，上传给测试台体，再发送到一致性评价模块；

步骤5 一致性评价模块判断被测STA的关联请求报文正确后，通知软件测试平台；

步骤6 软件测试平台通过透明物理设备发送关联确认报文；

步骤7 被测STA收到关联确认报文；

步骤8 软件测试平台通过透明物理设备发送中央信标报文，中央信标中安排被测STA无线发现信标时隙；

步骤9 被测STA在收到中央信标帧后，根据中央信标安排的时隙发送无线发现信标报文；

步骤10 信道侦听单元收到被测STA的发现信标报文后，上传给测试台体，再发送到一致性评价模块；

步骤11 测试用例按照信标周期通过透明物理设备发送中央信标报文，不发送无线发现列表报文且超过连续四个路由周期后；

步骤12 信道侦听单元在 $n$ 秒内接收到被测STA的关联请求报文后，上传给测试台体，再发送到一致性评价模块，超时未收到被测STA的关联请求则认为测试不通过。

## 6.12.11 STA收到组网序列号发生变化后主动离线测试用例

STA收到组网序列号发生变化后主动离线测试用例依据《双模通信互联互通技术规范 第4-2部分：数据链路层通信协议》，来验证STA收到组网序列号发生变化后主动离线测试情况。本测试用例的检查项目如下：

（1）被测STA入网后，发现CCO组网序列号发生变化，应主动离线；

（2）被测 STA 主动离线后，接收到中央信标报文，应再次发起关联请求（新的组网序列号），加入网络。

STA 收到组网序列号发生变化后主动离线测试用例的报文交互示意图如图 6-87 所示。

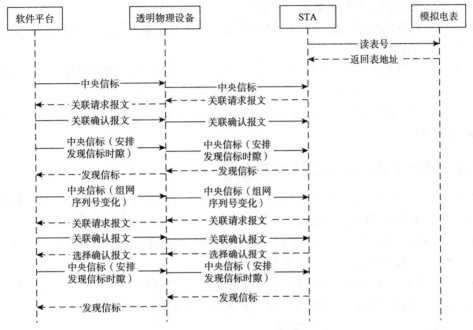

图6-87 STA 收到组网序列号发生变化后主动离线测试用例的报文交互示意图

STA 收到组网序列号发生变化后主动离线测试用例的测试步骤如下：

步骤1 选择链路层网络维护测试用例，给被测 STA 上电；

步骤2 软件测试平台通过透明物理设备发送中央信标帧；

步骤3 被测 STA 收到中央信标帧后，发起关联请求报文，申请入网；

步骤4 信道侦听单元收到被测试 STA 的关联请求报文后，上传给测试台体，再发送到一致性评价模块；

步骤5 一致性评价模块判断被测 STA 的关联请求报文正确后，通知软件测试平台；

步骤6 软件测试平台通过透明物理设备发送关联并确认报文；

步骤7 被测 STA 收到关联确认报文；

步骤8 软件测试平台通过透明物理设备发送中央信标报文，中央信标中安排被测 STA 无线发现信标时隙；

步骤9 被测 STA 收到中央信标帧后，根据中央信标安排的时隙发送无线发现信标报文；

步骤10 信道侦听单元收到被测 STA 的无线发现信标报文后，上传给测试台体，再发送到一致性评价模块；

步骤11 测试用例变更组网序列号通过透明物理设备发送中央信标报文（组网序列号变化）；

步骤12 被测 STA 在收到中央信标帧后，发现组网序列号发生变化，重新发起关联请求报文；

步骤13 信道侦听单元收到被测 STA 的关联请求报文后，上传给测试台体，再发送到一致性评价模块；

步骤14　一致性评价模块判断被测 STA 的关联请求报文正确后，通知软件测试平台；

步骤15　软件测试平台通过透明物理设备发送关联并确认报文；

步骤16　被测 STA 收到关联确认报文；

步骤17　软件测试平台通过透明物理设备发送中央信标报文，中央信标中安排被测 STA 无线发现信标时隙；

步骤18　被测 STA 在收到中央信标帧后，根据中央信标安排的时隙发送无线发现信标报文；

步骤19　信道侦听单元收到被测 STA 的发现信标报文后，上传给测试台体，再发送到一致性评价模块。

## 6.12.12　STA 动态路由维护测试用例

STA 动态路由维护测试用例依据《双模通信互联互通技术规范　第 4-2 部分：数据链路层通信协议》，来验证 STA 动态路由维护测试情况。本测试用例的检查项目如下：

（1）被测 STA 入网后，如果原 HPLC 代理或原 RF 链路代理通信质量差，收到新站点信标和发现列表且通信质量较好，应发起代理变更请求；

（2）被测 STA 代理变更请求成功后，重新维护路由表项和层级。

STA 动态路由维护测试用例的报文交互示意图如图 6-88 所示。

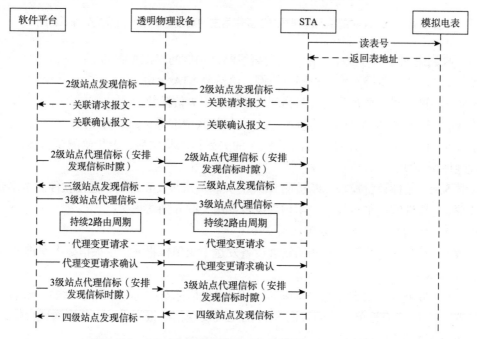

图 6-88　STA 动态路由维护测试用例的报文交互示意图

STA 动态路由维护测试用例的测试步骤如下：

步骤1　选择链路层网络维护测试用例，给被测 STA 上电；

步骤2　软件测试平台通过透明物理设备发送无线发现信标帧，站点能力条目层级为 1；

步骤3　被测 STA 在收到无线发现信标帧后，发起关联请求报文，申请入网；

步骤 4　信道侦听单元收到被测试 STA 的关联请求报文后,上传给测试台体,再发送到一致性评价模块;

步骤 5　一致性评价模块判断被测 STA 的关联请求报文正确后,通知软件测试平台;

步骤 6　软件测试平台通过透明物理设备发送关联确认报文;

步骤 7　被测 STA 收到关联确认报文;

步骤 8　软件测试平台通过透明物理设备发送无线代理信标报文,无线代理信标中安排被测 STA 无线发现信标时隙;

步骤 9　被测 STA 在收到代理信标帧后,根据无线发现信标时隙发送无线发现信标,站点能力条目层级为 2;

步骤 10　信道侦听单元收到被测 STA 的无线发现信标报文后,上传给测试台体,再发送到一致性评价模块;

步骤 11　软件测试平台通过透明物理设备按照无线发现信标时隙发送无线发现信标(2级站点,站点 MAC 地址和 TEI 变更),并设置组网完成;软件测试平台通过透明物理设备按照路由周期发送无线发现列表报文(2 级站点),无线发现列表中携带 1 级站点、被测 STA 站点信息;

步骤 12　两个路由周期后,被测 STA 发送代理变更请求给 2 级站点;

步骤 13　信道侦听单元收到被测 STA 的代理变更请求报文后,上传给测试台体,再发送到一致性评价模块,判断转发代理变更请求正确后,通知软件测试平台;

步骤 14　软件测试平台通过透明物理设备发送 2 级站点代理变更请求并确认报文;

步骤 15　被测 STA 收到 2 级站点代理变更请求确认报文后,变更相应的路由表项及层级;

步骤 16　软件测试平台通过透明物理设备发送无线代理信标报文,无线代理信标中安排被测 STA 无线发现信标时隙;

步骤 17　被测 STA 收到无线代理信标帧后,根据无线发现信标时隙发送无线发现信标,站点能力条目层级为 3;

步骤 18　信道侦听单元收到被测 STA 的无线发现信标报文后,上传给测试台体,再发送到一致性评价模块。

# 6.13　安全算法一致性测试用例

## 6.13.1　SHA256 算法测试用例

SHA256 算法测试用例依据《双模通信互联互通技术规范　第 4-2 部分:数据链路层通信协议》,来验证 CCO 或 STA SHA256 算法加密的处理情况。本测试用例的检查项目如下:

待测 STA 或 CCO 上报到测试平台的哈希结果与预期一致。

SHA256 算法测试用例的报文交互示意图如图 6-89 所示。

SHA256 算法测试用例的测试步骤如下:

步骤 1　初始化台体环境;

步骤 2　连接设备,将 DUT 上电初始化;

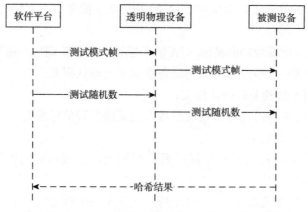

图6-89　SHA256算法测试用例的报文交互示意图

步骤3　软件平台在不同的载波频段上各发送20次测试命令帧（TMI4），设置DUT的目标无线工作信道和目标载波工作频段；

步骤4　软件平台发送20次测试命令帧（载波工作频段/TMI4/PB136），使DUT进入SHA256算法测试模式；

步骤5　软件平台通过随机算法生成一组400字节的随机数组，在发送完成后启动2秒等待定时器；

步骤6　被测STA或待测CCO在收到随机数后，模块端进行SHA256加密处理，把哈希结果通过串口上传到测试台体，再发送到一致性评价模块；

步骤7　一致性评价模块判断被测STA或被测CCO串口上传哈希结果是否正确；

步骤8　在2秒定时器结束前，若被测STA或被测CCO的串口上传哈希结果正确则表示测试通过。

## 6.13.2　SM3算法测试用例

SM3算法测试用例依据《双模通信互联互通技术规范　第4-2部分：数据链路层通信协议》，来验证CCO或STA SM3算法加密的处理情况。本测试用例的检查项目如下：

待测STA或CCO上报到测试平台的哈希结果与预期一致。

SM3算法测试用例的报文交互示意图如图6-90所示。

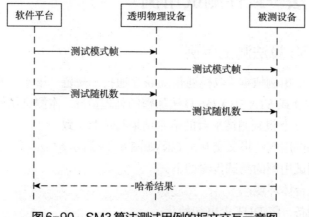

图6-90　SM3算法测试用例的报文交互示意图

SM3 算法测试用例的测试步骤如下：

步骤 1　初始化台体环境；

步骤 2　连接设备，将 DUT 上电初始化；

步骤 3　软件平台在不同的载波频段上各发送 20 次测试命令帧（TMI4），设置 DUT 的目标无线工作信道和目标载波工作频段；

步骤 4　软件平台发送 20 次测试命令帧（载波工作频段 /TMI4/PB136），使 DUT 进入 SM3 算法测试模式；

步骤 5　软件平台通过随机算法生成一组 400 字节的随机数组，在发送完成后启动 2 秒等待定时器；

步骤 6　被测 STA 或待测 CCO 在收到随机数后，模块端进行 SM3 加密处理，把哈希结果通过串口上传到测试台体，再发送到一致性评价模块；

步骤 7　一致性评价模块判断被测 STA 或被测 CCO 串口上传哈希结果是否正确；

步骤 8　在 2 秒定时器结束前，被测 STA 或被测 CCO 的串口收到上传哈希结果，若验证哈希结果正确则表示测试通过。

### 6.13.3　ECC 签名测试用例

ECC 签名测试用例依据《双模通信互联互通技术规范　第 4-2 部分：数据链路层通信协议》，来验证 CCO 或 STA ECC 签名的处理情况。本测试用例的检查项目如下：

测试平台收到待测 STA 或 CCO 上报的签名和公钥，用公钥验签成功。

ECC 签名测试用例的报文交互示意图如图 6-91 所示。

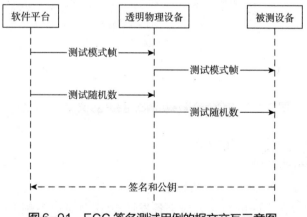

图 6-91　ECC 签名测试用例的报文交互示意图

ECC 签名测试用例的测试步骤如下：

步骤 1　初始化台体环境；

步骤 2　连接设备，将 DUT 上电初始化；

步骤 3　软件平台在不同的载波频段上各发送 20 次测试命令帧（TMI4），设置 DUT 的目标无线工作信道和目标载波工作频段；

步骤 4　软件平台发送 20 次测试命令帧（载波工作频段 /TMI4/PB136），使 DUT 进入 ECC 签名测试模式；

步骤 5　软件平台通过随机算法生成一组 352 字节的随机数组，在发送完成后启动 2 秒等待定时器；

步骤 6　被测 STA 或待测 CCO 在收到随机数后，模块端进行派生 ECC256 密钥对操作：通过曲线 Brainpool256 和 ECDSA+SHA256 算法对随机数进行签名后，把签名和公钥分别通过串口上传给测试台体，再发送到一致性评价模块；

步骤 7　一致性评价模块判断被测 STA 或被测 CCO 串口上传的公钥能否验签成功；

步骤 8　在 2 秒定时器结束前，若一致性评价模块用单板串口上报的公钥验签成功，则表示测试通过。

## 6.13.4　ECC 验签成功测试用例

ECC 验签成功测试用例依据《双模通信互联互通技术规范　第 4-2 部分：数据链路层通信协议》，来验证 CCO 或 STA ECC 验签成功的处理情况。本测试用例的检查项目如下：

测试平台收到待测 STA 或 CCO 上报验签成功的结果。

ECC 验签成功测试用例的报文交互示意图如图 6-92 所示。

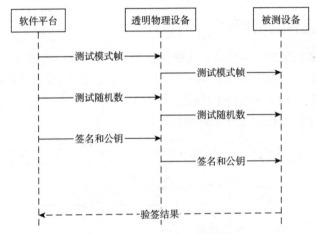

图 6-92　ECC 验签成功测试用例的报文交互示意图

ECC 验签成功测试用例的测试步骤如下：

步骤 1　初始化台体环境；

步骤 2　连接设备，将 DUT 上电初始化；

步骤 3　软件平台在不同的载波频段上各发送 20 次测试命令帧（TMI4），设置 DUT 的目标无线工作信道和目标载波工作频段；

步骤 4　软件平台发送 20 次测试命令帧（载波工作频段 /TMI4/PB136），使 DUT 进入 ECC 验签测试模式；

步骤 5　软件平台进行派生 ECC256 密钥对操作：通过曲线 Brainpool256、生成一组 352 字节的随机数组和 ECDSA+SHA256 算法对随机数进行签名，软件测试平台通过透明物理设备发送随机数、签名和公钥，在发送完成后启动 2 秒定时器；

步骤 6　被测 STA 或待测 CCO 在收到签名和公钥后，待测模块用公钥完成验签处理，将验签的结果发送到一致性评价模块；

步骤 7　在 2 秒定时器结束前，若一致性评价模块收到待测模块返回的验签成功结果，则表示测试通过。

### 6.13.5　ECC 验签失败测试用例

ECC 验签失败测试用例依据《双模通信互联互通技术规范　第 4-2 部分：数据链路层通信协议》，来验证 CCO 或 STA ECC 验签失败的处理情况。本测试用例的检查项目如下：

测试平台收到待测 STA 或 CCO 上报验签失败的结果。

ECC 验签失败测试用例的报文交互示意图如图 6-93 所示。

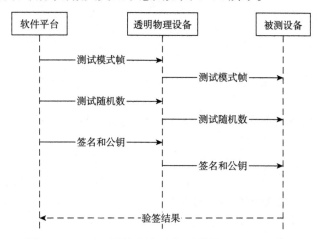

图 6-93　ECC 验签失败测试用例的报文交互示意图

ECC 验签失败测试用例的测试步骤如下：

步骤 1　初始化台体环境；

步骤 2　连接设备，将 DUT 上电初始化；

步骤 3　软件平台在不同的载波频段上各发送 20 次测试命令帧（TMI4），设置 DUT 的目标无线工作信道和目标载波工作频段；

步骤 4　软件平台发送 20 次测试命令帧（载波工作频段 /TMI4/PB136），使 DUT 进入 ECC 验签测试模式；

步骤 5　软件平台进行派生 ECC256 密钥对操作：通过曲线 Brainpool256、生成一组 352 字节的随机数组和 ECDSA+SHA256 算法对随机数进行签名，修改公钥中的某个字段，软件测试平台通过透明物理设备发送随机数、签名和修改后的公钥，在发送完成后启动 2 秒定时器；

步骤 6　被测 STA 或待测 CCO 在收到签名和公钥后，待测模块用公钥完成验签处理，将验签的结果发送到一致性评价模块；

步骤 7　在 2 秒定时器结束前，若一致性评价模块收到待测模块返回的验签失败结果，则表示测试通过。

### 6.13.6　SM2 签名测试用例

SM2 签名测试用例依据《双模通信互联互通技术规范　第 4-2 部分：数据链路层通信协

议》，来验证 CCO 或 STA SM2 签名的处理情况。本测试用例的检查项目如下：

测试平台收到待测 STA 或 CCO 上报的签名和公钥，用公钥验签成功。

SM2 签名测试用例的报文交互示意图如图 6-94 所示。

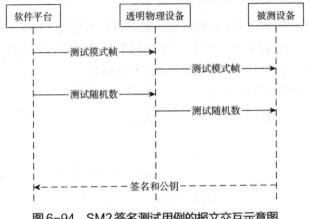

图 6-94　SM2 签名测试用例的报文交互示意图

SM2 签名测试用例的测试步骤如下：

步骤 1　初始化台体环境；

步骤 2　连接设备，将 DUT 上电初始化；

步骤 3　软件平台在不同的载波频段上各发送 20 次测试命令帧（TMI4），设置 DUT 的目标无线工作信道和目标载波工作频段；

步骤 4　软件平台发送 20 次测试命令帧（载波工作频段 /TMI4/PB136），使 DUT 进入 SM2 签名测试模式；

步骤 5　软件平台进行派生 SM2 密钥对操作，生成一组 352 字节的随机数组并通过 SM2+SM3 算法对随机数进行签名，软件测试平台通过透明物理设备发送随机数、签名和公钥，其中用户 ID 采用默认值（SM2 用户 id 使用默认值 "0×31 0×32 0×33 0×34 0×35 0×36 0×37 0×38 0×31 0×32 0×33 0×34 0×35 0×36 0×37 0×38"），用户 ID 不需要透传给测试平台。在发送完成后，启动 2 秒定时器；

步骤 6　被测 STA 或待测 CCO 在收到随机数、签名和公钥后，待测模块用公钥完成验签处理，将验签成功的结果发送到一致性评价模块；

步骤 7　在 2 秒定时器结束前，若一致性评价模块收到待测模块返回的验签成功结果，则表示测试通过。

## 6.13.7　SM2 验签成功测试用例

SM2 验签成功测试用例依据《双模通信互联互通技术规范　第 4-2 部分：数据链路层通信协议》，来验证 CCO 或 STA SM2 验签成功的处理情况。本测试用例的检查项目如下：

测试平台收到待测 STA 或 CCO 上报验签成功的结果。

SM2 验签成功测试用例的报文交互示意图如图 6-95 所示。

SM2 验签成功测试用例的测试步骤如下：

步骤 1　初始化台体环境；

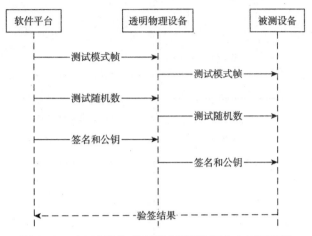

图6-95 SM2验签成功测试用例的报文交互示意图

步骤2 连接设备，将 DUT 上电初始化；

步骤3 软件平台在不同的载波频段上各发送20次测试命令帧（TMI4），设置 DUT 的目标无线工作信道和目标载波工作频段；

步骤4 软件平台发送20次测试命令帧（载波工作频段 /TMI4/PB136），使 DUT 进入 SM2 签名测试模式；

步骤5 软件平台进行派生 SM2 密钥对操作，生成一组352字节的随机数组并通过 SM2+SM3 算法对随机数进行签名，软件测试平台通过透明物理设备发送随机数、签名和公钥，其中用户 ID 采用默认值（SM2 用户 id 使用默认值 "0×31 0×32 0×33 0×34 0×35 0×36 0×37 0×38 0×31 0×32 0×33 0×34 0×35 0×36 0×37 0×38"），用户 ID 不需要透传给测试平台。在发送完成后，启动2秒定时器；

步骤6 被测 STA 或待测 CCO 收到随机数、签名和公钥后，待测模块用公钥完成验签处理，将验签成功的结果发送到一致性评价模块；

步骤7 在2秒定时器结束前，若一致性评价模块收到待测模块返回的验签成功结果，则表示测试通过。

## 6.13.8 SM2 验签失败测试用例

SM2 验签失败测试用例依据《双模通信互联互通技术规范 第 4-2 部分：数据链路层通信协议》，来验证 CCO 或 STA ECC 验签失败的处理情况。本测试用例的检查项目如下：

测试平台收到待测 STA 或 CCO 上报验签失败的结果。

SM2 验签失败测试用例的报文交互示意图如图 6-96 所示。

SM2 验签失败测试用例的测试步骤如下：

步骤1 初始化台体环境；

步骤2 连接设备，将 DUT 上电初始化；

步骤3 软件平台在不同的载波频段上各发送 20 次测试命令帧（TMI4），设置 DUT 的目标无线工作信道和目标载波工作频段；

步骤4 软件平台发送 20 次测试命令帧（载波工作频段 /TMI4/PB136），使 DUT 进入 SM2 验签测试模式；

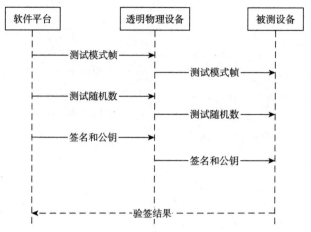

图 6-96 SM2 验签失败测试用例的报文交互示意图

步骤 5 软件平台进行派生 SM2 密钥对操作，生成一组 352 字节的随机数组并通过 SM2+SM3 算法对随机数进行签名，修改公钥中的某个字段，软件测试平台通过透明物理设备发送随机数、签名和修改后的公钥。在发送完成后，启动 2 秒定时器；

步骤 6 被测 STA 或待测 CCO 收到随机数、签名和公钥后，待测模块用公钥完成验签处理，将验签成功的结果发送到一致性评价模块；

步骤 7 在 2 秒定时器结束前，若一致性评价模块收到待测模块返回的验签失败结果，则表示测试通过。

## 6.13.9 AES-CBC 加密测试用例

高级加密标准密码块链（Advanced Encryption Standard Cipher Block Chaining, AES-CBC）加密测试用例依据《双模通信互联互通技术规范 第 4-2 部分：数据链路层通信协议》，来验证 CCO 或 STA AES-CBC 加密的处理情况。本测试用例的检查项目如下：

测试平台收到待测 STA 或 CCO 上报 IV 和 AES-CBC 的最后一次加密密文，将密文解密后的明文和下发的随机数进行比较。

AES-CBC 加密测试用例的报文交互示意图如图 6-97 所示。

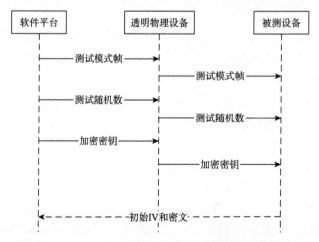

图 6-97 AES-CBC 加密测试用例的报文交互示意图

AES-CBC 加密测试用例的测试步骤如下：

步骤 1　初始化台体环境；

步骤 2　连接设备，将 DUT 上电初始化；

步骤 3　软件平台在不同的载波频段上各发送 20 次测试命令帧（TMI4），设置 DUT 的目标无线工作信道和目标载波工作频段；

步骤 4　软件平台发送 20 次测试命令帧（载波工作频段 /TMI4/PB136），使 DUT 进入 AES-CBC 加密测试模式；

步骤 5　软件平台通过随机算法生成一组 400 字节的随机数组和加密密钥，软件测试平台通过透明物理设备发送随机数和加密密钥。在发送完成后，启动 6 秒定时器，同时测试台体进行迭代加密 10 万次，得到最后一次加密的密文，用于与待测模块上报的数据进行对比；

步骤 6　被测 STA 或待测 CCO 收到随机数和加密公钥，待测模块进行迭代加密处理 10 万次处理后，待测模块通过串口上报 IV（被测模块仅生成一次）和 AES-CBC 最后一次加密后的密文到测试台体。在 6 秒定时器结束前，对接收到串口上报的密文，发送到一致性评价模块；

步骤 7　一致性评价模块对比待测模块上报的密文，若与测试台体计算的密文一致，则表示测试通过。

## 6.13.10　AES-CBC 解密测试用例

AES-CBC 解密测试用例依据《双模通信互联互通技术规范　第 4-2 部分：数据链路层通信协议》，来验证 CCO 或 STA AES-CBC 解密的处理情况。本测试用例的检查项目如下：

测试平台收到待测 STA 或 CCO 上报解密后的明文，与下发的随机数进行比较。

AES-CBC 解密测试用例的报文交互示意图如图 6-98 所示。

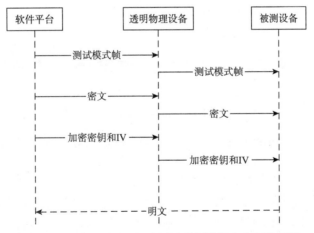

图 6-98　AES-CBC 解密测试用例的报文交互示意图

AES-CBC 解密测试用例的测试步骤如下：

步骤 1　初始化台体环境；

步骤 2　连接设备，将 DUT 上电初始化；

步骤 3　软件平台在不同的载波频段上各发送 20 次测试命令帧（TMI4），设置 DUT 的目标无线工作信道和目标载波工作频段；

步骤4　软件平台发送20次测试命令帧（载波工作频段/TMI4/PB136），使DUT进入AES-CBC解密测试模式；

步骤5　软件平台通过随机算法生成一组400字节的随机数组、加密密钥和IV，使用AES-CBC加密算法对随机数进行加密生成密文，软件测试平台通过透明物理设备发送加密密钥、IV和AES-CBC加密的密文，发送完成后，启动2秒定时器；

步骤6　被测STA或待测CCO收到加密密钥、IV和AES-CBC加密的密文，待测模块进行解密处理后，待测模块通过串口上报解密后的明文给测试台体，再发送到一致性评价模块；

步骤7　在2秒定时器结束前，一致性评价模块将收到待测模块上报的明文，若与下发的随机数一致则表示测试通过。

## 6.13.11　AES-GCM加密测试用例

高级加密标准－伽罗瓦/计数器模式（Advamced Encryption Standard-Galois/Counter Mode, AES-GCM）加密测试用例依据《双模通信互联互通技术规范　第4-2部分：数据链路层通信协议》，来验证CCO或STA AES-GCM加密的处理情况。本测试用例的检查项目如下：

测试平台收到待测STA或CCO上报初始IV和AES-GCM最后加密密文和MAC值，与测试台体加密后的密文和MAC值比较。

AES-GCM加密测试用例的报文交互示意图如图6-99所示。

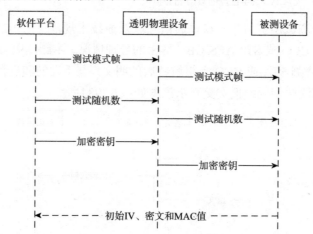

图6-99　AES-GCM加密测试用例的报文交互示意图

AES-GCM加密测试用例的测试步骤如下。

步骤1　初始化台体环境；

步骤2　连接设备，将DUT上电初始化；

步骤3　软件平台在不同的载波频段上各发送20次测试命令帧（TMI4），设置DUT的目标无线工作信道和目标载波工作频段；

步骤4　软件平台发送20次测试命令帧（载波工作频段/TMI4/PB136），使DUT进入AES-GCM加密测试模式；

步骤5　软件平台通过随机算法生成一组400字节的随机数组和加密密钥，软件测试平台通过透明物理设备发送随机数和加密密钥。在发送完成后，启动6秒定时器，同时测试台体进行迭代加密 10 万次，每次加密 IV 值递增 1，从低位开始增加，得到最后一次加密的密文和 MAC 值，用于与待测模块上报的进行对比；

步骤 6　被测 STA 或待测 CCO 在接收到随机数和加密公钥后，待测模块进行迭代加密 10 万次处理，待测模块的 IV 在 10 万次迭代加密过程中 IV 值进行递增 1，从低位开始（即 IV 数组左侧递增，向右侧进位）；

步骤 7　待测模块通过串口上报初始 IV 和 AES-GCM 最后一次加密后的密文和 MAC 值到测试台体，在 6 秒定时器结束前，测试台体接收到串口上报的密文和 MAC 值，发送到一致性评价模块；

步骤 8　将一致性评价模块与待测模块上报的密文和 MAC 值进行对比，若与测试台体计算的密文和 MAC 值均一致，则表示测试通过。

## 6.13.12　AES-GCM 解密测试用例

AES-GCM 解密测试用例依据《双模通信互联互通技术规范　第 4-2 部分：数据链路层通信协议》，来验证 CCO 或 STA AES-GCM 解密的处理情况。本测试用例的检查项目如下：

测试平台收到待测 STA 或 CCO 上报解密后的明文，与下发的随机数进行比较。

AES-GCM 解密测试用例的报文交互示意图如图 6-100 所示。

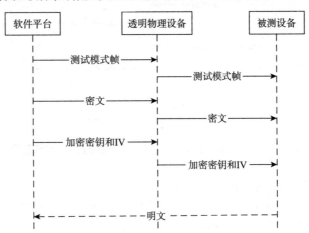

图 6-100　AES-GCM 解密测试用例的报文交互示意图

AES-GCM 解密测试用例的测试步骤如下：

步骤 1　初始化台体环境；

步骤 2　连接设备，将 DUT 上电初始化；

步骤 3　软件平台在不同的载波频段上各发送 20 次测试命令帧（TMI4），设置 DUT 的目标无线工作信道和目标载波工作频段；

步骤 4　软件平台发送 20 次测试命令帧（载波工作频段 /TMI4/PB136），使 DUT 进入 AES-GCM 解密测试模式；

步骤 5　软件平台通过随机算法生成一组 400 字节的随机数组、加密密钥和 IV，使用 AES-GCM 加密算法对随机数进行加密生成密文，软件测试平台通过透明物理设备发送加密密钥、IV 和 AES-GCM 加密的密文，在发送完成后，启动 2 秒定时器；

步骤 6　被测 STA 或待测 CCO 收到加密密钥、IV 和 AES-GCM 加密的密文，待测模块进行解密处理后，待测模块通过串口上报解密后的明文给测试台体，再发送到一致性评价模块；

步骤 7    在 2 秒定时器结束前，一致性评价模块收到待测模块上报的明文，若与下发的随机数一致则表示测试通过。

## 6.13.13    SM4-CBC 加密测试用例

SM4-CBC 加密测试用例依据《双模通信互联互通技术规范    第 4-2 部分：数据链路层通信协议》，来验证 CCO 或 STA SM4-CBC 加密的处理情况。本测试用例的检查项目如下：

测试平台收到待测 STA 或 CCO 上报 IV 和国密 SM4 分组密码算法 – 密码块链接（SM4-Cipher Block Chaining SM4-CBC）最后一次加密密文，将其与测试台体加密后的密文进行比较。

SM4-CBC 加密测试用例的报文交互示意图如图 6-101 所示；

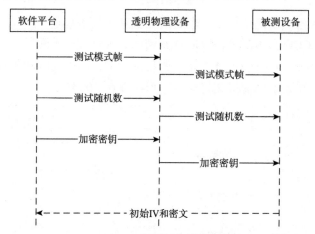

图 6-101    SM4-CBC 加密测试用例的报文交互示意图

SM4-CBC 加密测试用例的测试步骤如下：

步骤 1    初始化台体环境；

步骤 2    连接设备，将 DUT 上电初始化；

步骤 3    软件平台在不同的载波频段上各发送 20 次测试命令帧（TMI4），设置 DUT 的目标无线工作信道和目标载波工作频段；

步骤 4    软件平台发送 20 次测试命令帧（载波工作频段 /TMI4/PB136），使 DUT 进入 SM4-CBC 加密测试模式；

步骤 5    软件平台通过加密算法生成随机数和加密密钥，软件测试平台通过无线透明物理设备发送随机数和加密密钥，在发送完成后，启动 6 秒定时器，同时测试台体进行迭代加密 10 万次，得到最后一次加密的密文，用于与待测模块上报的数据进行对比；

步骤 6    被测 STA 或待测 CCO 收到随机数和加密公钥后，待测模块进行迭代加密 10 万次处理后，待测模块通过串口上报 IV（被测模块仅生成一次）和 SM4-CBC 加密之后的密文到测试台体，在 6 秒定时器结束前，测试台体将接收到串口上报的密文，将其发送到一致性评价模块；

步骤 7    一致性评价模块对比待测模块上报的密文，若与测试台体计算的密文一致则表示测试通过。

### 6.13.14　SM4-CBC 解密测试用例

SM4-CBC 解密测试用例依据《双模通信互联互通技术规范　第 4-2 部分：数据链路层通信协议》，来验证 CCO 或 STA SM4-CBC 解密的处理情况。本测试用例的检查项目如下：

测试平台收到待测 STA 或 CCO 上报解密后的明文，与下发的随机数进行比较。

SM4-CBC 解密测试用例的报文交互示意图如图 6-102 所示。

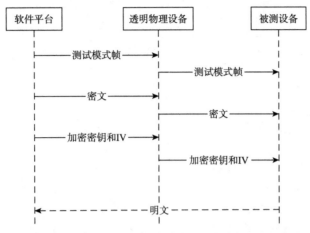

**图 6-102　SM4-CBC 解密测试用例的报文交互示意图**

SM4-CBC 解密测试用例的测试步骤如下：

步骤 1　初始化台体环境；

步骤 2　连接设备，将 DUT 上电初始化；

步骤 3　软件平台在不同的载波频段上各发送 20 次测试命令帧（TMI4），设置 DUT 的目标无线工作信道和目标载波工作频段；

步骤 4　软件平台发送 20 次测试命令帧（载波工作频段 /TMI4/PB136），使 DUT 进入 SM4-CBC 解密测试模式；

步骤 5　软件平台通过随机算法生成随机数、加密密钥和 IV，使用 SM4-CBC 加密算法对随机数进行加密生成密文，软件测试平台通过透明物理设备发送加密密钥、IV 和 SM4-CBC 加密的密文，在发送完成后，启动 2 秒定时器；

步骤 6　被测 STA 或待测 CCO 收到加密密钥、IV 和 SM4-CBC 加密的密文，待测模块将其进行解密处理后，待测模块将通过串口上报解密后的明文将测试台体，再发送到一致性评价模块；

步骤 7　在 2 秒定时器结束前，一致性评价模块将收到待测模块上报的明文，若与下发的随机数一致则表示测试通过。

## 6.14　应用层升级一致性测试用例

### 6.14.1　CCO 在线升级流程测试用例

CCO 在线升级流程测试用例依据《双模通信互联互通技术规范　第 4-3 部分：应用层

通信协议》，来验证待测 CCO 是否能够接收虚拟集中器发送过来的 STA 升级文件，并通过电力线网络对 STA 进行升级操作。本测试用例的检查项目如下：

(1) 检测 CCO 在接收完子节点升级文件后，是否能在规定时间内发送开始升级报文；

(2) 检测 CCO 在发送完所有文件数据包后，是否发送查询站点升级状态报文；

(3) 检测虚拟 STA 回复升级状态应答报文后，CCO 是否下发执行升级报文。

CCO 在线升级流程测试用例的报文交互示意图如图 6-103 所示。

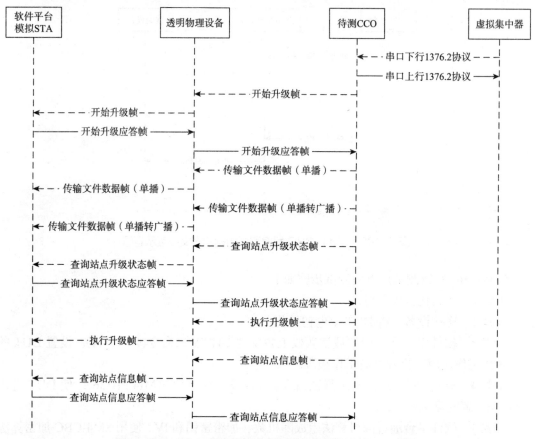

图 6-103  CCO 在线升级流程测试用例的报文交互示意图

CCO 在线升级流程测试用例的测试步骤如下：

步骤 1  初始化台体环境；

步骤 2  连接设备，将 DUT 上电初始化；

步骤 3  软件平台在不同的载波频段上各发送 20 次测试命令帧（TMI4），设置 DUT 的目标无线工作信道和目标载波工作频段；

步骤 4  软件平台模拟 STA 与路由完成组网过程；平台模拟虚拟集中器，发送 AFN=15，Fn=1(清除下装文件操作)，虚拟集中器通过 Q/GDW 1376.2 帧下发子节点升级文件；

步骤 5  CCO 下发开始升级报文，软件平台模拟 STA 回复开始升级应答报文；

步骤 6  CCO 下发传输文件数据报文；

步骤 7  CCO 下发查询站点升级状态报文，软件平台模拟 STA 回复查询站点升级状态应答报文，该报文提示所有数据包接收完成；

步骤 8　CCO 下发执行升级报文。

## 6.14.2　STA 在线升级流程测试用例

STA 在线升级流程测试用例依据《双模通信互联互通技术规范　第 4-3 部分：应用层通信协议》，来验证待测 STA 是否能够通过 CCO 发送的升级报文，并且按照规约要求的步骤完成在线升级。本测试用例的检查项目如下：

（1）检测 STA（空闲态）能否在接收到查询站点信息报文后回复查询站点信息应答报文；

（2）检测 STA（空闲态）能否在接收到开始升级报文后回复开始升级应答报文；

（3）检测 STA（接收进行态）能否在接收到传输文件数据报文（单播转广播）时广播发送传输文件数据报文；

（4）检测 STA（接收进行态）能否在接收到查询站点升级状态报文时回复查询站点升级状态应答报文；

（5）检测 STA（升级完成态）在接收到执行升级报文后能否在规定时间间隔完成复位；复位时间间隔起始点为 CCO 发送执行升级报文的时间，终止点为 STA 下挂虚拟电表收到 STA 下发的首个 DL/T 645 数据的报文时间；

（6）检测 STA 复位并重新组网完成后，能否在接收到查询站点信息报文后回复查询站点信息应答报文，且文件长度和 CRC 是否与下发的更新文件一致。

STA 在线升级流程测试用例的报文交互示意图如图 6-104 所示。

STA 在线升级流程测试用例的测试步骤如下：

步骤 1　初始化台体环境；

步骤 2　连接设备，将 DUT 上电初始化；

步骤 3　软件平台模拟电表，在收到待测 STA 的读表号请求后，向其下发表地址；

步骤 4　软件平台在不同的载波频段上各发送 20 次测试命令帧（TMI4），设置 DUT 的目标无线工作信道和目标载波工作频段；软件平台模拟 CCO 与待测 STA 完成组网；

步骤 5　软件平台模拟 CCO 下发查询站点信息报文，查看是否能在规定时间内收到查询站点信息应答报文；

步骤 6　软件平台模拟 CCO 下发开始升级报文，查看是否能在规定时间内收到开始升级应答报文；

步骤 7　软件平台模拟 CCO 下发传输文件数据报文（单播转广播），查看是否能在规定时间收到待测 STA 发送的广播传输文件数据报文；

步骤 8　软件平台模拟 CCO 下发传输文件数据报文（单播），升级块大小默认最大为 400 字节，下同；

步骤 9　假定待下发传输文件数据报文总数为 N 包，软件平台在完成 30%*N、60%*N、100%*N 包传输文件数据报文下发后，模拟 CCO 下发查询站点升级状态报文，查看是否能在规定时间内收到查询站点升级状态应答报文，30% 及 60% 时查询块状态使用的块数为实际发送的块数，100% 时使用 0XFFFF 查询所有的块状态；

步骤 10　软件平台模拟 CCO 下发查询站点信息报文，查看是否能在规定时间内收到查询站点信息应答报文；

步骤 11　软件平台在完成所有传输文件数据报文下发后，模拟 CCO 下发执行升级报文，

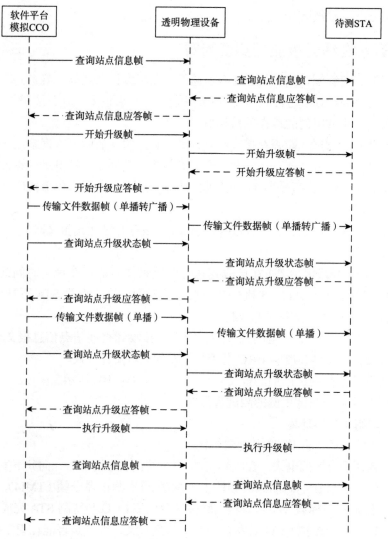

图6-104　STA在线升级流程测试用例的报文交互示意图

并设定试运行时间和复位时间，等待 STA 复位；

步骤12　平台向 DUT 发送相应的频段切换帧，并等待系统完成组网过程；

步骤13　软件平台模拟 CCO 下发查询站点信息报文，查看是否能在规定时间内收到查询站点信息报文，且文件长度和 CRC 是否与下发的更新文件一致。

# 第7章　互操作性测试用例

## 7.1　互操作性测试环境

测试系统包括 16 只屏蔽箱体、20 个载波隔离衰减器、17 个无线隔离衰减器、4 个噪声注入设备、4 只阻抗变换设备、1 个三项人工电源网络，预留物理层监听设备接口。

互操作性测试机柜原理框图见图 7-1。

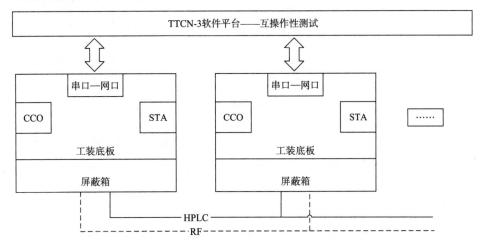

图 7-1　互操作性测试环境示意图

互操作性测试系统由以下部分组成：

（1）互操作性测试软件平台：模拟待测设备后端的集中器及电能表业务，测试待测 CCO、STA 对电采业务的支持性能，验证待测设备间的互操作性；

（2）串口—网口转换：将被测设备串口与软件测试平台相连，将待测设备接入工装，与工装控制程序相连；

（3）工装：接入待测设备，实现待测设备的应用串口通信及接口信号监控，模拟电表响应 STA 请求表地址、抄表结果、响应事件等；一个接入工装可以接入多个待测设备，模拟电表箱的多通信节点场景；

（4）CCO/STA：根据网络配置，可为待测 CCO/STA，陪测 CCO/STA；

（5）屏蔽接入硬件平台：包括屏蔽箱、通信线缆（HPLC、RF）、衰减器、干扰注入设备、测试设备等，以实现各种测试场景。

## 7.2　互操作性测试用例的网络拓扑

互操作性测试用例一共由 11 条不同的测试用例组成，包括：全网组网测试用例、新增站点入网测试用例、站点离线测试用例、代理变更测试用例、全网抄表测试用例、高频采集测试用例、广播校时测试用例、搜表功能测试用例、事件主动上报测试用例、实时费控测试用例和多网络综合测试用例。互操作性测试用例执行过程中会涉及的网络拓扑为星形网络、树形网络、多网络。

## 7.2.1 星形网络

星形网络为所有 STA 节点与 CCO 直接通信时的拓扑，当信道衰减较低时，所有站点将将选择 CCO 为代理。星形网络逻辑拓扑见图 7-2。

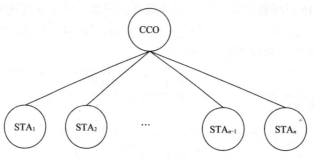

图 7-2 星形网络逻辑拓扑

进行系统测试时，为 1 号箱 CCO 上电，所有箱体 STA 站点上电，星形网络加入白噪声，噪声注入点为 4 号箱与 5 号箱之间，阻抗设置为 5 欧姆。

## 7.2.2 树形网络

树形网络是现场最常见的拓扑类型，测试系统让所有站点上电，通过合理设置台体的衰减值，形成 6~7 级的树形网络。树形网络逻辑拓扑见图 7-3。

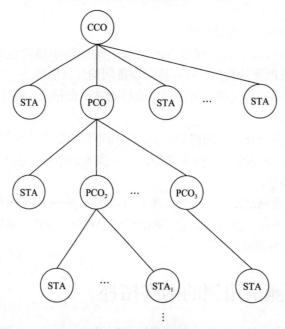

图 7-3 树形网络逻辑拓扑

进行系统测试时，为 1 号箱 CCO 上电，所有箱体 STA 站点上电，噪声选择脉冲噪声，位置为 4、5 号箱之间，阻抗为 50 欧姆。

### 7.2.3　多网络

进行系统测试时，给 6 个表箱 CCO 上电，其中包括 1 号、6 号、7 号、10 号、13 号、16 号箱；6 号、7 号、10 号、13 号、16 号表箱的 CCO 为陪测 CCO，1 号为待测 CCO。多网络逻辑拓扑见图 7-4。

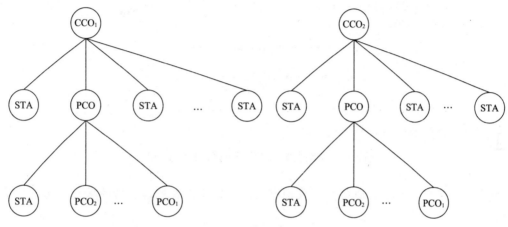

图 7-4　多网络逻辑拓扑

## 7.3　全网组网测试用例

全网组网测试用例是验证多 STA 站点时组网的准确性与效率，测试网络类型分别为星形网络、树形网络。

全网组网测试用例的检查项目如下：

（1）"查询网络拓扑信息"返回数据中的"节点总数量"；

（2）"查询网络拓扑信息"返回数据中的"节点地址"；

（3）"查询网络拓扑信息"返回数据中的"网络拓扑信息"；

（4）统计组网完成时间、组网成功率。

全网组网测试用例的报文交互示意图见图 7-5。

全网组网测试用例的测试步骤如下：

步骤 1　当默认频段不是测试目标频段时，需切换网络到目标频段，进行步骤 2~7，否则直接进行步骤 8；

步骤 2　通过测试平台合理配置各级屏蔽箱体之间的连接关系和衰减器的衰减值，将各级屏蔽箱体的载波线路衰减器设置为 0dB，将无线线路衰减器设置为最大值，以形成无载波层级衰减及无载波噪声的载波星形网络拓扑结构；

步骤 3　给 CCO 上电，软件平台模拟集中器向测试 CCO 下发"设置主节点地址"命令，在收到 CCO 模块的"确认"后，向 CCO 下发"添加从节点"命令，将网络中所有站点的表地址档案同步到 CCO 中；

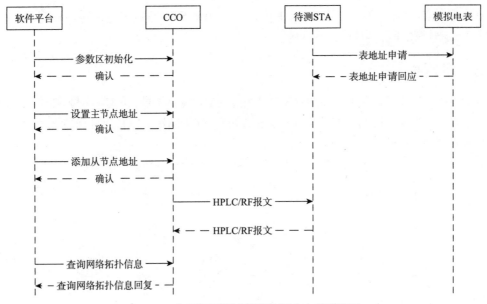

图 7-5　全网组网测试用例的报文交互示意图

步骤 4　给 STA 上电，软件平台模拟电表，在收到 STA 的读表号请求后，向其下发表地址；

步骤 5　软件平台启动计时器 1；

步骤 6　在定时时间内软件平台周期性地向测试 CCO 下发"查询网络拓扑信息"命令，查看返回的从节点总数量是否满足预期值（档案个数的 98%～100%）。若满足预期值，则继续核对返回节点地址和网络拓扑信息；若以上信息全部比对正确，停止计时器 1，软件平台模拟集中器向测试 CCO 下发"设置工作频段"命令（Q/GDW 10376.2：AFN=05H，F16），设置主节点的工作频段为测试目标频段，并启动计时器 2（5 分钟）。计时器 2 定时时间结束，表明频段切换完毕，继续进行步骤 8；

步骤 7　若计时器 1 定时时间结束，则表示测试不通过；

步骤 8　通过测试平台合理配置各级屏蔽箱体之间的连接关系和衰减器的衰减值，将各级屏蔽箱体的载波线路衰减器设置为 0dB，将无线线路衰减器设置为最大值，以形成载波星形网络拓扑结构；

步骤 9　若测试目标频段是默认频段，则给 CCO 上电，软件平台模拟集中器向测试 CCO 下发"设置主节点地址"命令，在收到 CCO 模块的"确认"后，向 CCO 下发"添加从节点"命令，将网络中所有站点的表地址档案同步到 CCO 中；

步骤 10　若测试目标频段是默认频段，则给 STA 上电，软件平台模拟电表，在收到 STA 的读表号请求后，向其下发表地址；

步骤 11　软件平台启动计时器 3；

步骤 12　计时器 3 在定时时间内软件平台周期性地向测试 CCO 下发"查询网络拓扑信息"命令，查看返回的从节点总数量是否满足预期值（档案个数的 98%～100%）。若满足预期值，则继续核对返回节点地址和网络拓扑信息；若以上信息全部比对正确，停止计时器 3，并且，监控报文得知网络中的从节点和主节点均已工作在目标频段，则表示测试通过，否则测试不通过；

步骤 13　若计时器 3 定时时间结束，则表示测试不通过；

步骤 14　通过测试平台合理配置各级屏蔽箱体之间的连接关系和衰减器的衰减值，将 5 级、10 级和 15 级箱体分别与上一级箱体相连的载波线路衰减器设置为最大值，无线线路衰减器设置为 0dB，以形成 15 级载波和无线双链路混合的线形网络拓扑结构，其中 5 级和 4 级、10 级和 9 级、15 级和 14 级箱体之间是无线链路直连，其他级箱体之间是合适衰减的载波链路，之后重复步骤 1～13 继续测试；

步骤 15　通过测试平台合理配置各级屏蔽箱体之间的连接关系和衰减器的衰减值，将部分箱体分别与对应上一级箱体相连的载波线路衰减器设置为最大值，将无线线路衰减器设置为适当值，以形成载波和无线双链路混合的树形网络拓扑结构，之后重复步骤 1～13 继续测试。

## 7.4　新增站点入网测试用例

新增站点入网测试用例是验证多 STA 站点时新增站点入网的准确性和效率。

新增站点入网测试用例的检查项目如下：

(1)"查询网络拓扑信息"返回数据中的"节点总数量"；

(2)"查询网络拓扑信息"返回数据中的"节点地址"；

(3)"查询网络拓扑信息"返回数据中的"网络拓扑信息"；

(4)统计新增站点入网完成时间。

新增站点入网测试用例的报文交互示意图如图 7-6 所示。

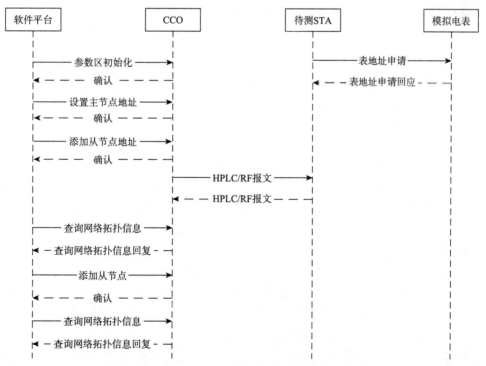

图 7-6　新增站点入网测试用例的报文交互示意图

新增站点入网测试用例的测试步骤如下：

步骤1　当默认频段不是测试目标频段时，需切换网络到目标频段，进行步骤2～7，否则直接进行步骤8；

步骤2　通过测试平台合理配置各级屏蔽箱体之间的连接关系和衰减器的衰减值，将部分箱体分别与对应上一级箱体相连的载波线路衰减器设置为最大值，将无线线路衰减器设置为适当值，以形成载波和无线双链路混合的树形网络拓扑结构；

步骤3　给CCO上电，软件平台模拟集中器向测试CCO下发"设置主节点地址"命令，在收到CCO模块的"确认"后，向CCO下发"添加从节点"命令，将网络中部分站点的表地址档案同步到CCO中；

步骤4　给STA上电，软件平台模拟电表，在收到STA的读表号请求后，向其下发表地址；

步骤5　软件平台启动计时器1；

步骤6　在定时时间内软件平台周期性地向测试CCO下发"查询网络拓扑信息"命令，查看返回的从节点总数量是否满足预期值（档案个数的98%～100%）。若满足预期值，则继续核对返回节点地址和网络拓扑信息；若以上信息全部比对正确，停止计时器1，软件平台模拟集中器向测试CCO下发"设置工作频段"命令（Q/GDW 10376.2：AFN=05H，F16），设置主节点的工作频段为测试目标频段，并启动计时器2（5分钟）。计时器2定时时间结束，表明频段切换完毕，进行步骤8；

步骤7　若计时器1定时时间结束，则表示测试不通过；

步骤8　通过测试平台合理配置各级屏蔽箱体之间的连接关系和衰减器的衰减值，将部分箱体分别和对应上一级箱体相连的载波线路衰减器设置为最大值，将无线线路衰减器设置为0dB，以形成载波和无线双链路混合的树形网络拓扑结构；

步骤9　若测试目标频段是默认频段，则给CCO上电，软件平台模拟集中器向测试CCO下发"设置主节点地址"命令，在收到CCO模块的"确认"后，向CCO下发"添加从节点"命令，将网络中部分站点的表地址档案同步到CCO中；

步骤10　若测试目标频段是默认频段，则给STA上电，软件平台模拟电表，在收到STA的读表号请求后，向其下发表地址；

步骤11　软件平台启动计时器3；

步骤12　在定时时间内软件平台周期向测试CCO下发"查询网络拓扑信息"命令，查看返回的从节点总数量是否满足预期值（档案个数的98%～100%），若满足预期值，则继续核对返回节点地址和网络拓扑信息；若以上信息全部比对正确，停止定时器3，并且监控报文得知网络中的从节点和主节点均已工作在目标频段，则表示测试通过且继续进行步骤13，否则表示测试不通过；

步骤13　若计时器3定时时间结束，则表示测试不通过；

步骤14　软件平台模拟集中器向测试CCO下发"添加从节点"命令，向CCO模块添加待增加的表地址档案（新加表档案节点所在的箱体中有与上一级是无线链路通信，也有与上一级是载波链路通信，至少加两个箱体内节点的表档案）；

步骤15　软件平台启动计时器4；

步骤16　在定时时间内软件平台周期性地向测试CCO下发"查询网络拓扑信息"命令，

查看返回的从节点总数量是否满足预期值（档案个数的98%～100%），若满足预期值，则继续核对返回节点地址和网络拓扑信息；若以上信息全部比对正确，则统计耗时，并表示测试通过；

步骤17　若计时器4定时时间结束，则表示测试不通过。

## 7.5　站点离线测试用例

站点离线测试用例是验证多STA站点时站点离线的准确性和效率。

站点离线测试用例的检查项目如下：

(1)"查询网络拓扑信息"返回数据中的"节点总数量"；

(2)"查询网络拓扑信息"返回数据中的"节点地址"；

(3)"查询网络拓扑信息"返回数据中的"网络拓扑信息"；

(4)统计删除从节点后，拓扑更新完成时间。

站点离线测试用例的报文交互示意图如图7-7所示。

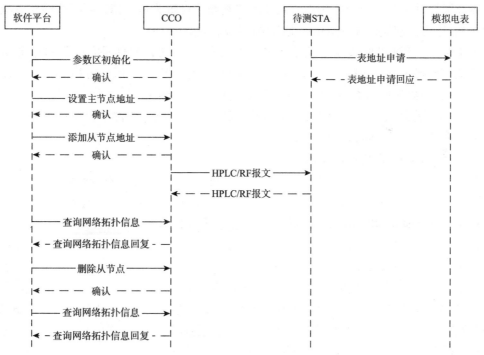

图7-7　站点离线测试用例的报文交互示意图

站点离线测试用例的测试步骤如下：

步骤1　当默认频段不是测试目标频段时，需切换网络到目标频段，进行步骤2～7，否则直接进行步骤8；

步骤2　通过测试平台合理配置各级屏蔽箱体之间的连接关系与衰减器的衰减值，将部分箱体分别与对应上一级箱体相连的载波线路衰减器设置为最大值，将无线线路衰减器设置为适当值，以形成载波和无线双链路混合的树形网络拓扑结构；

步骤 3　给 CCO 上电，软件平台模拟集中器向测试 CCO 下发"设置主节点地址"命令，在收到 CCO 模块的"确认"后，向 CCO 下发"添加从节点"命令，将网络中所有站点的表地址档案同步到 CCO 中；

步骤 4　给 STA 上电，软件平台模拟电表，在收到 STA 的读表号请求后，向其下发表地址；

步骤 5　软件平台启动计时器 1；

步骤 6　在定时时间内软件平台周期性地向测试 CCO 下发"查询网络拓扑信息"命令，查看返回的从节点总数量是否满足预期值（档案个数的 98%～100%），若满足预期值，则继续核对返回节点地址和网络拓扑信息；若以上信息全部比对正确，停止计时器 1，软件平台模拟集中器向测试 CCO 下发"设置工作频段"命令（Q/GDW 10376.2：AFN=05H，F16），设置主节点的工作频段为测试目标频段，并启动计时器 2（5 分钟）。计时器 2 定时时间结束，表明频段切换完毕，继续进行步骤 8；

步骤 7　若计时器 1 定时时间结束，则表示测试不通过；

步骤 8　通过测试平台合理配置各级屏蔽箱体之间的连接关系与衰减器的衰减值，将部分箱体分别与对应上一级箱体相连的载波线路衰减器设置为最大值，将无线线路衰减器设置为 0dB，以形成载波和无线双链路混合的树形网络拓扑结构；

步骤 9　若测试目标频段是默认频段，则给 CCO 上电，软件平台模拟集中器向测试 CCO 下发"设置主节点地址"命令，在收到 CCO 模块的"确认"后，向 CCO 下发"添加从节点"命令，将网络中所有站点的表地址档案同步到 CCO 中；

步骤 10　若测试目标频段是默认频段，则给 STA 上电，软件平台模拟电表，在收到 STA 的读表号请求后，向其下发表地址；

步骤 11　软件平台启动计时器 3；

步骤 12　在定时时间内软件平台周期性地向测试 CCO 下发"查询网络拓扑信息"命令，查看返回的从节点总数量是否满足预期值（档案个数的 98%～100%），若满足预期值，则继续核对返回节点地址和网络拓扑信息；若以上信息全部比对正确，停止定时器 3，并且监控报文得知网络中的从节点和主节点均已工作在目标频段，则表示测试通过且继续进行步骤 14，否则表示测试不通过；

步骤 13　若计时器 3 定时时间结束，则表示测试不通过；

步骤 14　软件平台模拟集中器向测试 CCO 下发"删除从节点"命令，删除待删除从节点（删除表档案节点所在的箱体中有与上一级是无线链路通信，也有与上一级是载波链路通信，至少删除两个箱体内节点的表档案）；

步骤 15　软件平台启动计时器 4；

步骤 16　在定时时间内软件平台周期性地向测试 CCO 下发"查询网络拓扑信息"命令，查看返回节点总数量是否满足预期值（档案个数的 98%～100%），若满足预期值，则继续核对返回节点地址和网络拓扑信息，若以上信息全部比对正确，则表示测试通过并统计耗时；

步骤 17　若计时器 4 定时时间结束，则表示测试不通过。

## 7.6 代理变更测试用例

代理变更测试用例是验证多 STA 站点时站点代理变更的能力。

代理变更测试用例的检查项目如下：

(1)"查询网络拓扑信息"返回数据中的"节点总数量"；

(2)"查询网络拓扑信息"返回数据中的"节点地址"；

(3)"查询网络拓扑信息"返回数据中的"网络拓扑信息"；

(4)统计代理变更完成的时间。

代理变更测试用例的报文交互示意图如图 7-8 所示。

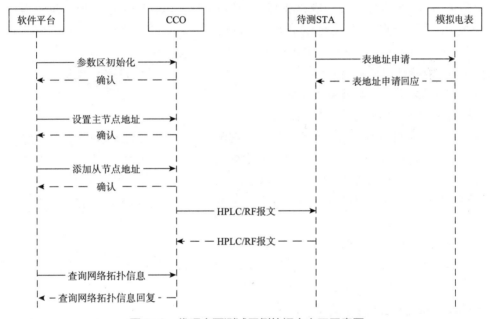

图 7-8 代理变更测试用例的报文交互示意图

代理变更测试用例的测试步骤如下：

步骤 1 当默认频段不是测试目标频段时，需切换网络到目标频段，进行步骤 2~7，否则直接进行步骤 8；

步骤 2 通过测试平台合理配置各级屏蔽箱体之间的连接关系与衰减器的衰减值，将各级箱体分别与对应上一级箱体相连的载波线路衰减器设置为适当值，将无线线路衰减器设置为最大值，以形成载波树形网络拓扑结构；

步骤 3 给 CCO 上电，软件平台模拟集中器向测试 CCO 下发"设置主节点地址"命令，在收到 CCO 模块的"确认"后，向 CCO 下发"添加从节点"命令，将网络中所有站点的表地址档案同步到 CCO 中；

步骤 4 给 STA 上电，软件平台模拟电表，在收到 STA 的读表号请求后，向其下发表地址；

步骤 5 软件平台启动计时器 1；

步骤6　在定时时间内软件平台周期性地向测试CCO下发"查询网络拓扑信息"命令，查看返回的从节点总数量是否满足预期值（档案个数的98%～100%），若满足预期值，则继续核对返回节点地址和网络拓扑信息；若以上信息全部比对正确，停止计时器1，软件平台模拟集中器向测试CCO下发"设置工作频段"命令（Q/GDW 10376.2：AFN=05H，F16），设置主节点的工作频段为测试目标频段，并启动计时器2（5分钟）。计时器2定时时间结束，表明频段切换完毕，进行步骤8；

步骤7　若计时器1定时时间结束，则表示测试不通过；

步骤8　通过测试平台合理配置各级屏蔽箱体之间的连接关系与衰减器的衰减值，将各级箱体分别与对应上一级箱体相连的载波线路衰减器设置为适当值，将无线线路衰减器设置为最大值，以形成载波树形网络拓扑结构；

步骤9　若测试目标频段为默认频段，则给CCO上电，软件平台模拟集中器向测试CCO下发"设置主节点地址"命令，在收到CCO模块的"确认"后，向CCO下发"添加从节点"命令，将网络中所有站点的表地址档案同步到CCO中；

步骤10　若测试目标频段为默认频段，则给STA上电，软件平台模拟电表，在收到STA的读表号请求后，向其下发表地址；

步骤11　软件平台启动计时器3；

步骤12　在定时时间内软件平台周期性地向测试CCO下发"查询网络拓扑信息"命令，查看返回的从节点总数量是否满足预期值（档案个数的98%～100%），若满足预期值，则继续核对返回节点地址和网络拓扑信息；若以上信息全部比对正确，停止定时器3，并且监控报文得知网络中的从节点和主节点均已工作在目标频段，则表示测试通过且继续进行步骤14，否则表示测试不通过；

步骤13　若计时器3定时时间结束，则表示测试不通过；

步骤14　修改衰减器，将3号箱与4号箱之间的载波衰减调整为0，同时将3号箱断电，观察4号箱站点能否选择2号箱为载波代理；

步骤15　软件平台启动计时器4；

步骤16　在定时时间内软件平台周期性地向测试CCO下发"查询网络拓扑信息"命令，查看返回节点总数量是否满足预期值［（档案个数 −3号箱节点个数）的98%～100%］，若满足预期值，则继续核对返回节点地址和网络拓扑信息，若以上信息全部比对正确，则表示测试通过并统计耗时；

步骤17　若计时器4定时时间结束，则表示测试不通过；

步骤18　修改衰减器，将2号箱和3号箱之间、3号箱和4号箱之间的载波衰减均调整为最大值，同时将2号箱和3号箱之间、3号箱和4号箱之间的无线衰减均调整为0dB，观察4号箱是否选择2号箱为载波代理切换到无线代理信道；

步骤19　软件平台启动计时器5；

步骤20　在定时时间内软件平台周期性地向测试CCO下发"查询网络拓扑信息"命令，查看返回节点总数量是否满足预期值［（档案个数 −3号箱节点个数）的98%～100%］，若满足预期值，则继续核对返回节点地址和网络拓扑信息，若以上信息全部比对正确，则表示测试通过并统计耗时；

步骤21　若计时器5定时时间结束，则表示测试不通过；

步骤 22　修改衰减器，将 1 号箱和 2 号箱之间的无线衰减调整为 0dB，同时将 2 号箱停电，观察 4 号箱是否选择 1 号箱为无线代理；

步骤 23　软件平台启动计时器 6；

步骤 24　在定时时间内软件平台周期性地向测试 CCO 下发 "查询网络拓扑信息" 命令，查看返回节点总数量是否满足预期值 [（档案个数 −3 号箱节点个数）的 98%～100%]，若满足预期值，则继续核对返回节点地址和网络拓扑信息，若以上信息全部比对正确，则表示测试通过并统计耗时；

步骤 25　若计时器 6 定时时间结束，则表示测试不通过。

## 7.7　全网抄表测试用例

全网抄表测试用例是验证多 STA 站点时全网抄表的效率和准确性。

全网抄表测试用例的检查项目如下：

(1) 是否全部入网；

(2) 点抄成功率是否不小于 98%，平均抄读时间是否不大于 500 毫秒；

(3) 并发抄表成功率是否不小于 98%，平均抄读时间是否不小于 100 毫秒。

全网抄表测试用例的报文交互示意图如图 7-9 所示。

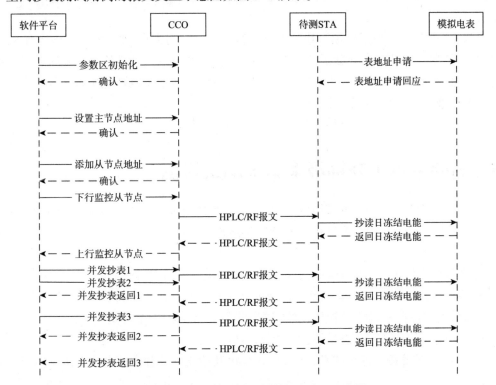

图 7-9　全网抄表测试用例的报文交互示意图

全网抄表测试用例的测试步骤如下：

步骤 1　连接设备，将测试 CCO 和 STA 上电初始化，设置虚拟电能表协议类型（DL/T 645 或 DL/T 698.45）；

步骤2　软件平台模拟电表，在收到测试 STA 的读表号请求后，向其下发表地址；

步骤3　通过测试平台合理配置各级屏蔽箱体之间的连接关系及衰减器的衰减值，以形成测试用多级网络拓扑结构；

步骤4　软件平台模拟集中器向测试 CCO 下发"设置主节点地址"命令，在收到 CCO 模块的"确认"后，向测试 CCO 下发"添加从节点"命令（若是 645 协议测试用例，协议类型填 2；若是面向对象测试用例，协议类型填 3），将多级网络中所有站点的表地址档案同步到 CCO 中；

步骤5　软件平台启动计时；

步骤6　软件平台周期性地向测试 CCO 下发"查询网络拓扑信息"命令，查看入网节点总数量、节点地址，确保节点在目标频段（切换频段操作与全网组网用例步骤相同）组网成功（组网成功率大于等于 98%）；

步骤7　软件平台查询 CCO 的抄表最大超时时间为 $t$（Q/GDW 10376.2 协议 AFN03HF7），设置软件平台抄读每块表的最大超时时间为 $t+5$ 秒；

步骤8　软件平台模拟集中器向测试 CCO 发送目标站点为 STA 的 Q/GDW 10376.2 协议 AFN13HF1（"监控从节点"命令）启动集中器主动进行抄表业务，用于点抄 STA 所在设备的日冻结电量；软件平台启动计时，若在超时时间内无数据返回，软件平台将对该表进行重新抄读，最大抄读数为 10 轮；抄读完成则此测试流程结束，检查返回数据正确则表示此项测试通过；

步骤9　软件平台设置抄读每块表的并发数据超时时间为 90 秒，依次轮抄所有 STA 表"并发抄表"命令、日冻结电量、日冻结时间及当前有功电量。若某块表在超时时间内无正确并发数据返回，则需重新抄读，最大抄读数为 10 轮；抄读完成则此测试流程结束，检查返回数据正确则表示此项测试通过；

步骤10　软件平台统计每种抄表的成功率和延时情况。

# 7.8　高频采集（分钟级采集）测试用例

高频采集（分钟级采集）测试用例是为了验证 CCO 及 STA 对高频采集功能的支持；

高频采集（分钟级采集）测试用例的检查项目如下：

（1）是否全部入网；

（2）在超时时间内能否完成高频采集，且成功率是否不小于 98%；

（3）判断全部入网节点抄读效率是否满足分钟级采集的要求（300 只 / 分钟）。

高频采集（分钟级采集）测试用例的报文交互示意图如图 7-10 所示。

高频采集（分钟级采集）测试用例的测试步骤如下：

步骤1　连接设备，将测试 CCO 和 STA 上电初始化，设置虚拟电能表协议类型（DL/T 698.45）；

步骤2　软件平台模拟电表，在收到测试 STA 的读表号请求后，向其下发表地址；

步骤3　通过测试平台合理配置各级屏蔽箱体之间的连接关系与衰减器的衰减值，以形成星形网络拓扑结构；

步骤4　软件平台模拟集中器向测试 CCO 下发"设置主节点地址"命令，在收到 CCO

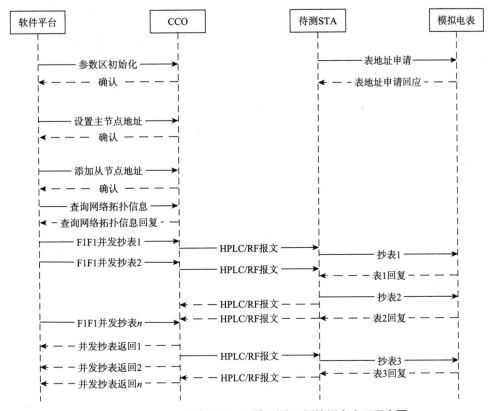

图7-10 高频采集（分钟级采集）测试用例的报文交互示意图

模块的"确认"后，向测试 CCO 下发"添加从节点"命令（若是 DL/T 645 协议测试用例，协议类型填2；若是面向对象 DL/T 698.45 测试用例，协议类型填3），将多级网络中所有站点的表地址档案同步到 CCO 中；

步骤5　软件平台周期性地向测试 CCO 下发"查询网络拓扑信息"命令，查看入网节点总数量，确保节点在目标频段（切换频段操作和全网组网用例步骤相同）组网成功（组网成功率大于等于98%）；

步骤6　软件平台模拟集中器向测试 CCO 不断下发 Q/GDW 10376.2 协议 AFNF1F1（"并发抄读"命令），抄读 STA 所在设备的日冻结电量、日冻结时间及当前有功电量，直至收到 CCO 回复否认；

步骤7　CCO 每回复一条报文（成功或失败），软件平台模拟集中器则向 CCO 补发抄读帧，使得 CCO 并发数保持最大；若 CCO 回复抄读失败，则统计该模块的地址信息，并在下一轮补抄时重新抄读，每只表最多补抄三次；

步骤8　软件平台统计高频采集成功率及总时间数据。

## 7.9　广播校时测试用例

广播校时测试用例是为了验证多 STA 站点时广播校时命令是否能准确下发。

广播校时测试用例的检查项目如下：

（1）测试模拟电能表能否收到广播校时帧；根据组网情况，成功率不小于98%；

（2）测试模拟电能表收到的广播校时的时间应和运行平台系统时间匹配。

广播校时测试用例的报文交互示意图如图7-11所示。

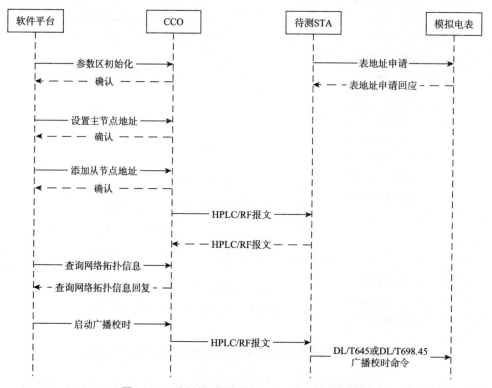

图7-11　广播校时测试用例的报文交互示意图

广播校时测试用例的测试步骤如下：

步骤1　连接设备，将测试CCO和STA上电初始化，设置虚拟电能表协议类型（DL/T 645或DL/T 698.45）；

步骤2　软件平台模拟电表，在收到测试STA的读表号请求后，向其下发表地址；

步骤3　通过测试平台合理配置各级屏蔽箱体之间的连接关系与衰减器的衰减值，以形成测试用多级网络拓扑结构；

步骤4　软件平台模拟集中器向测试CCO下发"设置主节点地址"命令，在收到CCO模块的"确认"后，向测试CCO下发"添加从节点"命令（若是645协议测试用例，协议类型填2；若是面向对象测试用例，协议类型填3），将多级网络中所有站点的表地址档案同步到CCO中；

步骤5　软件平台周期向测试CCO下发"查询网络拓扑信息"命令，查看入网节点总数量，确保节点在目标频段（切换频段操作和全网组网用例步骤相同）组网成功（组网成功率大于等于98%）；

步骤6　启动工装板所有槽位的透传功能；

步骤7　软件平台模拟集中器向测试CCO下发Q/GDW 10376.2协议AFN05HF3（"启动广播校时"命令）；

步骤 8　软件平台启动定时，检查模拟电能表在定时器耗尽前，所有节点能否可以从 STA 串口接收到广播校时数据帧；

步骤 9　软件平台模拟电能表解析接收到的广播校时帧，广播校时的时间应与运行平台系统的时间匹配；

步骤 10　若软件平台在规定时间内获取到全部表的正确广播校时数据，应立即退出并上报结果，否则应等待超时结束后上报广播校时结果；

步骤 11　软件平台统计正确上报广播校时数据的模块数量及对应的表地址。

## 7.10　搜表功能测试用例

搜表功能测试用例是验证多 STA 站点时搜表准确性和效率。

搜表功能测试用例的检查项目如下：

（1）测试能否收到 CCO 上报的 Q/GDW 10376.2 协议 AFN06HF4 应答报文；

（2）测试收到 CCO 上报的 Q/GDW 10376.2 协议 AFN06HF4 报文中的源地址是否正确；

（3）测试收到 CCO 上报的 Q/GDW 10376.2 协议 AFN06HF4 报文中上报从节点通信地址是否正确；

（4）测试收到 CCO 上报的 Q/GDW 10376.2 协议 AFN06HF4 报文中上报从节点通信协议是否正确；

（5）测试收到 CCO 上报的 Q/GDW 10376.2 协议 AFN06HF4 报文中上报从节点数量是否正确；

（6）测试收到 CCO 上报的 Q/GDW 10376.2 协议 AFN06HF4 报文中上报从节点设备类型是否正确；

（7）测试累计收到 CCO 上报的 Q/GDW 10376.2 协议 AFN06HF4 报文中上报从节点数量的总计数是否正确；

（8）监控收到的 CCO 上报的 Q/GDW 10376.2 协议 AFN10HF4 应答报文中注册运行状态；

（9）统计搜表完成耗时，并统计搜表成功数量，根据组网情况统计，成功率且应不小于 98%。

搜表功能测试用例的报文交互示意图如图 7-12 所示。

搜表功能测试用例的测试步骤如下：

步骤 1　连接设备，将测试 CCO 和 STA 上电初始化，设置虚拟电能表协议类型（DL/T 645 或 DL/T 698.45）；

步骤 2　软件平台模拟电表，在收到测试 STA 的读表号请求后，向其下发表地址；

步骤 3　通过测试平台合理配置各级屏蔽箱体之间的连接关系与衰减器的衰减值，以形成测试用多级网络拓扑结构；

步骤 4　软件平台模拟集中器向测试 CCO 下发"设置主节点地址"命令，在收到 CCO 模块的"确认"后，向测试 CCO 下发"添加从节点"命令（若是 645 协议测试用例，协议类型填 2；若是面向对象测试用例，协议类型填 3），将多级网络中所有站点的表地址档案同步到 CCO 中；

步骤 5　软件平台周期性地向测试 CCO 下发"查询网络拓扑信息"命令，查看入网节

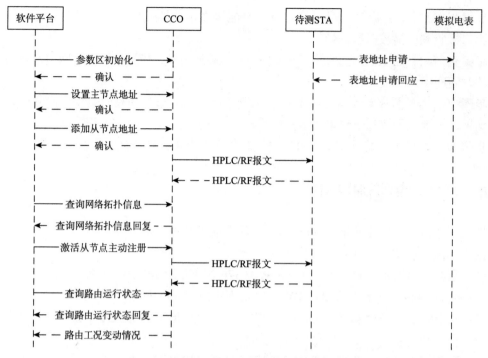

图7-12 搜表功能测试用例的报文交互示意图

点总数量，确保节点在目标频段（切换频段操作与全网组网用例步骤相同）组网成功（组网成功率大于等于98%）；

步骤6 软件平台模拟集中器向测试CCO下发Q/GDW 10376.2协议AFN11HF5（"激活从节点主动注册"命令），设置CCO搜表持续时间30分钟；

步骤7 测试平台监控在固定时间内收到CCO上报的Q/GDW 10376.2协议AFN06HF4"上报从节点注册信息"报文，比对上报从节点数量、通信地址、通信协议及设备类型信息；

步骤8 测试平台如果在固定时间内收到CCO搜表上报的数量等于测试系统中所有表模块数量，向CCO发送Q/GDW 10376.2协议AFN11HF6（终止从节点主动注册），统计搜表成功的数量；

步骤9 测试平台监控是否能够在固定时间内收到CCO上报的Q/GDW 10376.2协议AFN06HF3"上报路由工况变动信息"报文，若解析报文"路由工作任务变动类型"为2，则结束搜表测试，同时统计搜表成功的数量；

步骤10 测试平台如果到达设置平台的最大超时时间，则需向CCO发送Q/GDW 10376.2协议AFN11HF6（终止从节点主动注册），同时统计搜表成功的数量。

## 7.11 事件主动上报测试用例

事件主动上报测试用例是验证多STA站点时，表端产生故障事件，事件主动上报准确性和效率。

事件主动上报测试用例的检查项目如下：

（1）测试能否收到 CCO 上报的 Q/GDW 10376.2 协议 AFN06HF5 应答报文；

（2）测试收到 CCO 上报的 Q/GDW 10376.2 协议 AFN06HF5 应答报文中的源地址是否正确；

（3）测试收到 CCO 上报的 Q/GDW 10376.2 协议 AFN06HF5 应答报文中从节点设备类型是否与上行报文一致；

（4）测试收到 CCO 上报的 Q/GDW 10376.2 协议 AFN06HF5 应答报文中通信协议类型是否与上行报文一致；

（5）测试收到 CCO 上报的 Q/GDW 10376.2 协议 AFN06HF5 报文中事件状态字内容是否准确；

（6）统计各个模块上报完成耗时、事件上报成功率（成功率不小于 98%）。

事件主动上报测试用例的报文交互示意图如图 7-13 所示。

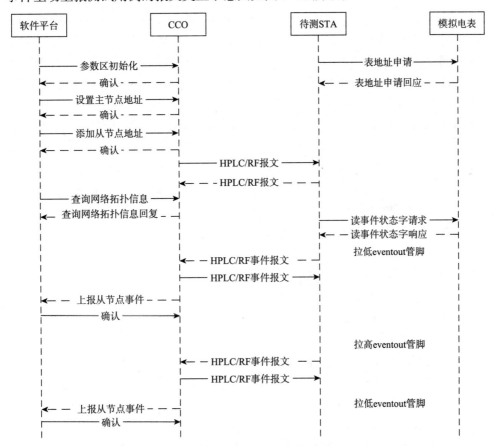

图 7-13 事件主动上报测试用例的报文交互示意图

事件主动上报测试用例的测试步骤如下：

步骤 1 连接设备，将测试 CCO 和 STA 上电初始化，设置虚拟电能表协议类型（DL/T 645 或 DL/T 698.45）；

步骤 2 工装在收到模块的读表号请求后，将自动为模块分配通信地址；

步骤 3 通过测试平台合理配置各级屏蔽箱体之间的连接关系与衰减器的衰减值，以形成测试用多级网络拓扑结构；

步骤 4　软件平台模拟集中器向测试 CCO 下发"参数初始化"命令，收到确认后，向测试 CCO 下发"设置主节点地址"命令，在收到 CCO 模块的"确认"后，向测试 CCO 下发"添加从节点"命令（若是 645 协议测试用例，协议类型填 2；若是面向对象测试用例，协议类型填 3），将多级网络中所有站点的表地址档案同步到 CCO 中；

步骤 5　软件平台周期向测试 CCO 下发"查询网络拓扑信息"命令，查看入网节点总数量，确保节点在目标频段（切换频段操作和全网组网用例步骤相同）组网成功（组网成功率大于等于 98%）；

步骤 6　若所测用例是 645 协议测试用例，按照以下步骤进行：

①软件平台模拟电能表拉高 EventOut 管脚触发电能表故障事件发生，测试 STA 发出"读事件状态字请求"读后，生成故障事件，模拟返回"读事件状态字返回"报文，同时拉低 EventOut 管脚；

②测试平台监控在固定时间内收到 CCO 上报的 Q/GDW 10376.2 协议 AFN06HF5"上报从节点事件"报文，检查源地址、从节点设备类型、通信协议类型、上报 645 报文故障事件状态字内容正确；若已测试 STA 数量小于白名单数量，则跳转到步骤 6；否则，测试结束。之后，打印事件上报成功的个数，若成功率大于等于 98% 则表示通过，否则表示失败；

步骤 7　若所测用例为面向对象测试用例，按照以下步骤进行：

①软件平台模拟电能表拉高 EventOut 管脚触发电能表故障事件发生，测试 STA 发出"PLC 事件报文"；

②测试平台监控在固定时间内收到 CCO 上报的 Q/GDW 10376.2 协议 AFN06HF5"上报从节点事件"报文，检查源地址、从节点设备类型、通信协议类型、主动上报状态字内容正确；若已测试 STA 数量小于白名单数量，则跳转到步骤 6；否则，测试结束。打印事件上报成功的个数，若成功率大于等于 98% 则表示通过，否则表示失败。

# 7.12　实时费控测试用例

实时费控测试用例是验证多 STA 站点时全网实时费控准确性。

实时费控测试用例的检查项目如下：

（1）测试能否收到 CCO 上报的 Q/GDW 10376.2 协议 AFN13HF1 应答报文；

（2）测试收到 CCO 上报的 Q/GDW 10376.2 协议 AFN13HF1 应答报文中源地址是否正确；

（3）测试收到 CCO 上报的 Q/GDW 10376.2 协议 AFN13HF1 应答报文中通信协议类型是否与上行报文一致；

（4）测试收到 CCO 上报的 Q/GDW 10376.2 协议 AFN13HF1 应答报文中表号是否正确；

（5）测试收到 CCO 上报的 Q/GDW 10376.2 协议 AFN13HF1 应答报文中控制码是否正确；

（6）统计各模块实时费控耗时、实时费控成功率（不小于 98%）。

实时费控测试用例的报文交互示意图如图 7-14 所示。

实时费控测试用例的测试步骤如下：

步骤 1　连接设备，将测试 CCO 和 STA 上电初始化，设置虚拟电能表协议类型（DL/T 645 或 DL/T 698.45）；

步骤 2　工装在收到模块的读表号请求后，将自动为模块分配通信地址；

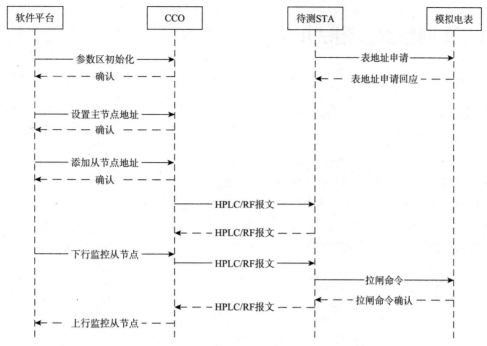

图 7-14 实时费控测试用例的报文交互示意图

步骤 3 通过测试平台合理配置各级屏蔽箱体之间的连接关系与衰减器的衰减值,以形成测试用多级网络拓扑结构;

步骤 4 软件平台模拟集中器向测试 CCO 下发"设置主节点地址"命令,在收到 CCO 模块的"确认"后,向测试 CCO 下发"参数初始化"命令,收到确认后,向测试 CCO 下发"添加从节点"命令(若是 645 协议测试用例,协议类型填 2;若是面向对象测试用例,协议类型填 3),将多级网络中所有站点的表地址档案同步到 CCO 中;

步骤 5 软件平台周期性地向测试 CCO 下发"查询网络拓扑信息"命令,查看入网节点总数量、节点地址,确保节点在目标频段(切换频段操作和全网组网用例步骤相同)组网成功(组网成功率大于等于 98%);

步骤 6 软件平台模拟集中器向测试 CCO 发送目标站点为 STA 的 Q/GDW 10376.2 协议 AFN13HF1("监控从节点"命令)启动集中器实时费控命令,用于拉合闸 STA 所在的设备,软件平台启动计时;

步骤 7 软件平台模拟电能表应答实时费控请求;

步骤 8 测试平台监控是否能够在固定时间内收到 CCO 上报的 Q/GDW 10376.2 协议 AFN13HF1 应答报文,如未收到或收到的内容不正确,则表示指示 CCO 实时费控失败,否则表示指示 CCO 实时费控成功;

步骤 9 软件平台依次费控所有 STA 虚拟表设备,在全部费控完成后,若检查返回数据正确并且成功率大于等于 98%,则可得出最终结论为测试通过。

## 7.13 多网络综合测试用例

多网络综合测试用例是验证在多网络条件下，待测网络的抄表成功率、相位识别成功率。

多网络综合测试用例的检查项目如下：

(1) 是否全部入网；

(2) 点抄成功率（不小于98%），延时情况；

(3) 并发抄表（1个数据项）成功率（不小于98%），延时情况；

(4) 并发抄表（3个数据项）成功率（不小于98%），延时情况；

(5) 相位识别成功率（不小于98%）。

多网络综合测试用例的报文交互示意图如图7-15所示。

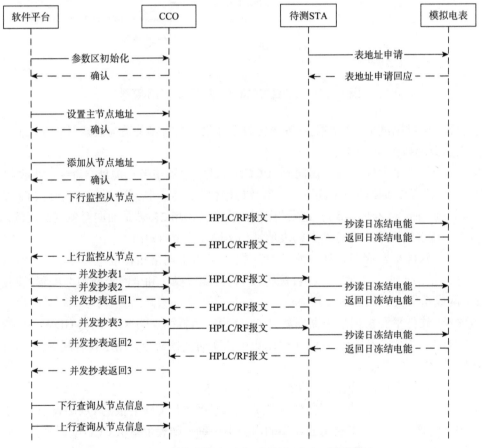

图7-15　多网络综合测试用例的报文交互示意图

多网络综合测试用例的测试步骤如下：

步骤1　连接设备，将测试工装供电切换到A相供电，将测试CCO和STA上电初始化，设置虚拟电能表协议类型（DL/T 645或DL/T 698.45）；

步骤2　工装在收到模块的读表号请求后，将自动为模块分配通信地址；

步骤 3　通过测试平台合理配置各级屏蔽箱体之间的连接关系与衰减器的衰减值，以形成测试用 6 个网络的多网络拓扑结构；

步骤 4　软件平台模拟集中器向测试 CCO 下发"设置主节点地址"命令，在收到 CCO 模块的"确认"后，向测试 CCO 下发"参数初始化"命令，收到确认后，向测试 CCO 下发"添加从节点"命令（若是 645 协议测试用例，协议类型填 2；若是面向对象测试用例，协议类型填 3），将多级网络中所有站点的表地址档案分别同步到六个 CCO 中；

步骤 5　软件平台启动计时；

步骤 6　软件平台周期性地向测试 CCO 下发"查询网络拓扑信息"命令，查看入网节点总数量、节点地址，确保节点在目标频段（切换频段操作和全网组网用例步骤相同）组网成功（组网成功率大于等于 98%），统计待测 CCO 组网完成的时间；

步骤 7　软件平台模拟集中器向测试 CCO 发送目标站点为 STA 的 Q/GDW 10376.2 协议 AFN13HF1（"监控从节点"命令）启动集中器主动抄表业务，用于点抄 STA 所在设备日冻结电量，软件平台启动计时；

步骤 8　平台发送"并发抄表"命令（抄读 1 个数据项），依次抄读待测 CCO 下挂所有 STA 的日冻结电量；

步骤 9　平台发送"并发抄表"命令（抄读 3 个数据项），依次抄读待测 CCO 下挂所有 STA 的日冻结电量、日冻结时间及当前有功电量；

步骤 10　平台向待测 CCO 发送查询从节点信息命令，读取待测 CCO 下挂模块的相位信息，并与当前所接实际相位进行比对，统计相位识别成功率；

步骤 11　平台向待测 CCO 发送监控从节点报文，读取待测上行监控从节点报文信息域里的相线信息，并与当前所接实际相位进行比对，统计相位识别成功率；

步骤 12　平台将测试工装的供电切换到 B/C 相供电，重复步骤 1～10，总共进行三轮测试；

步骤 13　打印输出 A/B/C 三相线下的抄表成功率与相位识别成功率，若成功率大于等于 98%，则表示测试通过，否则表示失败。

# 第8章 双模通信测试常见问题和解决方法

## 8.1 工控机或环境异常

### 8.1.1 三相源异常

双模测试系统是过零采集功能和相位识别功能的测试，其配置了专用三相源和控制前置机，该系统已配置随系统自动启动的功能，使用过程中不可关闭。在测试相关功能的过程中，若出现被测设备过零采集失败的情况，或者出现无法获取过零数据等现象，则需检查三相源能否正常启动，以及前置机软件能否正常工作。

### 8.1.2 过零精度检测异常

过零精度检测结果，依赖于专用三相源的控制精度。当出现多个不同批次的被测设备，均在过零精度检测项目中出现问题时，要用标准模块对系统精度进行核验。若之前通过验证的标准模块在该检测项目中也无法通过检测，应当联系厂商，对三相源的精度进行校准。

### 8.1.3 相位检测/过零检测工装异常

此问题主要发生在新装台体和过零检测仓位维修时，过零检测仓位的接入工装是特殊的定制工装，每个模块的接入槽位、接线顺序均不相同且有严格的定义。新装或维修结束后，必须用标准模块对该仓位的相序进行标定，以防止安装错误所导致的相序异常等问题。

### 8.1.4 加密狗问题

每一条测试的执行都会使用加密狗进行认证，在测试用例执行的过程中，不可移除加密狗。若界面启动正常，但是用例无法执行，则需要检查加密狗是否接入工控机 USB 口，并检查接入是否有松动。若检查接入状态无异常，但仍无法执行，则需要更换 USB 接口。

加密狗应直接连接在工控机的 USB 接口上，不可通过机柜键盘上的 USB 接口接入，以避免 USB 多次转接而导致加密狗验证超时的问题。

### 8.1.5 网络问题

测试系统中使用了多级网络架构，因此会有大量的测试数据流和控制流在网络上传输。另外，交换机需使用百兆交换机，当系统存在大量超时警告时，需要检查和确认网络带宽以及交换机吞吐量是否符合标准。

### 8.1.6 线路屏蔽问题

协议一致性测试需要干净的网络环境，整个系统已经设计了载波信号屏蔽链路。在测试过程中，如果出现了无线信号串扰的现象，则需要检查系统中使用的网线是否被错误地更换为非屏屏蔽线。不带屏蔽功能的普通网线会导致各个检测仓信号串扰，进而造成结果失真。

## 8.2　与硬件设备交互异常

### 8.2.1　与工装交互异常

系统日志提示"port_plc_stc_IAI_simu_concen_meterXX failed"，表明测试系统与工装的网络连接出现了问题，此时需要检查对应测试工装的供电是否正常以及网线连接是否牢固。如果均未出现以上问题，应尝试重启工装，防止由于工装软件偶发性异常而导致的网络通信挂死现象。

在测试的过程中，发现在测试用例连续执行的过程中，被测设备没有复位 / 断电 / 运行，且更换多个被测设备，均存在相同问题。若更换测试槽位后，被测设备可以正常复位 / 断电 / 运行，则是槽位的供电控制部分功能损坏，无法响应命令的动作，需要进行硬件维修。如果被测设备有电容作为备用电源，还需检查是否为工装槽位的复位管脚失效。

### 8.2.2　与透明物理设备交互异常

若系统日志提示"port_plc_stc_tx failed"，则表明测试系统与弱电发射机的网络连接出现了问题，此时需要检查供电是否正常以及网线连接是否牢固。如果这些均无问题，则应尝试重启发射机进行恢复。

若系统日志提示"port_plc_stc_rx failed"，则表明测试系统与弱电接收机的网络连接出现了问题，此时需要检查供电是否正常以及网线连接是否牢固。如果这些均无问题，则应尝试重启接收机进行恢复。

若系统日志提示"port_plc_stc_tx_se failed"，则表明测试系统与强电发射机的网络连接出现了问题，此时需要检查供电是否正常以及网线连接是否牢固。如果这些均无问题，则应尝试重启发射机进行恢复。

若系统日志提示"port_plc_stc_rx_se failed"，则表明测试系统与强电接收机的网络连接出现了问题，此时需要检查供电是否正常以及网线连接是否牢固。如果这些均无问题，则应尝试重启接收机进行恢复。

若系统日志提示"get TX NTB fail!"则表明测试环境中发射机 / 接收机出现异常，则应重启发射机 / 接收机进行恢复。

### 8.2.3　与三相源交互异常

若系统日志提示"set power supply on timeout""set power supply off timeout!"，则表明前置机与三相源交互异常，需要检查三相源能否正确启动，串口连接是否正常，以及前置机的串口配置是否与实际接口一致。

### 8.2.4　与程控衰减器交互异常

若系统日志提示"port_plc_stc_IAI_shelfxandx failed"，则表明测试系统与衰减器 / 电力线开关的网络连接出现了问题，需要重启台体。如果持续出现该问题，则需要进行硬件排查工作。

### 8.2.5　与其他设备交互异常（频谱仪、信号源等）

若系统日志提示"port_plc_stc_evm failed"，则表明测试系统与 EVM 的连接出现了问题，需要检查 EVM 是否开启，并检查网络连接是否正常。

若系统日志提示"port_plc_stc_ signal_gen failed"，则表明测试系统与 RF 信号源的连接出现了问题，需要检查信号源电源是否开启，屏幕显示和网络连接是否正常，以及是否工作是在远程模式下进行的。

若系统日志提示"port_plc_stc_ spectrum failed"，则表明测试系统与频谱仪的连接出现了问题，需要检查频谱仪电源是否开启，屏幕显示和网络连接是否正常，以及是否工作是在远程模式下进行的。

若系统日志提示"port_plc_stc_ waveform failed"，则表明测试系统与信号发生器的连接出现了问题，需要检查信号发生器电源是否开启，网络连接是否正常，是否工作是在远程模式下进行的。

## 8.3　用例或运行环境异常

### 8.3.1　配置文件异常

若系统日志提示"get attenu line freq2 setting str fail"，则表明获取本地配置文件失败，因此应检查需要加载的 UPG.ini 文件是否存在损坏的现象。

### 8.3.2　被测设备进入测试模式异常

若系统日志提示"enter auto test mode fail"，则表明进入载波转 HRF 回传模式失败，偶发性出现大多是由于突发干扰导致被测设备接收失效。对于此问题，对其进行复测观察即可。若连续出现时，先用标准模块进行系统验证，若仍然失败则需要检查收发机的信号线是否有弯折，各个接头是否连接牢靠。

### 8.3.3　测试参数配置错误

若系统日志提示"Invalid option!"，表明配置的 Option 参数值已超出协议规定的范围，因此应参照《双模通信互联互通技术规范》检查 Option 配置是否符合规范。

### 8.3.4　收发机通信异常

若系统日志提示"tx or rx exception, please check enviroment!"，则表明在测试环境中发射机或接收机出现异常，接收机不能接收到发射机发送出去的数据，因此需要检查收发机的数据线是否通过转接头接在一起，数据线是否受损以及数据线是否需要更换。

### 8.3.5　测试系统底层异常

若系统日志提示"Trying to send a message to MC, but the control connection is down.",则表明测试系统的底层通信机制出现异常,其主要是受操作系统、杀毒软件等外部干扰所导致的。一般情况下,重新复测即可;若仍未恢复,则需要重新启动计算机。

### 8.3.6　测试系统内部的信号串扰

测试系统内使用强电的测试项目包括过零精度采集、相位识别及互操作测试,因多个测试会复用相同仓位,因此测试系统内的强电线路无法对各个测试项目进行隔离屏蔽。所以,过零精度采集、相位识别和互操作测试不能同时运行,否则它们之间会相互干扰进而导致测试结果失真。

双模测试系统内包含了单独的一套 HPLC 协议测试系统,该系统在硬件需求上与互操作用例需求存在耦合。HPLC 协议一致性测试不能与互操作测试同时运行,否则它们之间会相互干扰进而导致测试结果失真。

## 8.4　操作不当导致的异常

### 8.4.1　协议测试 / 性能测试未使用正确被测设备

协议测试 / 性能测试,需要使用带 SMA 头的被测设备,将屏蔽线直接连接在工装信号的接入端子上。如果使用内置天线的被测设备,会造成衰减增大,导致测试结果不准确。

### 8.4.2　模块测试槽位使用错误

过零精度和相位识别用例,使用的是单独的强电工装,测试槽位与具体的测试用例绑定,并不依赖于软件界面上的槽位选择。因此需要将被测模块安装在对应的测试槽位内,否则会导致用例失败。

其他测试用例,使用的是软件内配置的被测设备槽位,配置需要与被测设备的实际槽位相对应。若配置出现错误,系统则会出现"Init STA Test Env Failed"或者"clean cco meter fail!",此时需检查配置是否正确。

### 8.4.3　测试用例选择错误

测试用例集分为 CCO 和 STA 两个类别,选择用例集时,每次需要选择同一类别,CCO/STA 两个类型交替选择将会影响测试过程。

## 8.5　待测模块自身发送报文错误

### 8.5.1　模块报文格式不符合规范

若系统日志提示"Index overflow when accessing an element of an array""While RAWencoding type@.. /unbound value.." "While RAW-decoding type @...", 并且测试结果显示为 "Error", 此时需要检查被测设备发送的报文是否符合规范。异常的报文会导致台体解析报文失败, 进而造成测试异常终止。因此, 需要重新复测用例, 若反复出现, 可以判断为被测设备发送的报文不在异常保护范围内, 应对被测设备进行修复。

### 8.5.2 被测设备报文不符合相线时隙规划

透明物理设备是三相分相工作的, 如果模块报文能够正确发出, 但接收机未接收成功; 或发射机正确发出, 接收机接收成功, 但是被测设备没有成功接收, 则需要被测设备检查自身的时隙计算逻辑是否与协议相符合, 发送 / 接收是否在正确的相位时隙内。

## 8.6 一些执行时间较长的非异常用例情况

### 8.6.1 性能测试

性能测试通常需要遍历多种调制方式和信道模型, 并在不同的模型组合下探索被测设备的性能上限, 因此普遍会耗时较长。由于配置的测试帧的数量不同, 大多会需要一小时到数小时的测试时间, 这并非测试系统出现的异常。

### 8.6.2 升级测试

升级测试所需耗时与各个厂家产品的升级包大小相关, 由于测试系统下发升级文件的速度是恒定的, 通常用于测试的升级包越大, 耗时也就越长, 所以不同厂家在该测试项目上的时间表现会有比较大的差异, 从数分钟到数十分钟均为正常现象。因此, 无须关注各个厂家在该项目上的时间差异。

### 8.6.3 互操作性测试

互操作性测试在测试过程中, 涉及规模化的被测设备在噪声环境中进行不同拓扑的组网过程和进行业务交互的过程, 过程本身耗时较长。为了达到最好的测试效果, 且避免突发性的干扰导致偶发性失败影响最终的测试结果, 因此测试系统在设计上留有部分逻辑重试的余量。全部业务一次成功与通过部分重试成功, 在时间上会有数十分钟的差异。通常一个用例需要一到两个小时的时间才能完成, 这种并非测试系统出现的异常。

### 8.6.4 协议一致性测试

协议测试中和退避相关的逻辑测试与其他测试相比, 需要更多的时间。对于不同的退避机制, 协议中规定了等待数分钟到三十分钟等不同的退避条件。在测试过程中, 必须满足要求的等待时间上限, 退避机制的测试会需要更长的测试时间。

## 8.7　互操作性测试用例异常

### 8.7.1　被测设备使用错误

高频采集器用例需使用初始波特率为 115200 的路由，其他的互操作用例均使用波特率为 9600 的路由。互操作用例与路由通信失败，首先需要确路由是否正确。

### 8.7.2　供电异常

互操作用例要求全台体必须开启三相电源，保证强电供电正常，防止出现组网成功率过低的现象；当出现抄表测试成功，相位识别全部失败等现象时，需要检查所有箱体的强电开关是否开启，使用万用表检查台体的三相供电是否正常。

### 8.7.3　被测设备接入不良

模块未入网，导致用例失败。如果用例执行很长时间之后（或者最终组网失败时），日志信息始终提示："not in net macxxxxxx"，表明有 xxxxxxx 模块未入网。因此，可以根据此提示信息中的 MAC 地址找到对应模块的位置，确认待测设备是否与插槽接触不良，造成信号传输不稳定，最终导致未成功入网。

### 8.7.4　被测设备 / 标准陪测设备缺少

在多网络综合测试过程中，需要多个 CCO 形成多网络环境，在测试过程中要检查所有路由是否均正确接入系统，且没有缺少的现象，防止辅助测试的路由缺失而导致测试失败。

### 8.7.5　日志拥塞

广播校时及搜表测试输出日志具有移动的突发性。在测试中若出现在校时、搜表的时间点时系统突然运行缓慢的情况，其可能是由于日志瞬时输出过多造成的，正常情况下系统配置的硬盘读写速度可以满足测试需求。但是由于系统更新及杀毒软件等待的影响，可能会导致系统的吞吐率下降。在出现该异常时应停止用例，重新配置测试环境，去掉日志选项中的"用户打印"选项，重新测试即可恢复。

### 8.7.6　测试系统挂起

用例启动后若长时间无响应，且用例不停止，应检查系统的有效日志能否正常输出，如无有效日志输出，可能是系统底层发生了异常，须断电重启测试系统。

### 8.7.7　电网噪声的影响

互操作性测试需使用强电，HPLC 设备的大量使用很容易引入电网环境中其他非测试设备的信号进而造成干扰，导致测试偶发性的随机失败。若持续出现该现象，可以在台体接通强电的条件下，对台体线路进行监控，检查是否有外部信号的串扰。如果持续存在干扰影响测试，需要在前端配置净化电源，以隔绝外部干扰。

## 8.7.8 继电器 / 换相开关控制失败

若在测试过程中出现: "rst xxx timeout", 大多数是由于某个器件通信的瞬时故障造成的, 在确认台体无异常后, 可尝试通过重启对应机柜解决; 如持续失败, 需要联系厂家对具体设备进行检查, 判断设备是否失效。

# 附录

## 附录 A  名词术语及缩略语

### A.1  名词术语

**高速载波通信单元 high-speed carrier communication unit**

采用高速载波技术在电力线上进行数据传输的通信模块或通信设备。

**双模通信单元 dual-mode communication unit**

采用电力线高速载波和基于 OFDM 的高速无线通信技术进行数据传输的通信模块或通信设备。

**路由 routing**

通信网络中建立和维护从 CCO 到各个 STA 的传输路径以及从各个 STA 至 CCO 的路径的过程。

**关联 association**

用来在通信网络中创建成员隶属关系的一种服务。

**高速载波通信网络 high speed carrier communication network**

以低压电力线为通信媒介，实现低压电力用户用电信息及其他用能客户用能信息的汇聚、传输、交互的通信网络，其主要采用正交频分复用技术，频段使用2~12MHz、2.4~5.6MHz、0.7~3MHz、1.7~3MHz 中的一种。

**双模通信网络 dual-mode communication network**

通过低压电力线和空间辐射两条路径协同工作，实现低压电力用户用电信息及其他用能客户用能信息的汇聚、传输、交互的通信网络。

**协议数据单元 protocol data unit**

两个对等实体之间交换的数据单元。

**中央协调器 central coordinator**

通信网络中的主节点角色，负责完成组网控制、网络维护管理等功能，其对应的设备实体为集中器本地通信单元。

**站点 station**

通信网络中的从节点角色，其对应的设备实体为通信单元，包括电能表通信单元、I 型采集器通信单元或 II 型采集器。

**代理协调器 proxy coordinator**

中央协调器与站点或者站点与站点之间进行数据中继转发的站点，简称代理。

**多网络共存 coexistence of multiple networks**

多个中央协调器距离较近，信号相互干扰的场景。

**多网络协调 coordination of multiple networks**

在多网络共存场景下，各个网络的中央协调器进行短网络标识符和带宽的协调，保证多个网络同时正常工作。

**互联互通 interconnection and interworking**

多个不同源芯片设计厂商的通信单元可在同一个通信网络中相互兼容并实现互操作的能力。

**信标 beacon**

中央协调器、代理和站点发送的携带有网络管理和维护信息的且用于特定目的的管理消息。中央协调器发送的信标为中央信标，代理发送的信标为代理信标，站点发送的信标为发现信标。

**信标周期 beacon period**

中央协调器根据网络规模确定的周期性发送中央信标的时间间隔。

**代理主路径 the preferred path via proxy**

站点与代理之间形成的路径。

**代理变更 proxy switching**

站点根据网络通信情况选择不同站点作为代理的过程。

**业务报文 service datagram**

应用层产生的且用于获取抄表数据的报文。应用层所承载的业务报文应符合 DL/T 645、DL/T 698.45、Q/GDW 1376.2 的规定。

**绑定载波侦听多址接入 bind CSMA**

信标周期中可以分配给某个特定优先级或某个特定种类的业务使用的 CSMA 时隙，当有多个站点都满足使用绑定 CSMA 时隙的条件时，多个站点之间进一步通过 CSMA 竞争机制获取绑定 CSMA 的使用权。

**心跳检测 heartbeats detection**

站点周期性发送心跳报文，其他站点以及中央协调器据此判断此站点的在线或离线状态的过程。

**管理消息 management message**

用于完成高速载波通信网络组网、网络维护等功能而定义的报文。

**发现列表 discover lists**

通信网络中所有节点周期性广播发送的、携带有邻居站点列表信息的管理消息。

**白名单 white lists**

通信网络中设置的允许接入该网络的终端设备的 MAC 地址列表。

**黑名单 black lists**

通信网络中设置的不允许接入该网络的终端设备的 MAC 地址列表。

**多网络共存 coexistence of multiple networks**

多个中央协调器距离较近，信号相互干扰的场景。

**网络标识符 network identifier**

网络标识符是用于标识高速载波通信网络的唯一身份识别号。

**网络标识符协调 coordination of NID**

在多网络共存的场景下，多个网络的网络标识符存在冲突，各个网络的中央协调器之间通过协商保证网络标识符不冲突的过程。

**带宽协调 coordination of bandwidth**

多网络共存场景下，中央协调器之间进行带宽协调的过程。

**并发抄表 parallel meters reading**

集中器连续向多个站点发送并发抄表命令，多个站点收到命令后向集中器返回各自抄表内容的过程。

**耦合器 coupler**

用于将信号叠加至电力线或从电力线上耦合出信号的设备。

**衰减器 attenuator**

用于引入预定衰减，进而降低高速载波信号强度的设备。

## A.2 缩略语

ACK: 确认消息（Acknowledgement）AFN

AFN: 应用功能码（Application Funcion Code, AFN）

AGC: 自动增益控制（Automatic Gain Control）

BCD: 二进制码十进制数（Binary Coded Decimal）

BIFS: 突发帧间隔（Burst Inter Frame Space）

BPC: 信标周期计数（Beacon Period Count）

BPCS: 信标帧载荷校验序列（Beacon Payload Check Sequence）

BT: 信标类型（Beacon Type）

BTS: 信标时间戳（Beacon Time Stamp）

CCO: 中央协调器（Central Coordinator）

CIFS: 竞争帧间隔（Contention Inter Frame Space）

CQ/GDW: 国家电网公司企业标准（CQ/GDW）

CRC: 循环冗余校验（Cyclic Redundancy Check）

CSMA-CA: 带冲突避免的载波侦听多址（Carrier sense multiple access with collision avoidance）

DT: 定界符类型（Delimiter Type）

DUT: 被测设备（Device Under Test）

ECC: 椭圆曲线密码（Elliptic Curve Cryptography, ECC）

EIFS: 扩展帧间隔（Extension Inter Frame Space）

EVM: 矢量幅度误差（Error Vector Magnitude, EVM）

FC: 帧控制（Frame Control）FCH

FCCS: 帧控制校验序列（Frame Control Check Sequence）

FCH: 帧控制头 (Frame Control Header, FCH)

FEC: 前向纠错编码（Forward Error Coding）FFF

FFT: 快速傅里叶变换（Fast Fourier Transformation）

FL: 帧长（Frame Length）

FPGA: 现场可编程门阵列（Field Programmable Gate Array）

Frequence Channel: 频段（Frequence Channel）

GFSK: 高斯频移键控（Gauss Frequency Shift Keying）

HDC: 高速双模通信（Highspeed Dual-mode Communication）

HPLC: 高速电力线通信（Highspeed Power Line Communication）

HRF: 高速微功率无线（High-speed Radio Frequency Dual-mode Communication）

ICV: 完整性校验值（Integrity Check Value）

IEC: 国际电工委员会（International Electrotechnical Commission）

IEEE: 电气与电子工程师协会（Institute of Electrical and Electronics Engineers）

ITU: 国际电信联盟（International Telecommunication Union）

LID: 链路标识符（Link Identifier）

LSB: 最低位（Least Significant Bit）

LTF: 长训练域（Long Training Field）

MAC: 媒介访问控制（Media Access Control）

MCS: 调制编码序列（Modulation and Coding Scheme）

MME: 管理消息表项（Management Message Entry）

MPDU: MAC 层协议数据单元（MAC Protocol Data Unit）

MSDU: MAC 层服务数据单元（MAC Service Data Unit）

NACK: 否定应答（Negative Acknowledgment, NACK）

NID: 网络标识符（Network Identifier）

NTB: 网络基准时间（Network Time Base）

ODA: 原始目的地址（Original Destination Address）

ODTEI: 原始目的终端设备标识（Original Destination Terminal Equipment Identifier）

OFDM: 正交频分复用（Orthogonal Frequency Division Multiplexing）

OPERA: 开放式电力线通信欧洲研究联盟（Open PLC European Research Alliance）

OSA: 原始源地址（Original Source Address）

OSTEI: 原始源终端设备标识（Original Source Terminal Equipment Identifier）

PAD: 填充比特（Pad Bits）

PB: 物理块（PHY Block）

PBB: 物理块体（PHY Block Body）

PBH: 物理块头（PHY Block Header）

PBCS: 物理块校验序列（PHY Block Check Sequence）

PCO: 代理协调器（Proxy Coordinator）

Peak Search Table: 峰值搜索表（Peak Search Table）

Peak Table: 峰值数据表（Peak Table）

PHR: 物理帧头（Physical Header）

PHY: 物理层（Physical Layer）

PLC: 电力线通信（Power Line Communication）

PPDU: 物理层协议数据单元（Physical-Layer Protocol Data Unit）

Provider: 运营商（Provider）

PSDU: 物理层服务数据单元（PHY Service Data Unit）

RF: 射频（Radio Frequency）

RI: 滚降间隔（Roll off Interval）

RIFS: 回应帧间隔（Response Inter Frame Space）

RSVD: 保留（Reserved）

SACK: 选择确认（Selective Acknowledgement）

SIG: PHR 控制字（PHR Control Signal）

Sleep: 休眠（Sleep）

SNID: 短网络标识符（Short Network Identifier）

SNR: 信噪比（Signalto Noise Ratio）

SOF: 帧起始（Start of Frame）

SSN: 分段序列号（Segment Sequence Number）

STA: 站点（Station）

STF: 短训练域（Short Training Field）TCP

Swapt SA: 扫描频谱分析（Swept Spectrum Analyzer, Swept SA）

TDMA: 时分多址（Time Division Multiple Access）

TEI: 终端设备标识（Terminal Equipment Identifier）

TMI: 载波映射表索引 (Tone MapIndex, TMI)

TONEMASK: 子载波掩码（Tonemask）

TTCN: 测试及测试控制表达法 (Testing and Test Control Notation, TTCN)

VCS: 虚拟载波侦听（Virtual Carrier Sensing）

VF: 可变区域（Variant Field）

VLAN: 虚拟局域网（Virtual Local Area Network）

WiMAX: 全球微波接入互操作性（World Interoperability for Microwave Access）

Peak Sort: 峰值排序（Peak Dort）

# 附录 B　双模通信互联互通测试报文

附表 B1　抄表下行报文格式

| 域 | 字节号 | 比特位 | 域大小 (比特) |
|---|---|---|---|
| 协议版本号 | 0 | 0~5 | 6 |
| 报文头长度 | | 6~7 | 6 |
| | 1 | 0~3 | |
| 配置字 | | 4~7 | 4 |
| 转发数据的规约类型 | 2 | 0~3 | 4 |
| 转发数据长度 | | 4~7 | 12 |
| | 3 | 0~7 | |
| 报文序号 | 4~5 | 0~15 | 16 |
| 设备超时时间 | 6 | 0~7 | 8 |
| 选项字 | 7 | 0~7 | 8 |

附表 B2　抄表上行报文格式

| 域 | 字节号 | 比特位 | 域大小 (比特) |
|---|---|---|---|
| 协议版本号 | 0 | 0~5 | 6 |
| 报文头长度 | | 6~7 | 6 |
| | 1 | 0~3 | |
| 应答状态 | | 4~7 | 4 |
| 转发数据的规约类型 | 2 | 0~3 | 4 |
| 转发数据长度 | | 4~7 | 12 |
| | 3 | 0~7 | |
| 报文序号 | 4~5 | 0~15 | 16 |
| 选项字 | 6~7 | 0~15 | 16 |

附表 B3　从节点注册下行报文格式

| 域 | 字节号 | 比特位 | 域大小（比特） |
|---|---|---|---|
| 协议版本号 | 0 | 0~5 | 6 |
| 报文头长度 | | 6~7 | 6 |
| | 1 | 0~3 | |
| 强制应答标志 | 1 | 4 | 1 |
| 从节点注册参数 | | 5~7 | 3 |
| 保留 | 2~3 | 0~15 | 16 |
| 报文序号 | 4~7 | 0~7 | 32 |

附表 B4　查询从节点注册结果下行报文格式

| 域 | 字节号 | 比特位 | 域大小（比特） |
|---|---|---|---|
| 协议版本号 | 0 | 0~5 | 6 |
| 报文头长度 | 0 | 6~7 | 6 |
| | | 0~3 | |
| 强制应答标志 | 1 | 4 | 1 |
| 从节点注册参数 | | 5~7 | 3 |
| 保留 | 2~3 | 0~15 | 16 |
| 报文序号 | 4~7 | 0~7 | 32 |
| 源 MAC 地址 | 8~13 | 0~47 | 48 |
| 目的 MAC 地址 | 14~19 | 0~47 | 48 |

附表 B5　查询从节点注册结果上行报文格式

| 域 | 字节号 | 比特位 | 域大小（比特） |
|---|---|---|---|
| 协议版本号 | 0 | 0~5 | 6 |
| 报文头长度 | | 6~7 | 6 |
| | 1 | 0~3 | |
| 状态字段 | 1 | 4 | 1 |
| 从节点注册参数 | | 5~7 | 3 |
| 电能表数量 | 2 | 0~7 | 8 |
| 产品类型 | 3 | 0~7 | 8 |

| 域 | 字节号 | 比特位 | 域大小（比特） |
|---|---|---|---|
| 设备地址 | 4~9 | 0~47 | 48 |
| 设备 ID | 10~15 | 0~47 | 48 |
| 报文序号 | 16~19 | 0~31 | 32 |
| 保留 | 20~23 | 0~31 | 32 |
| 源 MAC 地址 | 24~29 | 0~47 | 48 |
| 目的 MAC 地址 | 30~35 | 0~47 | 48 |
| 电能表地址 | 36~41 | 0~47 | 48 |
| 规约类型 | 42 | 0~7 | 8 |
| 模块类型 | 43 | 0~3 | 4 |
| 保留 | | 4~7 | 4 |

附表 B6　停止从节点注册下行报文格式

| 域 | 字节号 | 比特位 | 域大小（比特） |
|---|---|---|---|
| 协议版本号 | 0 | 0~5 | 6 |
| 报文头长度 | | 6~7 | 6 |
| | 1 | 0~3 | |
| 保留 1 | | 4~7 | 4 |
| 保留 2 | 2~3 | 0~15 | 16 |
| 报文序号 | 4~7 | 0~31 | 32 |

附表 B7　校时下行报文格式

| 域 | 字节号 | 比特位 | 域大小（比特） |
|---|---|---|---|
| 协议版本号 | 0 | 0~5 | 6 |
| 报文头长度 | | 6~7 | 6 |
| | 1 | 0~3 | |
| 保留 1 | | 4~7 | 4 |
| 保留 2 | 2 | 0~3 | 4 |
| 数据长度 | | 4~7 | 12 |
| | 3 | 0~7 | |

附表 B8　事件上报报文格式

| 域 | 字节号 | 比特位 | 域大小（比特） |
|---|---|---|---|
| 协议版本号 | 0 | 0~5 | 6 |
| 报文头长度 | | 6~7 | 6 |
| | 1 | 0~3 | |
| 方向位 | | 4 | 1 |
| 启动位 | | 5 | 1 |
| 功能码 | | 6~7 | 6 |
| | 2 | 0~3 | |
| 转发数据长度 | | 4~7 | 12 |
| | 3 | 0~7 | |
| 报文序号 | 4~5 | 0~15 | 16 |
| 电能表地址 | 6~11 | 0~7 | 48 |

附表 B9　通信测试下行报文格式

| 域 | 字节号 | 比特位 | 域大小（比特） |
|---|---|---|---|
| 协议版本号 | 0 | 0~5 | 6 |
| 域 | 字节号 | 比特位 | 域大小（比特） |
| 报文头长度 | 0 | 6~7 | 6 |
| | 1 | 0~3 | |
| 保留 | | 4~7 | 4 |
| 转发数据的规约类型 | 2 | 0~3 | 4 |
| 转发数据长度 | | 4~7 | 12 |
| | 3 | 0~7 | |

附表 B10　确认／否认报文报文格式

| 域 | 字节号 | 比特位 | 域大小（比特） |
|---|---|---|---|
| 协议版本号 | 0 | 0~5 | 6 |
| 报文头长度 | | 6~7 | 6 |
| | 1 | 0~3 | |
| 方向位 | | 4 | 1 |

续表

| 域 | 字节号 | 比特位 | 域大小（比特） |
|---|---|---|---|
| 确认位 | 1 | 5 | 1 |
| 保留 | | 6~7 | 2 |
| 报文序号 | 2~3 | 0~15 | 16 |

附表 B11　开始升级下行报文格式

| 域 | 字节号 | 比特位 | 域大小（比特） |
|---|---|---|---|
| 协议版本号 | 0 | 0~5 | 6 |
| 报文头长度 | | 6~7 | 6 |
| | 1 | 0~3 | |
| 保留 | | 4~7 | 4 |
| | 2~3 | 0~15 | 16 |
| 升级 ID | 4~7 | 0~31 | 32 |
| 升级时间窗 | 8~9 | 0~15 | 16 |
| 升级块大小 | 10~11 | 0~15 | 16 |
| 升级文件大小 | 12~15 | 0~31 | 32 |
| 文件 CRC 校验 | 16~19 | 0~31 | 32 |

附表 B12　停止升级下行报文格式

| 域 | 字节号 | 比特位 | 域大小（比特） |
|---|---|---|---|
| 协议版本号 | 0 | 0~5 | 6 |
| 报文头长度 | | 6~7 | 6 |
| | 1 | 0~3 | |
| 保留 | | 4~7 | 4 |
| | 2~3 | 0~15 | 16 |
| 升级 ID | 4~7 | 0~31 | 32 |

附表 B13　传输文件数据下行报文格式

| 域 | 字节号 | 比特位 | 域大小（比特） |
|---|---|---|---|
| 协议版本号 | 0 | 0~5 | 6 |
| 报文头长度 | | 6~7 | 6 |

| 域 | 字节号 | 比特位 | 域大小（比特） |
|---|---|---|---|
| 报文头长度 | 1 | 0~3 | 6 |
| 保留 | 1 | 4~7 | 4 |
| 数据块大小 | 2~3 | 0~15 | 16 |
| 升级 ID | 4~7 | 0~31 | 32 |
| 数据块编号 | 8~11 | 0~31 | 32 |

附表 B14　查询站点升级状态下行报文格式

| 域 | 字节号 | 比特位 | 域大小（比特） |
|---|---|---|---|
| 协议版本号 | 0 | 0~5 | 6 |
| 报文头长度 | | 6~7 | 6 |
| | 1 | 0~3 | |
| 保留 | 1 | 4~7 | 4 |
| 连续查询的块数 | 2~3 | 0~15 | 16 |
| 起始块号 | 4~7 | 0~31 | 32 |
| 升级 ID | 8~11 | 0~31 | 32 |

附表 B15　执行升级下行报文格式

| 域 | 字节号 | 比特位 | 域大小（比特） |
|---|---|---|---|
| 协议版本号 | 0 | 0~5 | 6 |
| 报文头长度 | | 6~7 | 6 |
| | 1 | 0~3 | |
| 保留 | 1 | 4~7 | 4 |
| 等待复位时间 | 2~3 | 0~15 | 16 |
| 升级 ID | 4~7 | 0~31 | 32 |
| 试运行时间 | 8~12 | 0~31 | 32 |

附表 B16　查询站点信息下行报文格式

| 域 | 字节号 | 比特位 | 域大小（比特） |
|---|---|---|---|
| 协议版本号 | 0 | 0~5 | 6 |
| 报文头长度 | | 6~7 | 6 |

| 域 | 字节号 | 比特位 | 域大小（比特） |
|---|---|---|---|
| 报文头长度 | 1~2 | 0~3 | 6 |
| 保留 | | 4~15 | 12 |
| 信息列表元素个数 | 3 | 0~7 | 8 |

**附表 B17　开始升级上行报文格式**

| 域 | 字节号 | 比特位 | 域大小（比特） |
|---|---|---|---|
| 协议版本号 | 0 | 0~5 | 6 |
| 报文头长度 | 0 | 6~7 | 6 |
| | 1 | 0~3 | |
| 保留 | | 4~7 | 4 |
| | 2 | 0~7 | 8 |
| 开始升级结果码 | 3 | 0~7 | 8 |
| 升级 ID | 4~7 | 0~31 | 32 |

**附表 B18　查询升级状态上行报文格式**

| 域 | 字节号 | 比特位 | 域大小（比特） |
|---|---|---|---|
| 协议版本号 | 0 | 0~5 | 6 |
| 报文头长度 | | 6~7 | 6 |
| | 1 | 0~3 | |
| 升级状态 | | 4~7 | 4 |
| 有效块数 | 2~3 | 0~15 | 16 |
| 起始块号 | 4~7 | 0~31 | 32 |
| 升级 ID | 8~11 | 0~31 | 32 |

**附表 B19　查询站点信息上行报文格式**

| 域 | 字节号 | 比特位 | 域大小（比特） |
|---|---|---|---|
| 协议版本号 | 0 | 0~5 | 6 |
| 报文头长度 | | 6~7 | 6 |
| | 1 | 0~3 | |

| 域 | 字节号 | 比特位 | 域大小（比特） |
|---|---|---|---|
| 保留 | 1 | 4~7 | 4 |
| | 2 | 0~7 | 8 |
| 信息数据列表元素个数 | 3 | 0~7 | 8 |
| 升级 ID | 4~7 | 0~31 | 32 |

附表 B20　标准 MAC 帧头格式

| 字段 | 字节号 | 比特位 | 字段大小（比特） |
|---|---|---|---|
| 版本 | 0 | 0~3 | 4 |
| 原始源 TEI | | 4~7 | 12 |
| | 1 | 0~7 | |
| 原始目的 TEI | 2 | 0~7 | 12 |
| | 3 | 0~3 | |
| 发送类型 | | 4~7 | 4 |
| 发送次数限值 | 4 | 0~4 | 5 |
| 保留 | | 5~7 | 3 |
| MSDU 序列号 | 5 | 0~7 | 16 |
| | 6 | 0~7 | |
| MSDU 类型 | 7 | 0~7 | 8 |
| MSDU 长度 | 8 | 0~7 | 11 |
| | | 0~2 | |
| 重启次数 | 9 | 3~6 | 4 |
| 代理主路径标识 | | 7 | 1 |
| 路由总跳数 | | 0~3 | 4 |
| 路由剩余跳数 | 10 | 4~7 | 4 |
| 广播方向 | | 0~1 | 2 |
| 路径修复标志 | | 2 | 1 |
| MAC 地址标志 | 11 | 3 | 1 |
| 保留 | | 4~7 | 12 |
| | 12 | 0~7 | |

| 字段 | 字节号 | 比特位 | 字段大小（比特） |
|---|---|---|---|
| 组网序列号 | 13 | 0~7 | 8 |
| 保留 | 14 | 0~7 | 8 |
| 保留 | 15 | 0~7 | 8 |
| 原始源 MAC 地址 | 0 或者 16~21 | 0~7 | 0 或者 48 |
| 原始目的 MAC 地址 | 0 或者 22~27 | 0~7 | 0 或者 48 |

**附表 B21　单跳 MAC 帧头格式**

| 字段 | 字节号 | 比特位 | 字段大小（比特） |
|---|---|---|---|
| 版本 | 0 | 0~3 | 4 |
| 保留 | | 4~7 | 4 |
| 消息类型 | 1 | 0~7 | 8 |
| MSDU 长度 | 2 | 0~7 | 11 |
| | 3 | 0~2 | |
| 保留 | | 3~7 | 5 |

**附表 B22　标准信标帧载荷字段**

| 字段 | 字节号 | 比特位 | 字段大小（比特） |
|---|---|---|---|
| 信标类型 | | 0~2 | 3 |
| 组网标志位 | | 3 | 1 |
| 精简信标标志 | | 4 | 1 |
| 保留 | 0 | 5 | 1 |
| 开始关联标志位 | | 6 | 1 |
| 信标使用标志位 | | 7 | 1 |
| 组网序列号 | 1 | 0~7 | 8 |
| CCO MAC 地址 | 2 | 0~7 | 48 |
| | 3 | 0~7 | |
| | 4 | 0~7 | |
| | 5 | 0~7 | |
| | 6 | 0~7 | |

| 字段 | 字节号 | 比特位 | 字段大小（比特） |
|---|---|---|---|
| CCO MAC 地址 | 7 | 0~7 | 48 |
| 信标周期计数 | 8 | 0~7 | 32 |
| | 9 | 0~7 | |
| | 10 | 0~7 | |
| | 11 | 0~7 | |
| 本网络无线信道编号 | 12 | 0~7 | 8 |
| 保留 | 13~19 | 0~7 | 56 |
| 信标管理信息 | 20~32 或 64 或 128 或 256 或 516 | 0~7 | 可变长 |
| 帧载荷校验序列 | 33~36 或 65~68 或 129~132 或 257~260 或 513~516 | 0~7 | 32 |

附表 B23    简信标帧载荷字段

| 字段 | 字节号 | 比特位 | 字段大小（比特） |
|---|---|---|---|
| 信标类型 | 0 | 0~2 | 3 |
| 组网标志位 | | 3 | 1 |
| 精简信标标志 | | 4 | 1 |
| 保留 | | 5 | 1 |
| 开始关联标志位 | | 6 | 1 |
| 信标使用标志位 | | 7 | 1 |
| 组网序列号 | 1 | 0~7 | 8 |
| CCO MAC 地址 | 2 | 0~7 | 48 |
| | 3 | 0~7 | |
| | 4 | 0~7 | |
| | 5 | 0~7 | |
| | 6 | 0~7 | |
| | 7 | 0~7 | |
| 信标周期计数 | 8 | 0~7 | 32 |

| 字段 | 字节号 | 比特位 | 字段大小（比特） |
|---|---|---|---|
| | 9 | 0~7 | |
| 信标周期计数 | 10 | 0~7 | 32 |
| | 11 | 0~7 | |
| 信标管理信息 | 12~32 | 0~7 | L（可变长） |
| 帧载荷校验序列 | 33~36 | 0~7 | 4 |

附表 B24　关联请求报文格式

| 字段 | 字节号 | 比特位 | 字段大小 |
|---|---|---|---|
| 站点 MAC 地址 | 0~5 | 0~7 | 6 字节 |
| 候选代理 TEI0 | 6 | 0~7 | 12 比特 |
| | 7 | 0~3 | |
| 保留 | 7 | 4~7 | 4 比特 |
| … | … | … | … |
| 候选代理 TEI4 | 14 | 0~7 | 12 比特 |
| | 15 | 0~3 | |
| 保留 | 15 | 4~7 | 4 比特 |
| 相线 | 16 | 0~1 | 2 比特 |
| | | 2~3 | 2 比特 |
| | | 4~5 | 2 比特 |
| 保留 | | 6~7 | 2 比特 |
| 设备类型 | 17 | 0~7 | 1 字节 |
| MAC 地址类型 | 18 | 0~7 | 1 字节 |
| 保留 | 19 | 0~7 | 1 字节 |
| 站点关联随机数 | 20~23 | 0~7 | 1 字节 |
| 厂家自定义信息 | 24~41 | 0~7 | 18 字节 |
| 站点版本信息 | 42~51 | 0~7 | 10 字节 |
| 硬复位累积次数 | 52~53 | 0~7 | 2 字节 |
| 软复位累积次数 | 54~55 | 0~7 | 2 字节 |
| 代理类型 | 56 | 0~7 | 1 字节 |

| 字段 | 字节号 | 比特位 | 字段大小 |
|---|---|---|---|
| 保留 | 57~59 | 0~7 | 3 字节 |
| 端到端序列号 | 60~63 | 0~7 | 4 字节 |
| 管理 ID 信息 | 64~87 | 0~7 | 24 字节 |

附表 B25　关联确认报文格式

| 字段 | 字节号 | 比特位 | 字段大小（字节） |
|---|---|---|---|
| 站点 MAC 地址 | 0~5 | 0~7 | 6 |
| CCO MAC 地址 | 6~11 | 0~7 | 6 |
| 结果 | 12 | 0~7 | 1 |
| 站点层级 | 13 | 0~7 | 1 |
| 站点 TEI | 14 | 0~7 | 12 比特 |
|  | | 0~3 | |
| 链路类型 | 15 | 4 | 1 比特 |
| 载波频段 |  | 5~6 | 2 比特 |
| 保留 |  | 7 | 1 比特 |
| 代理 TEI | 16 | 0~7 | 12 比特 |
|  | 17 | 0~3 | |
| 保留 | 17 | 4~7 | 4 比特 |
| 总分包数 | 18 | 0~7 | 1 |
| 分包序号 | 19 | 0~7 | 1 |
| 站点关联随机数 | 20~23 | 0~7 | 4 |
| 重新关联时间 | 24~27 | 0~7 | 4 |
| 端到端序列号 | 28~31 | 0~7 | 4 |
| 路径序号 | 32~35 | 0~7 | 4 |
| 保留 | 36~39 | 0~7 | 4 |
| 路由表信息 | 可变 | 0~7 | 可变长 |

附表 B26 关联汇总指示报文格式

| 字段 | 字节号 | 比特位 | 字段大小 (字节) |
|---|---|---|---|
| 结果 | 0 | 0~7 | 1 |
| 站点层级 | 1 | 0~7 | 1 |
| CCO MAC 地址 | 2~7 | 0~7 | 6 |
| 代理 TEI | 8 | 0~7 | 12 比特 |
| | 9 | 0~3 | |
| 载波频段 | | 4~5 | 2 比特 |
| 保留 | | 6~7 | 2 比特 |
| 保留 | 10 | 0~7 | 1 |
| 汇总站点数 | 11 | 0~7 | 1 |
| 保留 | 12~15 | 0~7 | 4 |
| 站点信息 | 可变长 | 0~7 | 可变长 |

附表 B27 代理变更请求报文格式

| 字段 | 字节号 | 比特位 | 字段大小 |
|---|---|---|---|
| 站点 TEI | 0 | 0~7 | 12 比特 |
| | 1 | 0~3 | |
| 保留 | 1 | 4~7 | 4 比特 |
| 新代理 TEI0 | 2 | 0~7 | 12 比特 |
| | 3 | 0~3 | |
| 链路类型 | 3 | 4 | 1 比特 |
| 保留 | | 5~7 | 3 比特 |
| … | … | … | … |
| 新代理 TEI4 | 10 | 0~7 | 12 比特 |
| | 11 | 0~3 | |
| 链路类型 | 11 | 4 | 1 比特 |
| 保留 | | 5~7 | 3 比特 |
| 旧代理 TEI | 12 | 0~7 | 12 比特 |
| | 13 | 0~3 | |
| 保留 | 13 | 4~7 | 4 比特 |

| 字段 | 字节号 | 比特位 | 字段大小 |
|---|---|---|---|
| 代理类型 | 14 | 0~7 | 1 字节 |
| 原因 | 15 | 0~7 | 1 字节 |
| 端到端序列号 | 16~19 | 0~7 | 4 字节 |
| 站点相线 | 20 | 0~1 | 2 比特 |
| | | 2~3 | 2 比特 |
| | | 4~5 | 2 比特 |
| 保留 | | 6~7 | 2 比特 |
| 保留 | 21~23 | 0~7 | 24 比特 |

附表 B28  代理变更请求确认报文格式

| 字段 | 字节号 | 比特位 | 字段大小 (字节) |
|---|---|---|---|
| 结果 | 0 | 0~7 | 1 |
| 总分包数 | 1 | 0~7 | 1 |
| 分包序号 | 2 | 0~7 | 1 |
| 保留 | 3 | 0~7 | 1 |
| 站点 TEI | 4 | 0~7 | 12 比特 |
| | 5 | 0~3 | |
| 链路类型 | 5 | 4 | 1 比特 |
| 保留 | | 5~7 | 3 比特 |
| 代理 TEI | 6 | 0~7 | 12 比特 |
| | 7 | 0~3 | |
| 保留 | 7 | 4~7 | 4 比特 |
| 端到端序列号 | 8~11 | 0~7 | 4 |
| 路径序号 | 12~15 | 0~7 | 4 |
| 子站点数 | 16~17 | 0~7 | 2 |
| 保留 | 18~19 | 0~7 | 2 |
| 子站点条目 | 可变长 | 0~7 | 可变长 |

### 附表 B29　代理变更请求确认报文（位图版）格式

| 字段 | 字节号 | 比特位 | 字段大小（字节） |
|---|---|---|---|
| 结果 | 0 | 0~7 | 1 |
| 保留 | 1 | 0~7 | 1 |
| 位图大小 | 2~3 | 0~7 | 2 |
| 站点 TEI | 4 | 0~7 | 12 比特 |
| | | 0~3 | |
| 链路类型 | 5 | 4 | 1 比特 |
| 保留 | | 5~7 | 3 比特 |
| 代理 TEI | 6 | 0~7 | 12 比特 |
| | 7 | 0~3 | |
| 保留 | 7 | 4~7 | 4 比特 |
| 端到端序列号 | 8~11 | 0~7 | 4 |
| 路径序号 | 12~15 | 0~7 | 4 |
| 保留 | 16~19 | 0~7 | 4 |
| 子站点位图 | 可变长 | 0~7 | 可变长 |

### 附表 B30　离线指示报文格式

| 字段 | 字段大小（字节） |
|---|---|
| 原因 | 2 |
| 站点总数 | 2 |
| 延迟时间 | 2 |
| 保留 | 10 |
| 站点 MAC 地址 | 可变长 |

### 附表 B31　心跳检测报文格式

| 字段 | 字节号 | 比特位 | 字段大小（字节） |
|---|---|---|---|
| 原始源 TEI | 0 | 0~7 | 12 比特 |
| | 1 | 0~3 | |
| 保留 | 1 | 4~7 | 4 比特 |
| 发现站点数最大的站点 TEI | 2~3 | 0~7 | 12 比特 |

| 字段 | 字节号 | 比特位 | 字段大小（字节） |
|---|---|---|---|
| 发现站点数最大的站点 TEI | 3 | 0~3 | 12 比特 |
| 保留 | 3 | 4~7 | 4 比特 |
| 最大的发现站点数 | 4~5 | 0~7 | 2 |
| 位图大小 | 6~7 | 0~7 | 2 |
| 发现站点位图 | 可变长 | 0~7 | 可变长 |

附表 B32　发现列表报文格式

| 字段 | 字节号 | 比特位 | 字段大小（比特） |
|---|---|---|---|
| TEI | 0 | 0~7 | 12 |
| | 1 | 0~3 | |
| 代理 TEI | 1 | 4~7 | 12 |
| | 2 | 0~7 | |
| 角色 | 3 | 0~3 | 4 |
| 层级 | 3 | 4~7 | 4 |
| MAC 地址 | 4~9 | 0~7 | 48 |
| CCO MAC 地址 | 10~15 | 0~7 | 48 |
| 相线 | 16 | 0~5 | 6 |
| 保留 | 16 | 6~7 | 2 |
| 代理站点信道质量 | 17 | 0~7 | 8 |
| 代理站点通信成功率 | 18 | 0~7 | 8 |
| 代理站点下行通信成功率 | 19 | 0~7 | 8 |
| 站点总数 | 20~21 | 0~7 | 16 |
| 发送发现列表报文个数 | 22 | 0~7 | 8 |
| 上行路由条目总数 | 23 | 0~7 | 8 |
| 路由周期到期剩余时间 | 24~25 | 0~7 | 16 |
| 位图大小 | 26~27 | 0~7 | 16 |
| 最小通信成功率 | 28 | 0~7 | 8 |
| 保留 | 29~31 | 0~7 | 24 |
| 上行路由条目信息 | 可变长 | 0~7 | 可变长 |

| 字段 | 字节号 | 比特位 | 字段大小（比特） |
|---|---|---|---|
| 发现站点列表位图 | 可变长 | 0~7 | 可变长 |
| 接收发现列表信息 | 可变长 | 0~7 | 可变长 |

附表 B33　通信成功率上报报文格式

| 字段 | 字节号 | 比特位 | 字段大小（字节） |
|---|---|---|---|
| TEI | 0 | 0~7 | 12 比特 |
| | 1 | 0~3 | |
| 站点总数 | 2~3 | 0~7 | 2 字节 |
| 通信成功率信息 | 可变长 | 0~7 | 可变长 |

附表 B34　网络冲突上报报文格式

| 字段 | 字节号 | 字段大小（字节） |
|---|---|---|
| CCO MAC 地址 | 0 | 6 |
| | 1 | |
| | 2 | |
| | 3 | |
| | 4 | |
| | 5 | |
| 邻居网络个数 | 6 | 1 |
| 网络号字节宽度 | 7 | 1 |
| 邻居网络条目 | 可变长 | 可变长 |

附表 B35　过零 NTB 采集指示报文格式

| 字段 | 字节号 | 比特位 | 字段大小（字节） |
|---|---|---|---|
| TEI | 0 | 0~7 | 12 比特 |
| | 1 | 0~3 | |
| 保留 | 1 | 4~7 | 4 比特 |
| 采集站点 | 2 | 0~7 | 1 |
| 采集周期 | 3 | 0~7 | 1 |
| 采集数量 | 4 | 0~7 | 1 |

| 字段 | 字节号 | 比特位 | 字段大小（字节） |
|---|---|---|---|
| 保留 | 5~7 | 0~7 | 3 |

### 附表 B36　过零 NTB 告知报文格式

| 字段 | 字节号 | 比特位 | 字段大小（字节） |
|---|---|---|---|
| TEI | 0 | 0~7 | 12 比特 |
| | 1 | 0~3 | |
| 保留 | 1 | 4~7 | 4 比特 |
| 告知总数量 | 2 | 0~7 | 1 |
| 相线 1 差值告知数量 | 3 | 0~7 | 1 |
| 相线 2 差值告知数量 | 4 | 0~7 | 1 |
| 相线 3 差值告知数量 | 5 | 0~7 | 1 |
| 基准 NTB | 6~9 | 0~7 | 4 |
| 相线 1 过零 NTB 差值 | 可变长 | 0~7 | 可变长 |
| 相线 2 过零 NTB 差值 | 可变长 | 0~7 | 可变长 |
| 相线 3 过零 NTB 差值 | 可变长 | 0~7 | 可变长 |

### 附表 B37　路由请求报文格式

| 字段 | 字节号 | 字段大小（比特） |
|---|---|---|
| 版本 | 0 | 8 |
| 路由请求序列号 | 1~4 | 32 |
| 保留 | 5 | 3 |
| 路径优选标志 | 5 | 1 |
| 负载数据类型 | 5 | 4 |
| 负载数据长度 | 6 | 8 |
| 负载数据 | 可变长 | 可变长 |

### 附表 B38　路由回复报文格式

| 字段 | 字节号 | 字段大小（比特） |
|---|---|---|
| 版本 | 0 | 8 |
| 路由请求序列号 | 1~4 | 32 |

| 字段 | 字节号 | 字段大小（比特） |
|---|---|---|
| 保留 | 5 | 4 |
| 负载数据类型 | 5 | 4 |
| 负载数据长度 | 6 | 8 |
| 负载数据 | 可变长 | 可变长 |

附表 B39　路由错误报文格式

| 字段 | 字节号 | 字段大小（字节） |
|---|---|---|
| 版本 | 0 | 1 |
| 路由请求序列号 | 1~4 | 4 |
| 保留 | 5 | 1 |
| 不可达站点数量 | 6 | 1 |
| 不可达站点列表 | 可变长 | 可变长 |

附表 B40　路由应答报文格式

| 字段 | 字节号 | 字段大小（字节） |
|---|---|---|
| 版本 | 0 | 1 |
| 保留 | 1~3 | 3 |
| 路由请求序列号 | 4~7 | 4 |

附表 B41　链路确认请求报文格式

| 字段 | 字节号 | 字段大小（字节） |
|---|---|---|
| 版本 | 0 | 1 |
| 路由请求序列号 | 1~4 | 4 |
| 保留 | 5 | 1 |
| 确认站点数量 | 6 | 1 |
| 确认站点列表 | 可变长 | 可变长 |

附表 B42　链路确认回应报文格式

| 字段 | 字节号 | 字段大小（比特） |
|---|---|---|
| 版本 | 0 | 8 |

| 字段 | 字节号 | 字段大小（比特） |
|---|---|---|
| 层级 | 1 | 8 |
| 信道质量 | 2 | 8 |
| 路径优选标志 | 3 | 1 |
| 保留 | 3 | 7 |
| 路由请求序列号 | 4~7 | 32 |

**附表 B43　无线信道冲突上报报文格式**

| 字段 | 字节号 | 比特位 | 字段大小（字节） |
|---|---|---|---|
| CCO MAC 地址 | 0~5 | 0~7 | 6 |
| 邻居网络个数 | 6 | 0~7 | 1 |
| 邻居网络条目 | 可变 | 0~7 | 可变长 |

**附表 B44　无线发现列表报文格式**

| 字段 | 字节号 | 比特位 | 字段大小（字节） |
|---|---|---|---|
| 站点 MAC 地址 | 0~5 | 0~7 | 6 |
| 统计序号 | 6 | 0~7 | 1 |
| 信息单元 1 类型 | 7 | 0~6 | 7 比特 |
| 信息单元 1 长度类型 | | 7 | 1 比特 |
| 信息单元 1 长度 | 8/9 | 0~7 | 1/2 |
| 信息单元 1 内容 | 可变 | 0~7 | 可变长 |
| …… | …… | …… | 可变长 |
| 信息单元 N 类型 | 可变 | 0~6 | 7 比特 |
| 信息单元 N 长度类型 | 可变 | 7 | 1 比特 |
| 信息单元 N 长度 | 可变 | 0~7 | 1/2 |
| 信息单元 N 内容 | 可变 | 0~7 | 可变长 |

# 附录 C 双模通信互联互通测试用例一览表

| 序号 | 检测条目 | | | |
|------|--------|--|--|--|
| 1 | HPLC 通信性能测试 | 工作频段及功率谱密度测试 | | |
| 2 | | 抗白噪声性能测试 | | |
| 3 | | 抗频偏性能测试 | | |
| 4 | | 抗衰减性能测试 | | |
| 5 | | 抗窄带噪声性能测试 | | |
| 6 | | 抗脉冲噪声性能测试 | | |
| 7 | | 通信速率性能测试 | | |
| 8 | 无线通信性能测试 | 工作频段与功率谱密度测试 | | |
| 9 | | 最大输入电平性能测试 | | |
| 10 | | 最大发射功率性能测试 | | |
| 11 | | 杂散辐射性能测试 | | |
| 12 | | 接收灵敏度性能测试 | | |
| 13 | | 邻道干扰性能测试 | | |
| 14 | | 抗频偏容忍度性能测试 | | |
| 15 | | 发射频谱模板性能测试 | | |
| 16 | | 抗阻塞性能测试 | | |
| 17 | | 多径信道性能测试 | | |
| 18 | | EVM 测试 | | |
| 19 | HPLC 协议一致性测试 | 物理层协议一致性测试 | TMI 模式遍历测试 | |
| 20 | | | TONEMASK 功能测试 | |
| 21 | | HPLC 数据链路层协议一致性测试 | 数据链路层信标机制一致性测试 | CCO 发送中央信标的周期性与合法性测试 |
| 22 | | | | CCO 通过代理组网过程中的中央信标测试 |
| 23 | | | | CCO 组网过程中的中央信标测试 |
| 24 | | | | CCO 通过多级代理组网过程中的中央信标测试 |
| 25 | | | | STA 多级站点入网过程中的代理信标测试 |

| 序号 | | | 检测条目 | |
|------|---|---|---|---|
| 26 | | | 数据链路层信标机制一致性测试 | STA 在收到中央信标后发送发现信标的周期性和合法性测试 |
| 27 | | | 数据链路层时隙管理一致性测试 | CCO 对全网站点进行时隙规划并在规定时隙发送相应帧测试 |
| 28 | | | | STA/PCO 在规定时隙发送相应帧测试 |
| 29 | | | 数据链路层信道访问一致性测试 | CCO 的 CSMA 时隙访问测试 |
| 30 | | | | CCO 的冲突退避测试 |
| 31 | | | | STA 的 CSMA 时隙访问测试 |
| 32 | | | | STA 的冲突退避测试 |
| 33 | HPLC 协议一致性测试 | HPLC 数据链路层协议一致性测试 | 数据链路层数据处理协议一致性测试 | 长 MPDU 帧载荷长度 72 字节长 MAC 帧头的 SOF 帧是否能够被正确处理测试 |
| 34 | | | | 长 MPDU 帧载荷长度 136 字节长 MAC 帧头的 SOF 帧是否能够被正确处理测试 |
| 35 | | | | 长 MPDU 帧载荷长度 264 字节长 MAC 帧头的 SOF 帧是否能够被正确处理测试 |
| 36 | | | | 长 MPDU 帧载荷长度 520 字节长 MAC 帧头的 SOF 帧是否能够被正确处理测试 |
| 37 | | | | 长 MPDU 帧载荷长度 72 字节短 MAC 帧头的 SOF 帧是否能够被正确处理测试 |
| 38 | | | | 长 MPDU 帧载荷长度 136 字节短 MAC 帧头的 SOF 帧是否能够被正确处理测试 |
| 39 | | | | 长 MPDU 帧载荷长度 264 字节短 MAC 帧头的 SOF 帧是否能够被正确处理测试 |
| 40 | | | | 长 MPDU 帧载荷长度 520 字节短 MAC 帧头的 SOF 帧是否能够被正确处理测试 |
| 41 | | | | 短 MPDU 帧载荷长度 72 字节长 MAC 帧分多包 MPDU 的 SOF 帧是否能够被正确处理测试 |
| 42 | | | | 短 MPDU 帧载荷长度 136 字节长 MAC 帧分多包 MPDU 的 SOF 帧是否能够被正确处理测试 |
| 43 | | | | 短 MPDU 帧载荷长度 264 字节长 MAC 帧分多包 MPDU 的 SOF 帧是否能够被正确处理测试 |
| 44 | | | | 短 MPDU 帧载荷长度 520 字节长 MAC 帧分多包 MPDU 的 SOF 帧是否能够被正确处理测试 |

| 序号 | 检测条目 | | |
|---|---|---|---|
| 45 | HPLC 协议一致性测试 | HPLC 数据链路层协议一致性测试 | 数据链路层数据处理协议一致性测试 | 短 MPDU 帧载荷长度 72 字节短 MAC 帧分多包 MPDU 的 SOF 帧是否能够被正确处理测试 |

| 序号 | 检测条目 | | | |
|---|---|---|---|---|
| 45 | | | 数据链路层数据处理协议一致性测试 | 短 MPDU 帧载荷长度 72 字节短 MAC 帧分多包 MPDU 的 SOF 帧是否能够被正确处理测试 |
| 46 | | | | 短 MPDU 帧载荷长度 136 字节短 MAC 帧分多包 MPDU 的 SOF 帧是否能够被正确处理测试 |
| 47 | | | | 短 MPDU 帧载荷长度 264 字节短 MAC 帧分多包 MPDU 的 SOF 帧是否能够被正确处理测试 |
| 48 | | | | 短 MPDU 帧载荷长度 520 字节短 MAC 帧分多包 MPDU 的 SOF 帧是否能够被正确处理测试 |
| 49 | | | | 长 MPDU 帧载荷多包 MPDU 的 SOF 帧有错误报文是否对被测模块造成异常测试 |
| 50 | | | | 短 MPDU 帧载荷多包 MPDU 的 SOF 帧有错误报文是否对被测模块造成异常测试 |
| 51 | HPLC 协议一致性测试 | HPLC 数据链路层协议一致性测试 | 数据链路层选择确认重传一致性测试 | CCO 对符合标准的 SOF 帧的处理测试 |
| 52 | | | | CCO 对物理块校验异常的 SOF 帧的处理测试 |
| 53 | | | | CCO 对不同网络或地址不匹配的 SOF 帧的处理测试 |
| 54 | | | | CCO 在发送单播 SOF 帧后，接收到对应的 SACK 帧能否正确处理测试 |
| 55 | | | | CCO 在发送单播 SOF 帧后，接收非对应的 SACK 帧后能否正确处理测试 |
| 56 | | | | STA 对符合标准的 SOF 帧的处理测试 |
| 57 | | | | STA 对物理块校验异常的 SOF 帧的处理测试 |
| 58 | | | | STA 对不同网络或地址不匹配的 SOF 帧的处理测试 |
| 59 | | | | STA 在发送单播 SOF 帧后，接收到对应的 SACK 帧能否正确处理测试 |
| 60 | | | | STA 在发送单播 SOF 帧后，接收到非对应的 SACK 帧能否正确处理测试 |
| 61 | | | 数据链路层报文过滤一致性测试 | CCO 处理全网广播报文测试 |
| 62 | | | | CCO 处理代理广播报文测试 |
| 63 | | | | STA 全网广播情况下处理相同 MSDU 号和相同重启次数的报文测试 |
| 64 | | | | STA 全网广播情况下处理具有相同 MSDU 号和不同重启次数的报文测试 |

| 序号 | 检测条目 | | | |
|---|---|---|---|---|
| 65 | HPLC 协议一致性测试 | HPLC 数据链路层协议一致性测试 | 数据链路层报文过滤一致性测试 | STA 代理广播情况下处理相同 MSDU 号和相同重启次数的报文测试 |
| 66 | | | | STA 代理广播情况下处理具有相同 MSDU 号和不同重启次数的报文测试 |
| 67 | | | | STA 单播报文情况下站点的报文过滤测试 |
| 68 | | | 数据链路层单播/广播一致性测试 | CCO 对单播/全网广播/代理广播/本地广播报文的处理测试 |
| 69 | | | | STA 对单播/全网广播/代理广播/本地广播报文的处理测试 |
| 70 | | | | PCO 对单播/全网广播/代理广播/本地广播报文的处理测试 |
| 71 | | | 数据链路层PHY 时钟与网络时间同步一致性测试 | CCO 的网络时钟同步测试 |
| 72 | | | | STA/PCO 的网络时钟同步测试(中央信标指引入网) |
| 73 | | | | STA/PCO 的网络时钟同步测试(发现信标指引入网) |
| 74 | | | | STA/PCO 的网络时钟同步测试(代理信标指引入网) |
| 75 | | | 数据链路层多网共存及协调一致性测试 | CCO 发送网间协调帧测试 |
| 76 | | | | CCO 对网间协调帧的处理测试 |
| 77 | | | | CCO 在 NID 发生冲突时的网间协调测试 |
| 78 | | | | CCO 在带宽发生冲突时的网间协调测试 |
| 79 | | | | CCO 在 NID 和带宽同时发生冲突时的网间协调测试 |
| 80 | | | | CCO 认证 STA 入网测试 |
| 81 | | | | STA 多网络环境下的主动入网测试 |
| 82 | | | | STA 单网络环境下的主动入网测试 |
| 83 | | | 数据链路层单网络组网一致性测试 | CCO 通过1级单站点入网测试(允许) |
| 84 | | | | CCO 通过1级单站点入网测试(拒绝) |
| 85 | | | | CCO 通过1级多站点入网测试(允许) |
| 86 | | | | CCO 通过多级单站点入网测试(允许) |
| 87 | | | | CCO 通过多级单站点入网测试(拒绝) |

低压高速电力线载波与高速无线双模通信测试用例

续表

| 序号 | 检测条目 | | |
|---|---|---|---|
| 88 | HPLC 协议一致性测试 | HPLC 数据链路层协议一致性测试 | 数据链路层单网络组网一致性测试 | STA 通过中央信标中关联标志位入网测试 |
| 89 | | | | STA 通过作为 2 级站点入网测试 |
| 90 | | | | STA 通过作为 15 级站点入网测试 |
| 91 | | | | STA 通过作为 1 级 PCO 功能使站点入网测试 |
| 92 | | | | STA 通过作为多级 PCO 功能使站点入网测试 |
| 93 | | | 数据链路层网络维护一致性测试 | CCO 发现列表报文测试 |
| 94 | | | | CCO 发离线指示让 STA 离线测试 |
| 95 | | | | CCO 判断 STA 离线未入网测试 |
| 96 | | | | STA 一级站点发现列表报文测试 |
| 97 | | | | STA 二级站点发现列表报文测试 |
| 98 | | | | STA 代理站点发现列表报文、心跳检测报文、通信成功率上报报文测试 |
| 99 | | | | STA 两个路由周期收不到信标主动离线测试 |
| 100 | | | | STA 连续四个路由周期通信成功率为 0 主动离线测试 |
| 101 | | | | STA 收到组网序列号发生变化后主动离线测试 |
| 102 | | | | STA 收到离线指示报文后主动离线测试 |
| 103 | | | | STA 检测到其层级超过 15 级主动离线测试 |
| 104 | | | | STA 动态路由维护测试 |
| 105 | | | | STA 实时路由修复测试 |
| 106 | | | | STA 实时路由修复作为中继节点测试 |
| 107 | | | | STA 实时路由修复失败测试 |
| 108 | | | | STA 相线识别测试 |
| 109 | | | 相位识别一致性测试 | 单相 STA 零火正接相线识别测试 |
| 110 | | | | 三相 STA 相序 ABCN 相线识别测试 |
| 111 | | | | 三相 STA 相序 CNAB 相线识别测试 |
| 112 | | | 台区识别过零 NTB 采集一致性测试 | CCO 过零 NTB 采集性能测试 |
| 113 | | | | 单相 STA 零火正接过零 NTB 采集性能测试 |
| 114 | | | | 单相 STA 零火反接过零 NTB 采集性能测试 |

246

| 序号 | 检测条目 | | | |
|---|---|---|---|---|
| 115 | HPLC 协议一致性测试 | HPLC 数据链路层协议一致性测试 | 台区识别过零 NTB 采集一致性测试 | 三相 STA 相序 ABCN 过零 NTB 采集性能测试 |
| 116 | | | | 三相 STA 相序 CNAB 过零 NTB 采集性能测试 |
| 117 | 无线协议一致性测试 | 无线物理层协议一致性测试 | Option 与 MCS 模式遍历测试 | |
| 118 | | 无线数据链路层协议一致性测试 | 数据链路层信标机制一致性测试 | CCO 发送无线标准中央信标的周期性与合法性测试 |
| 119 | | | | CCO 发送无线精简中央信标的周期性与合法性测试 |
| 120 | | | | CCO 组网过程中的无线标准中央信标测试 |
| 121 | | | | CCO 组网过程中的无线精简中央信标测试 |
| 122 | | | | CCO 通过多级代理组网过程中的无线标准中央信标测试 |
| 123 | | | | CCO 通过代理组网过程中的无线标准中央信标测试 |
| 124 | | | | STA 多级站点入网过程中的标准代理信标测试 |
| 125 | | | | STA 在收到中央信标后发送精简发现信标的周期性和合法性测试 |
| 126 | | | 数据链路层时隙管理一致性测试 | CCO 对全网站点进行时隙规划并在规定时隙发送相应帧 |
| 127 | | | | STA/PCO 在规定时隙发送相应帧 |
| 128 | | | 数据链路层信道访问协议一致性测试 | CCO 的 CSMA 时隙访问测试 |
| 129 | | | | CCO 的冲突退避测试 |
| 130 | | | | STA 的 CSMA 时隙访问测试 |
| 131 | | | | STA 的冲突退避测试 |
| 132 | | | | 载波和无线同时收发测试 |
| 133 | | | 数据链路层数据处理协议一致性测试 | MPDU 帧载荷长度 16 字节单跳 MAC 帧头的 SOF 帧是否能够被正确处理测试 |
| 134 | | | | MPDU 帧载荷长度 40 字节单跳 MAC 帧头的 SOF 帧是否能够被正确处理测试 |
| 135 | | | | MPDU 帧载荷长度 72 字节单跳 MAC 帧头的 SOF 帧是否能够被正确处理测试 |

| 序号 | 检测条目 | | | |
|---|---|---|---|---|
| 136 | 无线协议一致性测试 | 无线数据链路层协议一致性测试 | 数据链路层数据处理协议一致性测试 | MPDU 帧载荷长度 136 字节单跳 MAC 帧头的 SOF 帧是否能够被正确处理测试 |
| 137 | | | | MPDU 帧载荷长度 264 字节单跳 MAC 帧头的 SOF 帧是否能够被正确处理测试 |
| 138 | | | | MPDU 帧载荷长度 520 字节单跳 MAC 帧头的 SOF 帧是否能够被正确处理测试 |
| 139 | | | | MPDU 帧载荷长度 40 字节标准短 MAC 帧头的 SOF 帧是否能够被正确处理测试 |
| 140 | | | | MPDU 帧载荷长度 72 字节标准短 MAC 帧头的 SOF 帧是否能够被正确处理测试 |
| 141 | | | | MPDU 帧载荷长度 136 字节标准短 MAC 帧头的 SOF 帧是否能够被正确处理测试 |
| 142 | | | | MPDU 帧载荷长度 264 字节标准短 MAC 帧头的 SOF 帧是否能够被正确处理测试 |
| 143 | | | | MPDU 帧载荷长度 520 字节标准短 MAC 帧头的 SOF 帧是否能够被正确处理测试 |
| 144 | | | | MPDU 帧载荷长度 72 字节标准长 MAC 帧头的 SOF 帧是否能够被正确处理测试 |
| 145 | | | | MPDU 帧载荷长度 136 字节标准长 MAC 帧头的 SOF 帧是否能够被正确处理测试 |
| 146 | | | | MPDU 帧载荷长度 264 字节标准长 MAC 帧头的 SOF 帧是否能够被正确处理测试 |
| 147 | | | | MPDU 帧载荷长度 520 字节标准长 MAC 帧头的 SOF 帧是否能够被正确处理测试 |
| 148 | | | | MPDU 帧载荷单跳 MAC 帧头的 SOF 帧有错误报文是否对被测模块造成异常测试 |
| 149 | | | | MPDU 帧载荷标准短 MAC 帧头的 SOF 帧有错误报文是否对被测模块造成异常测试 |
| 150 | | | | MPDU 帧载荷标准长 MAC 帧头的 SOF 帧有错误报文是否对被测模块造成异常测试 |
| 151 | | | 数据链路层选择确认重传一致性测试 | STA 对符合标准的 SOF 帧的处理测试 |
| 152 | | | | STA 对物理块校验异常的 SOF 帧的处理测试 |
| 153 | | | | STA 对不同网络或地址不匹配的 SOF 帧的处理测试 |

| 序号 | 检测条目 | | | |
|------|------|------|------|------|
| 154 | 无线协议一致性测试 | 无线数据链路层协议一致性测试 | 数据链路层选择确认重传一致性测试 | STA 在发送单播 SOF 帧后，接收到对应的 SACK 帧能否正确处理测试 |
| 155 | | | | STA 在发送单播 SOF 帧后，接收到非对应的 SACK 帧能否正确处理测试 |
| 156 | | | | CCO 对符合标准的 SOF 帧的处理测试 |
| 157 | | | | CCO 对物理块校验异常的 SOF 帧的处理测试 |
| 158 | | | | CCO 对不同网络或地址不匹配的 SOF 帧的处理测试 |
| 159 | | | | CCO 在发送单播 SOF 帧后，接收到对应的 SACK 帧能否正确处理测试 |
| 160 | | | | CCO 在发送单播 SOF 帧后，接收非对应的 SACK 帧后能否正确处理测试 |
| 161 | | | 数据链路层报文过滤一致性测试 | CCO 处理全网广播报文测试 |
| 162 | | | | CCO 处理代理广播报文测试 |
| 163 | | | | STA 全网广播情况下处理相同 MSDU 号和相同重启次数的报文测试 |
| 164 | | | | STA 全网广播情况下处理具有相同 MSDU 号和不同重启次数的报文测试 |
| 165 | | | | STA 代理广播情况下处理相同 MSDU 号和相同重启次数的报文测试 |
| 166 | | | | STA 代理广播情况下处理具有相同 MSDU 号和不同重启次数的报文测试 |
| 167 | | | | STA 单播报文情况下站点的报文过滤测试 |
| 168 | | | 数据链路层单播/广播一致性测试 | CCO 对单播/全网广播/代理广播/本地广播报文的处理测试 |
| 169 | | | | STA 对单播/全网广播/代理广播/本地广播报文的处理测试 |
| 170 | | | | PCO 对单播/全网广播/代理广播/本地广播报文的处理测试 |
| 171 | | | 数据链路层 PHY 时钟与网络时间同步一致性测试 | CCO 的网络时钟同步测试 |
| 172 | | | | STA/PCO 的网络时钟同步测试（中央信标指引入网） |
| 173 | | | | STA/PCO 的网络时钟同步测试（发现信标指引入网） |
| 174 | | | | STA/PCO 的网络时钟同步测试（代理信标指引入网） |

| 序号 | 检测条目 | | |
|---|---|---|---|
| 175 | | | CCO 认证 STA 入网测试 |
| 176 | | | STA 多网络环境下的主动入网测试 |
| 177 | | | STA 单网络环境下的主动入网测试 |
| 178 | | 数据链路层多网共存及协调一致性测试 | 无线信道 CCO 邻居网络信道与本网络无线信道冲突时协商测试—无线信道变更 (本网络 MAC 地址较小) |
| 179 | | | 无线信道 CCO 邻居网络信道与本网络无线信道冲突时协商测试—无线信道保持 (本网络 MAC 地址较大) |
| 180 | | | 无线信道 CCO 通过收到 STA 无线信道冲突上报报文调整信道测试—无线信道保持 (本网络 MAC 地址较小) |
| 181 | | | 无线信道 CCO 通过收到 STA 无线信道冲突上报报文调整信道测试—无线信道变更 (本网络 MAC 地址较大) |
| 182 | | | STA 无线信道冲突上报测试 |
| 183 | 无线协议一致性测试 | 无线数据链路层协议一致性测试 | STA 通过中央信标中关联标志位入网测试 |
| 184 | | | STA 通过作为 2 级站点入网测试 |
| 185 | | | STA 通过作为 15 级站点入网测试 |
| 186 | | | STA 通过作为 1 级 PCO 功能使站点入网测试 |
| 187 | | 数据链路层单网络组网 | STA 通过作为多级 PCO 功能使站点入网测试 |
| 188 | | | CCO 通过 1 级单站点入网测试 (允许) |
| 189 | | | CCO 通过 1 级单站点入网测试 (拒绝) |
| 190 | | | CCO 通过 1 级多站点入网测试 (允许) |
| 191 | | | CCO 通过多级单站点入网测试 (允许) |
| 192 | | | CCO 通过多级单站点入网测试 (拒绝) |
| 193 | | | STA 一级站点发现列表报文测试 |
| 194 | | | STA 二级站点发现列表报文测试 |
| 195 | | 数据链路层网络维护一致性测试 | STA 代理站点发现列表报文、心跳检测报文、通信成功率上报报文测试 |
| 196 | | | CCO 发现列表报文测试 |
| 197 | | | STA 两个路由周期收不到信标主动离线测试 |

| 序号 | | | 检测条目 |
|---|---|---|---|
| 198 | 无线协议一致性测试 | 无线数据链路层协议一致性测试 | 数据链路层网络维护一致性测试 | STA 连续四个路由周期通信成功率为 0 主动离线测试 |
| 199 | | | STA 收到组网序列号发生变化后主动离线测试 |
| 200 | | | STA 收到离线指示报文后主动离线测试 |
| 201 | | | STA 检测到其层级超过 15 级主动离线测试 |
| 202 | | | STA 动态路由维护测试 |
| 203 | | | CCO 发离线指示让 STA 离线测试 |
| 204 | | | CCO 判断 STA 离线未入网测试 |
| 205 | | 安全算法一致性测试 | SHA256 算法测试 |
| 206 | | | SM3 算法测试 |
| 207 | | | ECC 签名测试 |
| 208 | | | ECC 验签成功测试 |
| 209 | | | ECC 验签失败测试 |
| 210 | | | SM2 签名测试 |
| 211 | | | SM2 验签成功测试 |
| 212 | | | SM2 验签失败测试 |
| 213 | | | AES-CBC 加密测试 |
| 214 | | | AES-CBC 解密测试 |
| 215 | | | AES-GCM 加密测试 |
| 216 | | | AES-GCM 解密测试 |
| 217 | | | SM4-CBC 加密测试 |
| 218 | | | SM4-CBC 解密测试 |
| 219 | HPLC 协议一致性测试 | HPLC 应用层协议一致性测试 | 应用层抄表一致性测试 | CCO 通过集中器主动抄表测试 |
| 220 | | | CCO 通过路由主动抄表测试 |
| 221 | | | CCO 通过集中器主动并发抄表测试 |
| 222 | | | STA 通过集中器主动抄表测试 |
| 223 | | | STA 通过路由主动抄表测试 |
| 224 | | | STA 在规定时间内抄表测试 |

| 序号 | 检测条目 | | | |
|---|---|---|---|---|
| 225 | HPLC 协议一致性测试 | HPLC 应用层协议一致性测试 | 应用层抄表一致性测试 | STA 通过集中器主动并发抄表测试 (单个 STA 抄读多个数据项的 DL/T 645 和 DL/T 698.45 帧) |
| 226 | | | | STA 通过集中器主动并发抄表测试 (多个 STA 抄读同一数据项的 DL/T 645 和 DL/T 698.45 帧) |
| 227 | | | 应用层从节点主动注册一致性测试 | CCO 作为 DUT, 正常流程测试 |
| 228 | | | | CCO 作为 DUT, 报文序号测试 |
| 229 | | | | CCO 作为 DUT, 停止从节点注册测试 |
| 230 | | | | STA 从节点主动注册正常流程测试 |
| 231 | | | | STA 从节点主动注册 MAC 地址异常测试 |
| 232 | | | 应用层校时一致性测试 | CCO 发送广播校时消息测试 |
| 233 | | | | STA 对符合标准规范的校时消息的处理测试 |
| 234 | | | | STA 对应用数据内容非 DL/T 645 和 DL/T 698.45 格式的校时消息处理测试 |
| 235 | | | 应用层事件一致性测试 | CCO 收到 STA 事件主动上报的应答确认测试 |
| 236 | | | | CCO 收到 STA 事件主动上报的应答禁止事件主动上报测试 |
| 237 | | | | STA 事件主动上报测试 |
| 238 | | | | STA 在 CCO 应答缓存区满情况下, 发起事件主动上报测试 |
| 239 | | | | STA 在 CCO 禁止事件主动上报情况下, 不发起事件主动上报测试 |
| 240 | | | 应用层通信测试命令一致性测试 | CCO 发送通信测试帧测试 |
| 241 | | | | STA 处理通信测试帧测试 |
| 242 | | | 应用层升级一致性测试 | CCO 在线升级流程测试 |
| 243 | | | | CCO 在线升级补包机制测试 |
| 244 | | | | STA 在线升级流程测试 |
| 245 | | | | STA 停止升级机制测试 |
| 246 | | | | STA 升级时间窗机制测试 |
| 247 | | | | STA 查询站点信息测试 |
| 248 | | | | STA 试运行机制 (STA 升级后无法入网) |
| 249 | | | | STA 试运行机制 (STA 升级后可正常入网) |

| 序号 | 检测条目 | | | |
|------|------|------|------|------|
| 250 | HPLC 协议一致性测试 | HPLC 应用层协议一致性测试 | 应用层升级一致性测试 | STA 在线升级补包机制 |
| 251 | | | | STA 无效报文处理机制 |
| 252 | | | 台区户变关系识别一致性测试 | CCO 台区户变关系识别流程测试 |
| 253 | | | | STA 台区户变关系识别流程测试（CCO 集中识别） |
| 254 | | | | STA 台区户变关系识别流程测试（STA 分布式识别） |
| 255 | | | | 台区改切快速识别测试（CCO 拒绝列表上报） |
| 256 | | | 流水线 ID 信息读取一致性测试 | CCO 读取 ID 信息测试 |
| 257 | | | | STA 读取 ID 信息测试 |
| 258 | 无线协议一致性测试 | 无线应用层协议一致性测试 | 应用层升级一致性测试 | CCO 在线升级流程测试 |
| 259 | | | | STA 在线升级流程测试 |
| 260 | 互操作性测试 | 全网组网测试 | | |
| 261 | | 新增站点入网测试 | | |
| 262 | | 站点离线测试 | | |
| 263 | | 代理变更测试 | | |
| 264 | | 全网抄表测试 | | |
| 265 | | 高频采集（分钟级采集） | | |
| 266 | | 广播校时测试 | | |
| 267 | | 搜表功能测试 | | |
| 268 | | 事件主动上报测试 | | |
| 269 | | 实时费控测试 | | |
| 270 | | 多网络综合测试 | | |